电子信息前沿专著系列

"十四五"时期国家重点出版物出版专项规划项目

国家出版基金项目
NATIONAL PUBLICATION FOUNDATION

计算成像与感知

● 边丽蘅 戴琼海 著

Computational Imaging and Sensing

工信学术出版基金
Industry and Information Technology
Academic Publishing Fund

人民邮电出版社

北 京

图书在版编目（CIP）数据

计算成像与感知 / 边丽蘅，戴琼海著. -- 北京：
人民邮电出版社，2022.3
（电子信息前沿专著系列）
ISBN 978-7-115-56118-3

Ⅰ．①计… Ⅱ．①边… ②戴… Ⅲ．①计算机视觉
Ⅳ．①TP302.7

中国版本图书馆CIP数据核字(2021)第146308号

内 容 提 要

本书立足于机器智能中的视觉感知，聚焦计算成像和计算感知这两大前沿交叉研究领域，围绕传统视觉感知面临的响应维度单一、传输带宽受限、信号噪声串扰、信息通量不足等严峻挑战，以"升维-扩域-去扰-识义"递进式研究架构为线索，详细介绍信息获取、信息拓展、信息优化和信息理解的国内外前沿方法与技术，为解决机器智能领域视觉系统高维"看不到"、广域"看不全"、细节"看不清"和语义"看不懂"等问题提供翔实的技术参考。

本书内容丰富、结构清晰、理论与实践并重，可作为信息、光电、计算机等相关专业的研究生教材，亦可作为相关领域科研工作者及对此感兴趣的读者的参考书。

◆ 著　　　　　边丽蘅　戴琼海
　　责任编辑　贺瑞君
　　责任印制　李　东　焦志炜
◆ 人民邮电出版社出版发行　　北京市丰台区成寿寺路 11 号
　　邮编　100164　　电子邮件　315@ptpress.com.cn
　　网址　https://www.ptpress.com.cn
　　北京捷迅佳彩印刷有限公司印刷
◆ 开本：700×1000　1/16
　　印张：19.25　　　　　　　　2022 年 3 月第 1 版
　　字数：399 千字　　　　　　2025 年 5 月北京第 7 次印刷

定价：149.00 元
读者服务热线：(010)81055410　印装质量热线：(010)81055316
反盗版热线：(010)81055315

电子信息前沿专著系列

总　　序

电子信息科学与技术是现代信息社会的基石，也是科技革命和产业变革的关键，其发展日新月异。近年来，我国电子信息科技和相关产业蓬勃发展，为社会、经济发展和向智能社会升级提供了强有力的支撑，但同时我国仍迫切需要进一步完善电子信息科技自主创新体系，切实提升原始创新能力，努力实现更多"从 0 到 1"的原创性、基础性研究突破。《中华人民共和国国民经济和社会发展第十四个五年规划和 2035 年远景目标纲要》明确提出，要加快壮大新一代信息技术等战略性新兴产业的发展。面向未来，我们亟待在电子信息前沿领域重点发展方向上进行系统化建设，持续推出一批能代表学科前沿与发展趋势，展现关键技术突破的有创见、有影响的高水平学术专著，以推动相关领域的学术交流，促进学科发展，助力科技人才快速成长，建设战略科技领先人才后备军队伍。

为贯彻落实国家"科技强国""人才强国"战略，进一步推动电子信息领域基础研究及技术的进步与创新，引导一线科研工作者树立学术理想、投身国家科技攻关、深入学术研究，人民邮电出版社联合中国电子学会、国务院学位委员会电子科学与技术学科评议组启动了"电子信息前沿青年学者出版工程"，科学评审、选拔优秀青年学者，建设"电子信息前沿专著系列"，计划分批出版约 50 册具有前沿性、开创性、突破性、引领性的原创学术专著，在电子信息领域持续总结、积累创新成果。"电子信息前沿青年学者出版工程"通过设立专家委员会，以严谨的作者评审选拔机制和对作者学术写作的辅导、支持，实现对领域前沿的深刻把握和对未来发展的精准判断，从而保障系列图书的战略高度和前沿性。

"电子信息前沿专著系列"首批出版的 10 册学术专著，内容面向电子信息领域战略性、基础性、先导性的应用，涵盖半导体器件、智能计算与数据分析、通信和信号及频谱技术等主题，包含清华大学、西安电子科技大学、哈尔滨工业大学（深圳）、东南大学、北京理工大学、电子科技大学、吉林大学、南京邮电大学等高等院校国家重点实验室的原创研究成果。本系列图书的出版不仅体现了传播学术思想、积淀研究成果、指导实践应用等方面的价值，而且对电子信息领域的广大科研工作者具有示范性作用，可为其开展科研工作提供切实可行的参考。

希望本系列图书具有可持续发展的生命力，成为电子信息领域具有举足轻重的影响力和开创性的典范，对我国电子信息产业的发展起到积极的促进作用，对加快重要原创成果的传播、助力科研团队建设及人才的培养、推动学科和行业的创新发展都有所助益。同时，我们也希望本系列图书的出版能激发更多科技人才、产业精英投身到我国电子信息产业中，共同推动我国电子信息产业高速、高质量发展。

2021 年 12 月 21 日

前　　言

近年来，尽管数字化传感和精密光学制造发展迅速，但传统视觉感知仍面临响应维度单一、传输带宽受限、信号噪声串扰、信息通量不足等严峻挑战，存在高维"看不到"、广域"看不全"、细节"看不清"、语义"看不懂"等问题，成为视觉感知发展的桎梏。因此，如何突破硬件工艺、系统带宽、传感制式等限制，提出新型感知方法，实现多维度、高通量视觉感知，是机器智能亟待解决的关键问题。

计算成像和计算感知是新兴的交叉学科前沿研究领域，通过物理光学、电子信息以及统计学习等学科的深度交叉，将硬件设计与软件计算能力有机结合，从本征机理上来改进传统视觉感知技术，将计算引入视觉感知的全过程，构建采样、重建和理解的全新光传输模型，从而突破经典视觉感知模型存在的诸多局限，全方位地捕捉真实世界的场景信息，实现视觉感知系统中数据通量和信息通量的高效提升，最终构建全新的智能感知模态，赋能新一代机器智能。

本书共分 5 章，第 1 章主要介绍计算成像与计算感知的基本概念，系统阐述视觉信息的多维特性，全面论证传统成像方法和技术在成像维度、场域、分辨率等方面的瓶颈问题。第 2 章围绕多维信息获取，针对现有物理器件响应维度单一的难题，深入介绍一系列使用低维器件获取高维视觉信息的方法和技术，解决高维信息"从无到有"的难题。第 3 章围绕广域信息拓展，深入挖掘视觉信息不同维度的冗余特性，针对物理系统信息通量受限的难题，深入介绍一系列扩域方法，实现广域信息"从缺到全"的补足。第 4 章围绕高保真信息优化，融合视觉先验与统计优化、深度学习，针对物理系统存在畸变、噪声的难题，深入介绍一系列去扰方法，赋能解耦信息"从浊到清"。第 5 章围绕语义信息理解，详细阐述将计算引入感知全过程的新型研究思路，开拓计算感知新型研究领域，将信息载体由图像拓展为语义特征，从测量数据中直接提取目标语义信息，实现机器智能"从拙到灵"的演化。本书内容的脉络结构如下页图所示。

本书作者所在的科研团队多年来一直致力于智能成像与智能感知方面的相关研究，承担过多项国家级重点科研项目，具有从科学理论到工程实践的丰富研究经验。本书内容取自团队多年的研究积累，书中介绍的原理、方法充分结合了理论与工程实践，内容由浅入深、循序渐进，适合具有一定专业知识基础的研究生以及相关研发机构的科研工作者和工程师阅读。

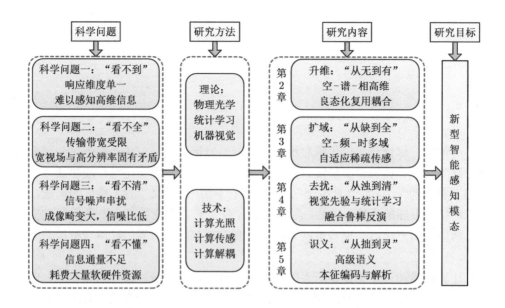

在此，我们需要感谢多位一起奋斗的同事，他们是张军教授、陈峰教授、索津莉副教授等，他们对本书相关的研究工作给予了诸多建议和帮助。此外，还需要特别感谢常旭阳、闫荣、詹昕蕊等研究生为本书的整理及校对付出的辛勤劳动。

另外，感谢人民邮电出版社与中国电子学会共同设立的首期"电子信息前沿青年学者出版工程"对本书出版的支持，也感谢国家自然科学基金项目（61971045、61827901、61327902）以及国家重点研发计划项目课题（2020YFB0505601）对本书相关研究工作的资助。

最后，十分感谢家人对作者工作的理解和大力支持。

作　者

目　　录

第 1 章 绪 论

不论是 1946 年美国福特公司率先提出的自动化，还是近些年各国争相发展的机器智能，它们的目的均是通过赋予机器系统探测、计算、感知、判断、决策、行动等能力，使其能够辅助甚至代替人工劳动力，作为新型生产资料大幅提升人类社会的生产力。21 世纪以来，随着传感器件性能、机器算力的大幅提升，机器智能得到迅猛发展，逐步从理论科研走向实用化，在日常生活、工业生产、军事国防等方面发挥着越来越重要的作用。以工业智能生产线为例，通过集成光学传感器、智能检测算法和移动机械，它能够对工业产品进行快速的缺陷识别和良品筛选，有效降低人工劳动强度，推动工业向现代化、智能化转型升级。

视觉感知是机器智能的核心要素。人类在认知客观物理世界的过程中，超过 80% 的外界信息由视觉提供，因此视觉信息的获取是人类认识客观世界、发现自然科学现象、揭示自然科学规律的重要途径 [1]。机器智能以仿生思路为根本，将成像系统用作视觉感知的"眼睛"采集物理世界的视觉信息，并传输至机器的"大脑"——计算单元，通过计算从采集数据中提取语义信息。成像系统已发展数百年，随着 20 世纪 60 年代电荷耦合器件的诞生（该发明于 2009 年被授予诺贝尔物理学奖），以数字形式记录光信号得以实现。而 20 世纪中叶计算机的诞生及随后的高速发展，使得机器系统可以对数字光信号进行高效处理和计算，从而构成经典的"传感-理解"机器智能模态。本章介绍现有视觉感知系统面临的一系列瓶颈，并概述新兴的计算成像和计算感知的研究思路和研究内容。

1.1 视觉感知

光是物理世界视觉信息的主要载体，具有强度、频率、相位等多个维度，表征了观测目标的全方位视觉特性 [1,2]。世界著名计算机科学家、美国科学院院士、麻省理工学院的爱德华·阿德尔森（Edwards Adelson）教授指出"视觉感知的根本任务是获取高维光信号"[1]，从而进一步理解和认知物理世界。高维光信号的获取可以为人类感观和机器智能提供多维度、全方位的视觉信息，在物理现象观测、生命科学实验、医学病理解析等基础科学领域 [3,4] 和城市安防监控、空基路网监测、武器跟踪察打等工程应用领域 [5-7] 均具有广泛应用和重大战略意义。

因此，视觉感知成为世界各国战略规划中重点支持的科学研究领域。美国国防部高级研究计划局（Defense Advanced Research Projects Agency，DARPA）近年来密集推出了"多尺度成像""可重配置成像""多波段成像""集成传感""网联传感"等多个重大项目，以推进智能感知系统的研究及其在天基、空基、地基、海洋等智能系统中的应用[8]。欧盟在 2019 年推出了 92 亿欧元资助计划——数字欧洲计划（Digital Europe Programme），以确保欧洲具备应对各种数字挑战所需的技能和基础设施，其中 52 亿欧元用于机器智能系统所需要的智能感知和计算研究[9]。我国《国家中长期科学和技术发展规划纲要 (2006—2020 年)》《新一代人工智能发展规划》等多项国家战略均对视觉感知研究给予了重点关注和支持，并持续推进其在智能制造设备、智能工业机器人、远程医疗、无人系统自主导航、自动驾驶系统等领域的重点应用。

然而，现有视觉感知系统仍面临响应维度单一、传输带宽受限、信号噪声串扰、信息通量不足等严峻挑战，存在高维"看不到"、广域"看不全"、细节"看不清"、语义"看不懂"等问题，成为可靠视觉感知的桎梏。具体来说，视觉感知系统通常由光学透镜、传感器、处理器构成，其中光学透镜用于光场的缩放和聚焦，传感器用于光信号的采集和传输，处理器用于光信号的处理和计算。如图 1.1 所示，在光学透镜部分，透镜制造工艺的不足会造成光线传播的畸变，从而

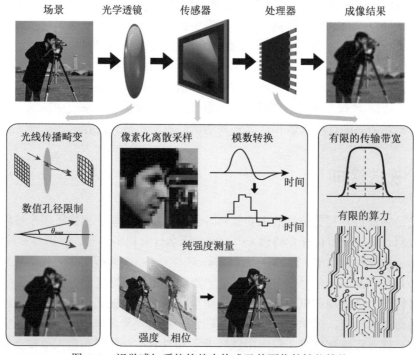

图 1.1　视觉感知系统的基本构成及其面临的性能挑战

影响成像质量；光学成像分辨率受限于透镜的数值孔径，难以突破光波的衍射极限 [10,11]。在传感器部分，像素化的离散采样、模数转换、纯强度测量等会导致光信号多个维度信息的丢失，使成像结果大幅降质。在处理器部分，有限的传输带宽限制了成像速度，而有限的算力则限制了感知系统的信息通量。综上所述，如何突破硬件工艺、系统带宽、传感制式等限制，提出新型感知方法，实现多维度高通量视觉感知，是机器智能亟待解决的关键问题。

1.2　计算成像

随着光学理论和成像技术的快速发展，视觉感知模型不断改进，光照、镜头、传感等成像要素不断创新，信息量更大的光信号传递得以实现；另外，随着以电子信息技术为主导的新工业革命的到来，数字信号计算与处理、机器视觉与学习等领域都获得了飞跃发展，从而实现了更强大的智能信息计算。在这样的大背景下，上述两大领域碰撞出了革命性的火花，催生出一个新兴的交叉研究方向——计算成像。

计算成像是通过将物理光学、电子信息以及统计学习等学科深度交叉，从成像机理的角度改进传统相机，并将硬件设计与软件计算能力有机结合，从而突破传统视觉感知中经典成像模型存在的上述局限，增强传统相机的数据采集能力，全方位地捕捉真实世界的场景信息。具体而言，计算成像将计算引入成像全过程，技术架构如图 1.2 所示。首先，计算成像在光照和传感端进行编码调制，耦合采集调制后的高维连续光信号。因此，计算成像的采集数据并非传统感知中直观的可视化图像或视频，而是编码后的非可视化耦合数据。然后，计算成像在软件端通过相应的算法从测量数据中解耦并重建多维度、高通量的可视化视觉信息，从而构建采样和重建的新型光传输模型。计算成像通过多学科交叉，发明了计算光照、计算传感和计算重建等新技术，巧妙地避开了光学成像硬件系统的固有物理限制，从本质上突破了现有成像模型在高维光信号获取及处理方面的局限性。

图 1.2　计算成像的技术架构

自美国麻省理工学院计算机科学与人工智能实验室（Computer Science and Artificial Intelligence Laberatery，CSAIL）在 2005 年首次公开举办计算成像研

讨会 [12] 之后，计算成像经过十余年发展，在成像维度、场域、分辨率等多方面均实现了性能的大幅提升，能够为机器智能提供多维度、全方位的视觉信息。以 DARPA 的先进宽视场图像重建与开发（Advanced Wide FOV Architectures for Image Reconstruction and Exploitation，AWARE）项目 [13] 为例，它通过采用新型的子透镜阵列中继设计和相机阵列采集方法，并集成智能化图像拼接和畸变校准算法，克服了大尺度透镜畸变、大规模传感阵列复杂度和大通量传输计算等一系列挑战，突破了光学成像宽视场和高分辨率的固有矛盾，首次实现了 120° 宽视场、38μrad 高分辨率的 10 亿像素成像。因此，得益于其优越的性能，计算成像在显微组织观测、细胞功能解析、重大疾病诊治等科学领域和空基路网监测、灾害应急救援、武器跟踪察打等工程领域均具有重大战略意义并得到广泛应用。

1.3　计算感知

我国在 2017 年发布的《新一代人工智能发展规划》中指出，在移动互联网、大数据、超级计算、传感网、脑科学等新理论新技术以及经济社会发展强烈需求的共同驱动下，人工智能加速发展 [14]，呈现出深度学习、跨界融合、人机协同、群智开放、自主操控等新特征。中国工程院在 2021 年初发布的"中国电子信息工程科技发展十四大趋势（2021）"中指出，智能化发展需求促进传感器与前端智能处理呈集成发展趋势。因此，新型机器智能对高通量视觉系统的需求由"看得到、看得全、看得清"拓展、提升至"看得懂"，并要求视觉系统具备集成化的语义理解和认知功能。

现有视觉感知系统均以图像、视频为信息载体，尽管计算成像通过调制耦合和计算解耦实现了成像维度升高、场域扩大、精度提升，但随之而来的数据量大幅增加为后续视觉语义的高效提取和理解带来了更大的困难。特别是在某些资源受限平台（如无人机等空基平台），计算成像具有载荷轻、供电少、计算弱、传输慢等特点，更加难以实现实时的目标内容解析、理解与决策，很大程度上影响了其广泛应用（如应急指挥、轨交巡检、无人测绘等）。

从统计学的角度看，自然图像往往具有稀疏目标的特性。例如在行人监测、车牌识别等现实应用中，人们真正关注的目标往往只占场景的一小部分，即高清图像包含较多的非目标区域。因此，自然图像语义信息密度较小，需要进一步解析处理才能得到高级语义特征，进而服务于机器智能。这些大范围非目标区域不但浪费了大量的成像、通信硬件资源（如大规模高灵敏度传感器阵列、高通量通信链路等）和重建算法资源（如去噪、去模糊算法等），更会对感知过程产生干扰，降低感知精度。因此，传统的"先成像–后理解"感知模式并非大规模机器智能的最佳选择，从而很大程度上削弱了计算成像架构的优势。

为了突破数据通量对高效感知的限制，本书作者团队创造性地提出了计算感知这一新型研究方向，绕过复杂的成像过程，直接获取目标的高级语义特征，有望革新视觉感知系统，构建新型机器智能模态。传统"先成像–后理解"的感知方式与新型计算感知模态的对比如图 1.3 所示。具体而言，计算感知省去了图像采集和重构过程，将光信号在物理层由空间分布编码转化为高级语义特征，直接使用非可视化语义特征（而非图像、视频）作为视觉信息载体，构建更高效的非可视化数据采集范式。然后，在传感层耦合采集多个维度的编码光，并根据场景特征自适应地区分目标信号和无效信号，进一步提升信息通量，最大化信号采集效率，突破硬件系统有限数据带宽的采集、传输与处理瓶颈。最后，去除复杂的图像重建和特征提取过程，使用低计算复杂度的解析感知算法从非可视化的语义耦合数据中直接解耦推断高级语义结果，实现高效的免成像智能感知。

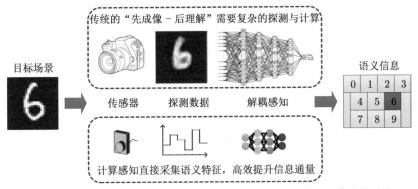

图 1.3　传统"先成像–后理解"的感知方式与新型计算感知模态的对比

综上所述，计算感知通过革新编码原理、传感机制和解耦方法，构建全新的智能感知模态，使视觉系统由"看得到、看得全、看得清"发展为"看得懂"，将计算成像数据通量的提升进化为计算感知信息通量的提升。

1.4　本章小结

本章从机器智能的视觉感知出发，引出传统成像感知技术在成像维度、场域、分辨率等方面的瓶颈，重点介绍计算成像和计算感知的基本概念，明确将计算引入感知全过程的新型研究思路。接下来，本书将围绕"升维–扩域–去扰–识义"的递进式研究架构，详细介绍信息获取、信息拓展、信息优化和信息理解的前沿方法与技术，为传统机器智能中"看不到""看不全""看不清"和"看不懂"等一系列问题的解决提供详实的技术参考。

第 2 章　信息获取——"从无到有"

　　光波具有光强、光谱、相位等多个维度的信息，如图 2.1 所示。多维度光信号表征了观测目标的全方位视觉特性，在不同领域均具有重要的应用，例如光谱成像、相位成像等。现有传感器件［如常见的电荷耦合器件（Charge Coupled Device，CCD）］或互补金属氧化物半导体（Complementary Metal Oxide Semiconductor，CMOS）传感器件响应维度单一，仅能采集低维空间强度信息，难以直接探测光谱和相位信息，造成高维信息"看不到"的问题。已有的光谱探测和相位成像方法大多依赖复杂的光学系统，堆积多个照明、探测单元对不同维度依次独立探测，牺牲时间、空间分辨率以及光效率，适用波段有限。因此，如何使用低维传感器件采集高维光信息是感知领域亟待解决的难题。

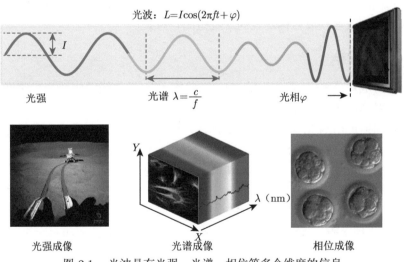

光波：$L = I\cos(2\pi ft + \varphi)$

光强　　　　光谱 $\lambda = \dfrac{c}{f}$　　　　光相 φ

光强成像　　　　光谱成像　　　　相位成像

图 2.1　光波具有光强、光谱、相位等多个维度的信息

　　本章聚焦利用低维传感器获取高维光信息的挑战，从计算成像的角度革新计算光照和计算传感方法，揭示降维采样的病态性和高维信息冗余度之间的关联，构建高效复用机制，搭建高维结构光调制的单探测单元计算传感系统，将空–时–谱–相多维光信息耦合在低维传感器测度，从而实现低维传感器的多光谱和相位高维成像。下面分别从光强、光谱、光相 3 个维度对相关技术进行详细介绍。

2.1 光强升维

传统的二维传感器阵列仅能够采集目标场景的二维图像，导致目标场景的三维深度信息丢失。另外，与上述二维传感器阵列相比，单像素探测器（如雪崩探测器、放大探测器等）具有高灵敏度、宽响应波段、高采样率等优势。然而，单像素探测器仅能采集一维光强，会导致高维光信息丢失。下面介绍使用低维探测器获取高维光强信息的计算成像理论和方法。

2.1.1 单像素二维成像

传统 CCD 或者 CMOS 等硅基传感器仅能够工作在可见光波段，难以在其他常用波段（如紫外波段、红外波段和 X 光波段等）产生响应并采集相应的光信号。因此，这些波段的二维面阵成像是一个亟待解决的问题。得益于单像素探测器响应波段宽的特点，使用单像素探测器进行空间扫描可以实现二维成像，但是这种方式耗时长，牺牲了时间分辨率。本小节介绍的单像素成像技术能够使用单像素探测器高效地获取目标场景的二维空间信息。

1. 背景介绍

单像素成像（Single-pixel Imaging，SPI）[15] 与传统的成像方法使用二维传感器阵列对光波进行探测不同，而是使用单像素探测器（如光电二极管）来捕获二维场景出射的所有光子。如图 2.2 所示，SPI 使用光调制器［如散射片 [16] 或者可编程空间光调制器（Spatial Light Modulator，SLM）］来编码照明。从目标场景出射的光最终由一个单像素探测器收集。常见的 SPI 系统分为两种，包括图 2.2（a）所示的主动光照 SPI 系统（空间光调制器位于光源和目标场景之间）和图 2.2（b）所示的被动光照 SPI 系统（空间光调制器位于目标场景和采集模块之间）。被动光照 SPI 系统不需要包含光源。基于一维采集数据和对应的照明编码，SPI 通过算法从一维测量数据中计算并重建二维目标场景图像。已有的重建算法包括线性相关方法 [17-20]、交替投影（Alternating Projection，AP）方法 [16] 以及基于压缩感知（Compressive Sensing，CS）的各种算法 [21, 22]。

与使用二维探测器的成像方法相比，SPI 具有以下优点。

（1）高信噪比

由于光路中所有的光子都被聚集到单像素探测器中，且单像素探测器具有较强的光敏性，因此 SPI 具有较高的信噪比（Signal to Noise Ratio，SNR），能够在光强极小的环境下获得高保真度的场景信息。这对于多种暗光成像应用具有重要意义，例如在显微荧光成像中，由于荧光激发原理，由样本到达探测器的光子数较少，且显微领域要求尽量降低入射光光强以降低光毒性。

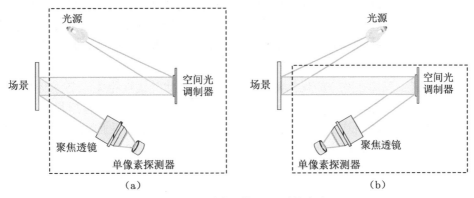

图 2.2　两种常见的 SPI 系统光路
（a）主动光照 SPI 系统　　（b）被动光照 SPI 系统

（2）宽光谱

由于单像素探测器的光谱响应范围很宽，因此 SPI 易于实现宽光谱成像，对于多种需要多光谱信息的应用具有重要意义，例如红外成像活体跟踪、超光谱成像物体识别等。

（3）抗散射

由于单像素探测器采集的是场景中所有光线的总光强，因此光路中的介质散射不会影响最终成像结果，即 SPI 对于样本到探测器之间的光路没有任何要求，只需要将样本的出射光都收集到探测器即可。因此，SPI 在实现无畸变抗散射成像方面有很大的潜力。

由于其高信噪比、宽光谱、抗散射、低成本以及灵活的系统配置等特性，SPI 在近些年引起了越来越多的关注，并且已被广泛应用于多光谱成像 [23-25]、三维建模 [26,27]、光学加密 [28,29]、遥感成像 [30,31]、目标跟踪 [32-34]、透过大气湍流成像 [35,36] 等场景。

SPI 和鬼成像（Ghost Imaging，GI）[37,38] 具有相似的成像模型。它们都将目标场景信息以光学方式复用到一维采集数据中，并且以计算的方式从采集数据中解耦重建二维场景图像。GI 起源于量子光学 [37,38]，使用纠缠光子对的空间相关性（一个光子和场景相互作用而另一个不和场景相互作用）得到场景图像。GI 已经被证明适用于经典的热光源 [39,40]。为了省去记录照明编码的步骤，杰弗里·夏皮罗（Jeffrey Shapiro）等人 [41] 提出使用 SLM 来调制光照，从而形成了与 SPI 一致的系统架构。

实际的 SPI 系统中存在多个影响图像重建质量的因素，包括光强抖动（电压不稳）、环境光、数字微镜器件（Digital Micromirror Device，DMD）调制偏差、探测器的热噪声等。因此，噪声鲁棒的重建算法对消除上述负面影响是必要的。另外，虽然 SPI 和 GI 已经引起了各领域越来越多的关注，但其研究目前分别在计算机科学和光学领域独立进行。而在同一框架下比较各种重建算法是必要的，因为这种统一的比较可以为研究人员提供清晰的理解，并对他们选择合适的重建算法有所帮助，可以进一步推动 SPI 的发展和应用。

接下来，我们在统一的优化重建框架中评估及比较线性相关、交替投影等多种单像素成像重建算法，并介绍两种新的 SPI 优化重建方法，包括基于共轭梯度下降优化的方法和基于泊松最大似然估计的方法。然后，我们将这些算法分别应用于模拟合成数据和实际采集数据，在不同的采样率、图像尺寸和噪声水平下，测试它们各自的性能。测试指标包括采集效率、计算复杂度以及对测量噪声的鲁棒性。

2. 不同 SPI 重建算法的建模和推导过程

SPI 系统是一个线性系统，该系统采集数据的生成模型可以表述为

$$\boldsymbol{A}\boldsymbol{x} = \boldsymbol{b} \tag{2.1}$$

其中，$\boldsymbol{A} \in \mathbb{R}^{m \times n}$，为光编码矩阵（$m$ 个编码，每个编码包含 n 个像素）；$\boldsymbol{x} \in \mathbb{R}^{n \times 1}$，为需要重建的目标场景（向量形式）；$\boldsymbol{b} \in \mathbb{R}^{m \times 1}$，为采集数据向量。SPI 的重建目标为从编码矩阵 $\boldsymbol{A}$ 和采集数据 $\boldsymbol{b}$ 中重建目标场景 $\boldsymbol{x}$。

SPI 重建算法可以根据其迭代类型分为 3 类，包括线性非迭代方法、线性迭代方法以及非线性迭代方法。

线性非迭代方法直接通过线性求解得到目标场景图像，不需要优化迭代。最常见的方法为逆矩阵求解。然而，在大多数情况下，采集数据的数量 m 并不等于需要重建的信号（像素）数量 n，这就意味着照明编码矩阵 $\boldsymbol{A}$ 是非对称的。为了使问题可解，可以在式（2.1）的两边同时乘以 $\boldsymbol{A}^{\mathrm{T}}$，使模型变为 $\boldsymbol{A}^{\mathrm{T}}\boldsymbol{A}\boldsymbol{x} = \boldsymbol{A}^{\mathrm{T}}\boldsymbol{b}$。通过上述转化，求解结果为 $\boldsymbol{x} = (\boldsymbol{A}^{\mathrm{T}}\boldsymbol{A})^{-1}\boldsymbol{A}^{\mathrm{T}}\boldsymbol{b}$。这在 $m \geqslant n$ 时和最小化 $||\boldsymbol{A}\boldsymbol{x} - \boldsymbol{b}||_{l_2}$ 等同 [42]。然而，当 $m < n$ 时，$\boldsymbol{A}^{\mathrm{T}}\boldsymbol{A}$ 是非满秩的，此时上述逆矩阵求解方法不再适用。

SPI 采集数据代表了照明编码和目标场景之间的相关性。基于这一性质，可以通过将照明编码和相应的一维采集数据线性相关来重建 $\boldsymbol{x}$：

$$\boldsymbol{x} = \frac{1}{m} \sum_{i=1}^{m} \left(b_i - \{b_i\} \right) \boldsymbol{a}_i \tag{2.2}$$
$$= \{b_i \boldsymbol{a}_i\} - \{b_i\}\{\boldsymbol{a}_i\}$$

其中，b_i 为 $\boldsymbol{b}$ 中的第 i 个测量值，$\boldsymbol{a}_i$ 为 $\boldsymbol{A}$ 中的第 i 个照明编码（第 i 行），$\{\cdot\}$ 为取平均操作，定义为

$$\begin{cases} \{b_i\} = \dfrac{1}{m} \displaystyle\sum_{i=1}^{m} b_i \\[2mm] \{a_i\} = \dfrac{1}{m} \displaystyle\sum_{i=1}^{m} a_i \end{cases} \tag{2.3}$$

线性相关重建过程可以理解为照明编码的加权求和，权重是相应的单像素采集数据。测量值越大，意味着照明编码分布越接近目标场景图像，会导致更强的相关性和更大的重建权重。从统计角度来讲，如果不同照明编码上的每个像素的值是独立同分布的，则所有编码的平均值会随着它们的数量达到无穷大而接近均一，从而可以得到高质量的重建结果。

基于上述线性相关方法，已有一些变种算法可进一步改善重建质量，其中差分鬼成像（Differential Ghost Imaging，DGI）方法 [18,19] 已被广泛使用。DGI 考虑光照强度波动，引入了一个额外的探测器来探测每个照明编码的总强度。如果将照明编码强度表示为 $s \in \mathbb{R}^{m \times 1}$，则 DGI 重建可表述为

$$x = \{b_i a_i\} - \frac{\{b_i\}}{\{s_i\}} \{s_i a_i\} \tag{2.4}$$

DGI 使用编码照明光的总强度来对照明编码进行归一化，这可以提高最终重建结果的信噪比。鉴于其鲁棒性，在接下来的算法对比中，我们使用 DGI 来代表线性非迭代方法。

线性迭代方法包括梯度下降（Gradient Descent，GD）法、共轭梯度下降（Conjugate Gradient Descent，CGD）法、泊松最大似然估计（Poisson Maximum Likelihood Estimation，PMLE）法和交替投影法。

首先介绍 GD 法。SPI 重建可以被看作误差（真实测量数据和仿真测量数据之间）最小化过程，其数学形式可以表示为二次最小化问题：

$$\min L(x) = \|Ax - b\|_{l_2}^2 \tag{2.5}$$

其中，l_2 范数定义为 $\|x\|_{l_2} = \sqrt{\sum_i (x_i)^2}$。上述目标函数的梯度推导为

$$\begin{aligned} p &= \frac{\partial L(x)}{\partial x} \\ &= 2A^{\mathrm{T}}(Ax - b) \end{aligned} \tag{2.6}$$

使用该梯度，目标场景图像可以通过对 x 迭代更新得到：

$$x' = x - \Delta_x p \tag{2.7}$$

其中，Δ_x 表示梯度下降步长。通常情况下，目标函数的变化足够小则表示上述迭代优化达到收敛状态。

为了快速收敛，每次梯度下降的最佳步长可以通过求解以下问题来计算：

$$\min L(\Delta_x) = \|\boldsymbol{A}(\boldsymbol{x} - \Delta_x\boldsymbol{p}) - \boldsymbol{b}\|_{l_2}^2 \tag{2.8}$$
$$= \|(\boldsymbol{Ax} - \boldsymbol{b}) - \Delta_x\boldsymbol{Ap}\|_{l_2}^2$$

上述函数对 Δ_x 的导数为

$$\frac{\partial L(\Delta_x)}{\partial \Delta_x} = -2(\boldsymbol{Ap})^{\mathrm{T}}\left[(\boldsymbol{Ax} - \boldsymbol{b}) - \Delta_x\boldsymbol{Ap}\right] \tag{2.9}$$
$$= 2(\boldsymbol{p}^{\mathrm{T}}\boldsymbol{A}^{\mathrm{T}}\boldsymbol{r} + \Delta_x\boldsymbol{p}^{\mathrm{T}}\boldsymbol{A}^{\mathrm{T}}\boldsymbol{Ap})$$

其中，$\boldsymbol{r} = \boldsymbol{b} - \boldsymbol{Ax}$，为残差向量。通过赋值 $\partial L(\Delta_x)/\partial \Delta_x = 0$，可得到 Δ_x 的最优闭式解为

$$\Delta_x = -\frac{\boldsymbol{p}^{\mathrm{T}}\boldsymbol{A}^{\mathrm{T}}\boldsymbol{r}}{\boldsymbol{p}^{\mathrm{T}}\boldsymbol{A}^{\mathrm{T}}\boldsymbol{Ap}} \tag{2.10}$$

从而得到最佳步长。

CGD 法也可用于求解式（2.5）中的二次最小化问题，但要求 $\boldsymbol{A}$ 是对称正定的 [43]。与逆矩阵求解方法类似，CGD 法是在式（2.1）的等号两侧同时乘以 $\boldsymbol{A}^{\mathrm{T}}$，得到

$$\boldsymbol{A}^{\mathrm{T}}\boldsymbol{Ax} = \boldsymbol{A}^{\mathrm{T}}\boldsymbol{b} \Longleftrightarrow \boldsymbol{A}'\boldsymbol{x} = \boldsymbol{b}' \tag{2.11}$$

其中，$\boldsymbol{A}' \in \mathbb{R}^{n \times n} = \boldsymbol{A}^{\mathrm{T}}\boldsymbol{A}$，$\boldsymbol{b}' \in \mathbb{R}^{n \times 1} = \boldsymbol{A}^{\mathrm{T}}\boldsymbol{b}$。

残差向量为 $\boldsymbol{r}^k = \boldsymbol{b}' - \boldsymbol{A}'\boldsymbol{x}^k = \boldsymbol{A}^{\mathrm{T}}\boldsymbol{b} - \boldsymbol{A}^{\mathrm{T}}\boldsymbol{Ax}$，梯度定义为

$$\boldsymbol{p}^{(k)} = -\boldsymbol{r}^{(k-1)} - \frac{\boldsymbol{r}^{(k-1)\mathrm{T}}\boldsymbol{r}^{(k-1)}}{\boldsymbol{r}^{(k-2)\mathrm{T}}\boldsymbol{r}^{(k-2)}}\boldsymbol{p}^{(k-1)} \tag{2.12}$$

其中，上标中的 k 表示第 k 次迭代。梯度下降步长定义为

$$\Delta_{x^{(k)}} = \frac{\boldsymbol{r}^{(k-1)\mathrm{T}}\boldsymbol{r}^{(k-1)}}{\boldsymbol{p}^{(k)\mathrm{T}}\boldsymbol{A}'\boldsymbol{p}^{(k)}} \tag{2.13}$$

相关研究结果表明 [43,44]，CGD 法的收敛速度比传统的 GD 法更快。这是因为在不同的迭代中，CGD 法的梯度是彼此共轭的。理论上，假设需重建信号（像素）数量为 n，则 CGD 法在不超过 n 次迭代后即可收敛。

统计结果表明 [45]，光子到达传感器的时序符合泊松分布，这一统计特性也可用于 SPI 重建，相关重建方法称为最大似然估计法 [46]。这种方法旨在通过最大化测量值 $b_i \in \boldsymbol{b}$ 的概率来估计 $\boldsymbol{x}$。PMLE 法的目标函数为

$$\max \prod_{i=1}^{m} \frac{\mathrm{e}^{-(\boldsymbol{a}_i\boldsymbol{x})}(\boldsymbol{a}_i\boldsymbol{x})^{b_i}}{b_i!} \tag{2.14}$$

式（2.14）等同于

$$\min L(\boldsymbol{x}) = -\lg \prod_{i=1}^{m} \frac{\mathrm{e}^{-(\boldsymbol{a}_i \boldsymbol{x})}(\boldsymbol{a}_i \boldsymbol{x})^{b_i}}{b_i!} \tag{2.15}$$

$$\Leftrightarrow \quad \min L(\boldsymbol{x}) = \sum_{i=1}^{m} \left[\boldsymbol{a}_i \boldsymbol{x} - b_i \lg(\boldsymbol{a}_i \boldsymbol{x}) \right]$$

上述目标函数的梯度推导为

$$\boldsymbol{p} = \frac{\partial L(\boldsymbol{x})}{\partial \boldsymbol{x}} \tag{2.16}$$

$$= \sum_{i=1}^{m} \left(\boldsymbol{a}_i^{\mathrm{T}} - \frac{b_i}{\boldsymbol{a}_i \boldsymbol{x}} \boldsymbol{a}_i^{\mathrm{T}} \right)$$

$$= \boldsymbol{A}^{\mathrm{T}} \left(\frac{\boldsymbol{A}\boldsymbol{x} - \boldsymbol{b}}{\boldsymbol{A}\boldsymbol{x}} \right)$$

此方法按照式（2.7）中的梯度下降迭代更新进行目标场景重建。由于式（2.16）中的梯度是非线性的，因此最优步长 $\Delta_{\boldsymbol{x}}$ 的闭式解较难获得。在此，我们使用回溯线搜索方法 [44,47] 来计算每次迭代中的最优步长，详见算法 2.1。

算法 2.1 回溯线搜索算法

输入：梯度 $\boldsymbol{p}$，辅助变量 $\alpha \in [0.01, 0.3]$，辅助变量 $\beta \in [0.1, 0.8]$。

过程：

1: $\Delta_{\boldsymbol{x}} \leftarrow 1$;

2: **while** $\quad L(\boldsymbol{x} + \Delta_{\boldsymbol{x}}\boldsymbol{p}) > L(\boldsymbol{x}) - \alpha \Delta_{\boldsymbol{x}} \boldsymbol{p}^{\mathrm{T}} \boldsymbol{p} \quad$ **do**

3: $\quad \Delta_{\boldsymbol{x}} \leftarrow \beta \Delta_{\boldsymbol{x}}$;

4: **end while**

输出：最优步长 $\Delta_{\boldsymbol{x}}$。

单像素 AP 重建方法是由康涅狄格大学的郭凯凯等人提出的 [16]。该方法由用于相位恢复的 AP 算法 [11,48] 转化而来，从傅里叶域空间频谱的角度来进行 SPI 重建。它将 SPI 采集数据 $b_i \in \boldsymbol{b}$ 视为到达光电二极管的光场的零空间频率系数，表示为 $\boldsymbol{l}_{\boldsymbol{a}_i} = \boldsymbol{a}_i^{\mathrm{T}} \odot \boldsymbol{x}$，其中 $\odot$ 代表点积。在每次迭代中，AP 算法在傅里叶域和空间域之间进行切换，并分别添加变量约束。在傅里叶域，b_i 是零空间频率的约束，代表 $\boldsymbol{l}_{\boldsymbol{a}_i}$ 的总光强。因此，$\boldsymbol{l}_{\boldsymbol{a}_i}$ 更新为

$$\boldsymbol{l}'_{\boldsymbol{a}_i} = \boldsymbol{l}_{\boldsymbol{a}_i} \frac{b_i}{\boldsymbol{a}_i \boldsymbol{x}} \tag{2.17}$$

在空域，照明编码作为变量约束，目标场景 $\boldsymbol{x}$ 更新为

$$\boldsymbol{x}' = \boldsymbol{x} + \frac{\boldsymbol{a}_i^{\mathrm{T}}}{\max(\boldsymbol{a}_i)^2}(\boldsymbol{l}'_{\boldsymbol{a}_i} - \boldsymbol{l}_{\boldsymbol{a}_i}) \tag{2.18}$$

将上述两式融合，得到 AP 算法的迭代更新规则为

$$x' = x - \frac{a_i^{\mathrm{T}} \odot (a_i^{\mathrm{T}} \odot x)}{\max(a_i)^2} \frac{a_i x - b_i}{a_i x} \tag{2.19}$$

在每次迭代中，所有的单像素采集数据均被顺序地用于式（2.19）中，以更新目标场景图像。

非线性迭代方法主要基于压缩感知技术[49-51]，旨在通过引入信号先验信息，从欠定线性系统中重建信号，因此其可用于 SPI 重建以减少数据采集数量。两种广泛被使用的自然图像先验包括稀疏表示（Sparse Representation，SR）先验和全变分（Total Variation，TV）正则化先验。SR 先验表明，当使用过完备正交基表示一张自然图片时，其系数向量是稀疏的，例如用于 JPEG 压缩标准[15]的离散余弦变换（Discrete Cosine Transform，DCT）。TV 正则化先验表示自然图像的梯度在统计上是稀疏的。基于压缩感知的 SPI 重建方法[22,52-54]几乎均使用上述两种先验，因此下面主要讨论基于这两种先验的 SPI 重建算法。

压缩感知 SR 重建在数学形式上可表述为

$$\min \ ||c||_{l_0} \tag{2.20}$$
$$\mathrm{s.t.} \ Dx = c$$
$$Ax = b$$

其中，D 为线性表示矩阵；c 为相应的系数向量；l_0 范数计算 c 中的非零元素个数，用于表示稀疏性。上述模型通过最小化 c 的 l_0 范数来体现其稀疏性。第一个约束条件代表图像 x 通过线性表示矩阵 D 进行表达，第二个约束条件为 SPI 数据生成模型。

由于 l_0 范数最小化难以求解，因此通常使用 l_1 范数来近似 l_0 范数，以便于求解重建。上述优化可以在梯度下降框架下使用增广拉格朗日乘子（Augmented Lagrange Multiplier，ALM）方法[55,56]进行求解。ALM 方法已被证明对噪声鲁棒且可以快速收敛[57]。通过引入拉格朗日乘子 y 将式（2.20）中的等式约束纳入目标函数，优化目标为最小化式（2.20）中的拉格朗日函数：

$$\begin{aligned}
\min L &= ||c||_{l_1} + \langle y_1, Dx - c \rangle + \frac{\mu_1}{2}||Dx - c||_{l_2}^2 \\
&\quad + \langle y_2, Ax - b \rangle + \frac{\mu_2}{2}||Ax - b||_{l_2}^2 \\
\Leftrightarrow \min L &= ||c||_{l_1} + \frac{\mu_1}{2}||Dx - c + \frac{y_1}{\mu_1}||_{l_2}^2 \\
&\quad + \frac{\mu_2}{2}||Ax - b + \frac{y_2}{\mu_2}||_{l_2}^2
\end{aligned} \tag{2.21}$$

其中，$\langle\cdot,\cdot\rangle$ 代表内积；μ_1、μ_2 为权重，用来平衡不同的优化项。

上述目标函数中的变量包括 c、x、y_1、y_2、μ_1 以及 μ_2。根据 ALM 方法的迭代方法，每个变量的迭代更新规则是在保持其他变量不变的情况下最小化拉格朗日函数。详细的推导如下。

（1）更新 c

将所有和变量 c 不相关的项从式 (2.21) 中去除，得到优化变量 c 的目标函数为

$$\min L(c) = \|c\|_{l_1} + \frac{\mu_1}{2}\|Dx - c + \frac{y_1}{\mu_1}\|_{l_2}^2 \tag{2.22}$$

根据 ALM 方法，变量 c 的迭代更新方法为

$$c = \mathbb{T}_{\frac{1}{\mu_1}}\left(Dx + \frac{y_1}{\mu_1}\right) \tag{2.23}$$

其中，$\mathbb{T}_{\frac{1}{\mu_1}}(\cdot)$ 是阈值截断操作，定义为

$$\mathbb{T}_{\frac{1}{\mu_1}}(x) = \begin{cases} x - \dfrac{1}{\mu_1}, & x > \dfrac{1}{\mu_1} \\ x + \dfrac{1}{\mu_1}, & x < -\dfrac{1}{\mu_1} \\ 0, & \text{其他} \end{cases} \tag{2.24}$$

（2）更新 x

去除所有和变量 x 不相关的优化项，目标函数变为

$$\begin{aligned}\min L(x) = &\frac{\mu_1}{2}\|Dx - c + \frac{y_1}{\mu_1}\|_{l_2}^2 \\ &+ \frac{\mu_2}{2}\|Ax - b + \frac{y_2}{\mu_2}\|_{l_2}^2\end{aligned} \tag{2.25}$$

其梯度为

$$\frac{\partial L(x)}{\partial x} = \mu_1 D^{\mathrm{T}}\left(Dx - c + \frac{y_1}{\mu_1}\right) + \mu_2 A^{\mathrm{T}}\left(Ax - b + \frac{y_2}{\mu_2}\right) \tag{2.26}$$

设 $\partial L(x)/\partial x = 0$，得到变量 x 的闭式解为

$$x = (\mu_1 D^{\mathrm{T}}D + \mu_2 A^{\mathrm{T}}A)^{-1}\left[\mu_1 D^{\mathrm{T}}\left(c - \frac{y_1}{\mu_1}\right) + \mu_2 A^{\mathrm{T}}\left(b - \frac{y_2}{\mu_2}\right)\right] \tag{2.27}$$

（3）更新 y 和 μ

在 ALM 方法中，拉格朗日乘子 y 以及权重参数 μ 的更新方式为

$$\boldsymbol{y}_1' = \boldsymbol{y}_1 + \mu_1(\boldsymbol{Dx} - \boldsymbol{c})$$
$$\boldsymbol{y}_2' = \boldsymbol{y}_2 + \mu_2(\boldsymbol{Ax} - \boldsymbol{b})$$

$$\mu_1' = \min(\rho\mu_1, \mu_{1\max})$$
$$\mu_2' = \min(\rho\mu_2, \mu_{2\max})$$

(2.28)

(2.29)

其中，ρ、$\mu_{1\max}$ 和 $\mu_{2\max}$ 是用户设定的参数，用来调节权重参数的增长速度以及最大值。

压缩感知 TV 正则化重建方法如文献 [58] 所述，图像 $\boldsymbol{x}$ 的梯度可以表示为 $\boldsymbol{c} = \boldsymbol{Gb}$，其中 $\boldsymbol{G}$ 为梯度计算矩阵。在此使用 l_1 范数来计算图像的总变差，即梯度的积分，优化模型变为

$$\min \ ||\boldsymbol{c}||_{l_1}$$
$$\text{s.t.} \ \boldsymbol{Gx} = \boldsymbol{c}$$
$$\boldsymbol{Ax} = \boldsymbol{b}$$

(2.30)

该优化模型和基于 SR 的重建方法 [见式（2.20）] 具有相同的形式，因此可以使用和压缩感知 SR 重建相同的算法求解上述 TV 优化问题，在此不再赘述。

3. 实验结果

不同 SPI 重建算法的原理对比见表 2.1。下面分别进行仿真实验和真实实验，将上述 SPI 重建算法在模拟合成数据和实际采集数据上进行对比，以展示各自的优缺点。

表 2.1　不同 SPI 重建算法的原理对比

分类	方法	求解思路	重建原理		
线性非迭代方法	逆矩阵求解	生成模型拟合	$\boldsymbol{x} = (\boldsymbol{A}^{\mathrm{T}}\boldsymbol{A})^{-1}\boldsymbol{A}^{\mathrm{T}}\boldsymbol{b}$		
	传统线性相关 [17]	测量值为目标场景和照明编码之间的空间相关度	见式（2.2）		
	DGI [19]		见式（2.4）		
线性迭代方法	GD	生成模型拟合	问题描述	梯度 $\boldsymbol{p}$	步长 $\Delta_{\boldsymbol{x}}$
			见式（2.5）	见式（2.6）	见式（2.10）
	CGD		见式（2.11）	见式（2.12）	见式（2.13）
	PMLE	信号统计特性	见式（2.15）	见式（2.16）	回溯线搜索算法
	AP[16]	测量值为零空间频率系数	见式（2.1）	见式（2.19）中等号右侧第 2 项	1
非线性迭代方法	SR[15]	图像先验	见式（2.20）	见式（2.21）～式（2.29）	
	TV				

相关实验参数设定如下。

（1）为了进行定量比较，使用归一化的均方根误差（Root Mean Square Error，RMSE）作为指标，定义为

$$\sqrt{\frac{\{(\boldsymbol{I}_1 - \boldsymbol{I}_2)^2\}}{\{\boldsymbol{I}_1\}}} \tag{2.31}$$

其中，$\{\cdot\}$ 是内部平均操作。

RMSE 衡量的是真值图像 $\boldsymbol{I}_1$ 和重建图像 $\boldsymbol{I}_2$ 之间的相对差异。

（2）对于上述迭代算法中 $\boldsymbol{x}$ 的初始化，理论上可以将其设置为任意值。但为了公平地比较不同方法的优劣势，将其统一设置为 $\boldsymbol{x}^{(0)} = \boldsymbol{0}$。

（3）迭代算法的迭代停止指标通常为迭代次数达到预设值，或者目标函数取值小于给定阈值。在此，使用连续两次迭代之间的残差变化作为指标，即 $||\boldsymbol{r}||^{(k)} - ||\boldsymbol{r}||^{(k-1)}$，其中 $\boldsymbol{r} = \boldsymbol{b} - \boldsymbol{A}\boldsymbol{x}$。如果它足够小（阈值设置为 10^{-2}），则停止迭代，输出结果。此外，将最大迭代次数设置为像素数量的 3 倍。同时，为确保算法收敛，将最小迭代次数设置为 30。

在仿真实验中，我们使用了 10 张被广泛应用的标准测试图像 [59-61] 作为目标场景（像素值范围归一化为 $[0, 1]$）。使用表 2.1 中的每种算法分别重建 10 个场景目标，将重建 RMSE 求平均后定量地表征其性能。根据式（2.1），使用随机编码来仿真合成单像素采集数据。采样率定义为采集数据数量和需要重建的信号（像素）数量的比值，它决定了采集效率。除了探究采样率对重建结果的影响，其他仿真实验的采样率均设置为 1。图像尺寸是最终需要重建的图像的像素数量，即照明编码的像素数量。除了探究图像大小的仿真实验，其他仿真实验的图像大小均设置为 64×64 像素。每种参数设置下的仿真实验均重复 20 次，并取其定量结果的平均值作为最终结果。上述所有的算法运行在相同的计算机硬件环境下，包括 Intel Core i7 处理器（3.6GHz）、16GB 内存和 64 位 Windows 7 操作系统。

下面进行仿真实验，分别研究采样率、图像尺寸、测量噪声对不同 SPI 算法的影响。

在不同的采样率（范围为 0.2~5）下，不同 SPI 重建算法的结果如图 2.3 所示，其中 3 张曲线图分别展示了重建误差、迭代次数和运行时间随采样率的变化。为使曲线图更清晰地展示指标变化，迭代次数和运行时间的纵坐标设为原始指标值的对数。需要注意的是，DGI 方法没有迭代次数，因为它是非迭代的。此外，采样率为 0.5、1.0 和 3.0 时的示例重建图像展示在图 2.3 中的曲线图下方，从中可以得到以下结论。

（1）随着采样率增加至 1，各算法的重建误差大幅减小。当采样率继续增加时，重建误差减小的速度变慢。

（2）迭代次数和运行时间不会随着采样率的增加而增加很多。需要注意的是，采集时间会随着采样率的增加而增加。

（3）采样率为 5 时，图 2.3 中的 DGI 法和两种线性迭代方法（包括 PMLE 法和 GD 法）的重建结果仍产生了较大的重建误差。因此，这 3 种方法的采集效率较低。

（4）非线性迭代方法（特别是 TV 法）仅需比其他方法少得多的采集数据就可获得和其他方法相当的重建质量，并且比 CGD 法以外的大多数线性迭代方法的收敛速度更快。例如，TV 法只需要 0.5 的采样率就可得到小于 0.03 的重建误差，这主要得益于引入的图像先验提供了额外的场景统计信息。

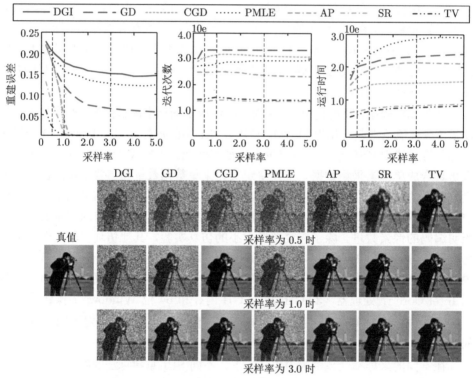

图 2.3　不同采样率下各 SPI 重建算法结果对比

图像尺寸是影响图像重建质量和算法计算复杂度的另一个重要因素。将采样率统一设置为 1，并且在不同图像尺寸（从 32×32 像素到 160×160 像素）的仿真合成数据上运行上述算法。重建结果对比如图 2.4 所示，其中曲线图展示了不同算法的重建误差、迭代次数和运行时间，图像尺寸为 32×32 像素、64×64 像素和 128×128 像素的示例重建图像展示在曲线图下方。从图中可以看到，较大的图像尺寸会减小重建误差，但是同时也需要更多的迭代次数和更长的运行时间。此外，根据上述结果还可以得到下述结论。

（1）图像尺寸大于 128×128 像素后，随着图像尺寸的继续增大，非线性迭代方法运行时间的增加速度比其他方法更快。这是该类方法中的非线性计算和多个引入的变量更新造成的。

（2）随着图像尺寸的增大，非线性迭代方法的迭代次数不会增加。这意味着如果采样率足够高，非线性迭代方法仅需要少量的迭代就足够收敛，这得益于其引入的图像先验。

（3）DGI 法、CGD 法和 AP 法在图像尺寸达到 160 × 160 像素后的运行时间最短。但是，DGI 法在最终重建中会产生较大误差。因此，综合考虑重建质量和计算复杂度，CGD 法和 AP 法在大规模 SPI 重建中相较于其他方法具有优势。

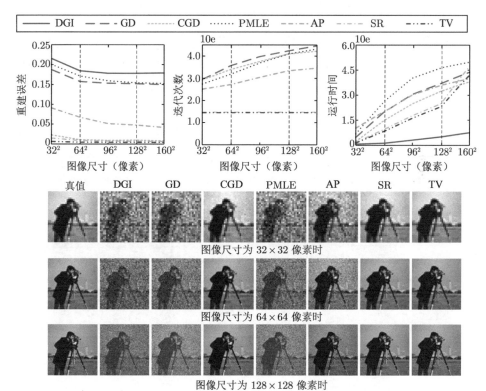

图 2.4　不同图像尺寸下各 SPI 重建算法结果对比

上述仿真实验均假设采集数据中不存在测量噪声。然而，现实中的采集数据总是会受到各种原因（如环境光和电路电流）产生的噪声的影响。接下来研究测量噪声对上述不同算法重建结果的影响，并测试它们对测量噪声的鲁棒性。假设

测量噪声为高斯白噪声，其概率分布为

$$P(n) = \frac{1}{\sqrt{2\pi}\sigma} \exp\left(-\frac{n^2}{2\sigma^2}\right) \tag{2.32}$$

其中，n 为测量噪声，σ 为标准差（Standard Deviation，STD）。噪声等级定义为 σ 和像素数量的比值，这里设噪声等级在 $0\sim3\times10^{-3}$ 之间变化，采样率为 1，图像尺寸为 64×64 像素。各 SPI 重建算法结果对比如图 2.5 所示，上面 3 张曲线图分别展示了重建误差、迭代次数和运行时间随着噪声等级变化的差异，下面的图展示了噪声等级为 1×10^{-4}、5×10^{-4} 和 3×10^{-3} 时的示例重建图像，从中可以得到以下结论：

（1）随着测量噪声等级的增加，所有算法的重建精度都会降低；

（2）CGD 方法和 SR 方法的重建精度比其他方法下降得更快；

（3）TV 方法和 AP 方法是对测量噪声鲁棒性最好的两种方法。

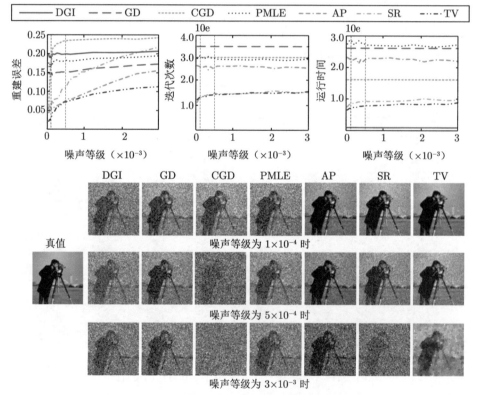

图 2.5　不同测量噪声等级下各 SPI 重建算法结果对比

为了进一步比较不同 SPI 重建算法的性能，我们设计并搭建了 SPI 硬件系统来采集实际数据 [62]。该系统使用一台商业投影机的照明模块（投影机镜头的数值孔径为 0.27）和一个 DMD（Texas Instrument DLP Discovery 4100 Development Kit，.7XGA）作为编码光源模块。照明编码设定为 64×64 像素，并使用打印的透射胶片（34mm×34mm）作为目标场景。从场景出射的光由一个高速光电二极管（Thorlabs DET100 Silicon，340~1100nm）和一个 14 位采集卡（ART PCI8514）进行采集。采样频率设置为 10kHz。该系统利用自同步技术[63]来同步 DMD 和探测器。如图 2.3 所示，当采样率达到 1.0 时，大多数算法的重建误差小于 0.05，因此在真实实验中将采样率的范围设为 0.1~1，并使用采样率为 3.0 时 TV 法的重建结果作为场景真值图像。真实实验的重建结果如图 2.6 所示，其中的曲线图展示了不同采样率（0.1~1）下的重建误差、迭代次数以及运行时间，下方的图展示了采样率为 0.2、0.6 和 1.0 时的示例重建图像，从中可以得出和上述仿真实验结果相同的结论。

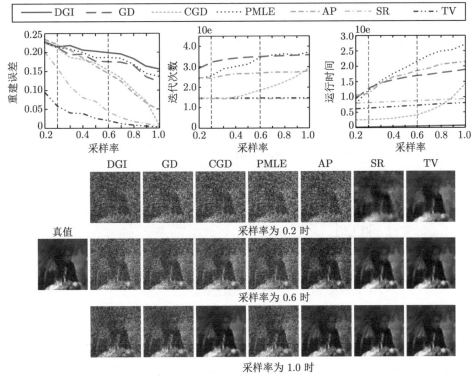

图 2.6　不同 SPI 重建算法的真实实验结果对比

4. 总结与讨论

本小节在统一的重建框架下介绍了各种 SPI 重建算法，包括 DGI 法、GD 法、AP 法、SR 法和 TV 法，以及 CGD 法和 PMLE 法。这些算法分别从不同的角度来进行 SPI 重建。DGI 法将单像素测量值视为目标场景和编码照明之间的相关性，认为测量值表明了它们的相似性。GD 法和 CGD 法将 SPI 重建视为生成模型的拟合过程。PMLE 法利用了单个光子到达探测器的时序符合泊松分布的统计特性。AP 法从空间频谱的角度进行 SPI 重建，将单像素测量值视为到达探测器的光场的零空间频率系数。SR 法和 TV 法这两种基于压缩感知的方法将自然图像的统计先验引入优化重建，并将重点放在采集数据数量少于需重建信号数量时的欠定 SPI 重建上。

这些算法可根据其迭代类型分为线性非迭代方法（包括 DGI 法）、线性迭代方法（包括 GD 法、CGD 法、PMLE 法、AP 法）和非线性迭代方法（包括 SR 法、TV 法）。根据实验结果，线性非迭代方法需要的运行时间最短，但是需要的采集数据最多。非线性迭代方法需要的采集数据最少。这些算法的性能比较如图 2.7 所示，其中横轴表示在相同重建质量（即采集效率）下所需的采集数据数量，纵轴表示所需的运行时间（即重建效率）。图中，红色区域包含了对测量噪声敏感的 SR 法和 CGD 法；紫色区域包含了两种非全局优化方法，即 AP 法和 DGI 法；绿色区域包含了 AP 法和 CGD 法，这两种算法在大规模重建中消耗的运行时间最短。

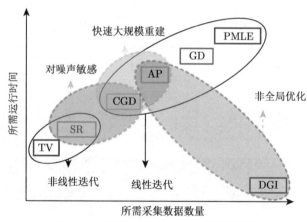

图 2.7　不同 SPI 重建算法的性能比较

这些算法也可以依据其在每次迭代更新中是否同时使用所有采集数据[64]，分为全局优化方法和非全局优化方法两类。DGI 法和 AP 法属于非全局优化方法，而其他方法属于全局优化方法。由于非全局优化方法不需要在每次迭代更新中存储所有的照明编码和采集数据，因此具有较高的存储效率。

根据上述不同参数设置（包括采样率、图像尺寸和测量噪声等级）下的仿真实验以及真实实验，可总结出以下结论。

（1）考虑采集效率，TV 法需要最少的采集数据便能够得到和其他方法相当的重建质量。

（2）在计算复杂度方面，TV 法和 CGD 法进行小规模重建时花费的时间最短；在大规模重建中，CGD 法和 AP 法的运行速度最快。

（3）TV 法和 AP 法对测量噪声的鲁棒性最好。

总之，不同的 SPI 重建算法在采集效率、计算复杂度和噪声鲁棒性等方面各有优劣，实际使用时可以根据特定的 SPI 系统和应用进行选择。

2.1.2　单像素三维成像

传统相机使用二维传感器阵列作为感光元件，信噪比较低，响应光谱范围有限。单像素探测器作为新型的成像设备，其最大的特点是仅具有一个感知单元 [15,65,66]，将目标光场经过调制后汇聚采集，然后使用重建算法（如线性关联、压缩感知或深度学习等）[67-69] 解耦目标图像。与阵列传感成像相比，SPI 的信噪比高，光谱响应范围更宽。得益于这些优势，SPI 已被广泛应用于多个领域，例如多光谱成像 [23,25]、气体检测 [34] 和目标分类 [70] 等。

然而，由于传统 SPI 中仅存在二维空间调制而缺少深度信息调制，因此目标的深度信息会在单像素采集过程中丢失，导致重建图像中仅包含二维空间信息。深度信息对于诸如机器人技术和虚拟现实 [71] 等许多应用都至关重要。方怡等人 [72] 借用三维建模的视差原理，使用放置在不同位置的多个单像素探测器获取不同视角的图像 [26,73]，然后将这些具有视差的图像融合在一起，生成目标的三维信息。张子邦等人在 SPI 系统中引入了用于深度信息调制的光栅，并使用条纹相位估计算法从具有变形条纹的二维图像中重建深度信息 [74,75]。孙鸣捷等人使用超脉冲激光器作为光源，从而使得单像素探测器能够区分不同时刻到达传感器的光子，进而从时间维度提取深度信息 [27]。尽管以上技术可以实现 SPI 的深度采集，但它们均需要额外的硬件，包括多个单像素检测器、光栅和超脉冲激光器，增加了系统成本和实验成本。

本小节介绍一种无须任何其他硬件的 SPI 高效深度获取方法，即 SPI 深度成像方法。该方法采用了结合随机编码和正弦编码的复用照明策略，可同时调制目标的空间和深度信息；可将三维信息耦合到单像素探测器的一维测量序列中，并构建卷积神经网络，直接从一维测量数据中重建空间和深度信息。与传统的迭代优化重建算法相比，端到端的深度学习重建架构可有效减少测量数据量（采样率可降至 0.3），并降低计算复杂度（可降低 2 个数量级）。

1. SPI 深度成像方法

SPI 深度成像方法的架构如图 2.8 所示，采集数据模型如图 2.9 所示。该方法采用的复用编码调制包含两个分量，包括随机编码和正弦编码，以对二维空间

和深度信息分别进行编码。复用编码调制表示为

$$\boldsymbol{P}^k = \boldsymbol{P}_{\mathrm{r}}^k \odot \boldsymbol{P}_{\mathrm{s}} \tag{2.33}$$

其中，$\odot$ 表示哈达玛（Hadamard）积；$\boldsymbol{P}_{\mathrm{r}}^k \in \mathbb{R}^{n \times n}$，表示第 k 个随机编码；$\boldsymbol{P}_{\mathrm{s}} \in \mathbb{R}^{n \times n}$，表示正弦编码，具体表示为

$$\boldsymbol{P}_{\mathrm{s}}(x, y) = a + b \sin\left(ux + vy + \varphi_0\right) \tag{2.34}$$

其中，(x, y) 表示空间坐标，a 表示背景强度，b 表示条纹的幅度，u 和 v 是其角频率，φ_0 是初始相位。

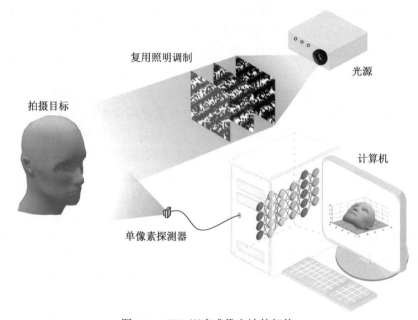

图 2.8　SPI 深度成像方法的架构

由于照明角度与探测角度不在同一方向，因此复用编码会随着场景深度变化而变形。其中，正弦条纹变成如下形式：

$$\boldsymbol{P}_{\mathrm{s}}'(x, y) = a + b \sin\left(ux + vy + \Delta\varphi(x, y) + \varphi_0\right) \tag{2.35}$$

其中，$\Delta\varphi(x, y)$ 是目标深度分布 $\boldsymbol{H}(x, y)$ 的函数 [76]：

$$\Delta\varphi(x, y) = \frac{2\pi l \tan\alpha \boldsymbol{H}(x, y)}{t[l - \boldsymbol{H}(x, y)]} \tag{2.36}$$

其中，l 表示探测器与目标之间的距离，α 表示照明与探测之间的路径角度，t 表示正弦周期。编码光经由透镜汇聚后由单像素探测器采集，采集数据可表示为

$$\boldsymbol{M}^k = \sum_{(x,y)} \boldsymbol{O}(x,y) \odot \boldsymbol{P}'^k = \sum_{(x,y)} \boldsymbol{O}(x,y) \odot \boldsymbol{P}'_{\mathrm{s}}(x,y) \odot \boldsymbol{P}'^k_{\mathrm{r}}(x,y) \tag{2.37}$$

其中，$\boldsymbol{O}(x,y)$ 表示目标的二维空间信息。

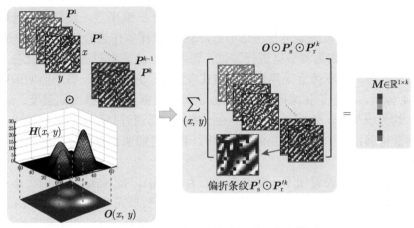

图 2.9　SPI 深度成像方法的采集数据模型

　　为了从一维测量序列 $\boldsymbol{M}(k)$ 中高效地重建深度信息 $\boldsymbol{H}(x,y)$ 及空间信息 $\boldsymbol{O}(x,y)$，我们构建了一个端到端的 SPI 深度成像重建网络，如图 2.10 所示。深度成像重建子网络包含两部分，包括自编码子网络（CONV1）和并行残差子网络（CONV2）。其中，CONV1 首先使用全连接层将一维测量数据转换到二维空间，然后使用三维卷积核提取目标特征。CONV2 由两个并行的残差子网络组成，每

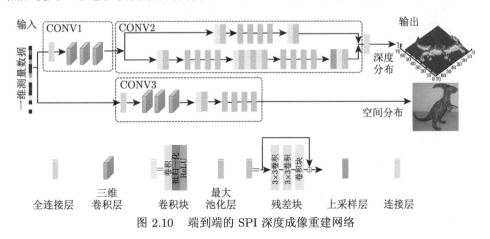

图 2.10　端到端的 SPI 深度成像重建网络

个子网络均由一组残差块和卷积块组成。上述并行框架能够有效地重建由条纹变形（P'_s）引起的相位变化（$\Delta\phi$）[77]，并进一步输出相应的深度分布（H）。使用残差块能够避免训练过拟合及梯度消失[78]的问题。空间信息重建子网络 CONV3 包含一个全连接层、三个三维卷积层和一组残差层。

2. 实验验证

下面使用 ShapeNet 数据集[79]来训练和测试上述 SPI 深度成像重建网络。该数据集包含 55 个常见对象类别以及 51,300 个三维模型。我们随机选取其中 10,000 个样本作为训练集进行网络训练，3800 个样本作为验证集进行模型验证，以及 1200 个样本作为测试集进行测试。训练集、验证集和测试集彼此独立，不包含重复的样本。单像素采集数据根据式（2.37）仿真合成。每个照明编码包含 64×64 像素，其中正弦编码参数如下：a 等于数据集的二维空间强度，$b = 0.5$，u 和 v 均为 $\pi/5$，$\varphi = 0$，$t = 10.7/\sqrt{2}$。随机编码通过高斯随机函数生成。参考相位测量轮廓技术中的光轴几何位置[80]，我们将照明和探测之间的角度设置为 $\alpha = \pi/12$。

网络训练参数设置如下：学习率设置为 0.0001，批（Batch）的大小设置为 120，所有偏差项都初始化为 0。我们使用激活函数单元（Rectified Linear Unit，ReLU）[81]进行网络层激活，并通过自适应矩估计优化技术[82]更新网络的参数。损失函数使用 Huber 损失函数[83]，即

$$L_{\text{total}} = \sigma_{\text{MSE}} L_{\text{MSE}} + \sigma_{\text{MAE}} L_{\text{MAE}} \tag{2.38}$$

其中，σ_{MSE}、σ_{MAE} 为权重参数，设 $\sigma_{\text{MSE}} = 0.999$，$\sigma_{\text{MAE}} = 0.001$。

网络训练大约在 100 次迭代后收敛。我们在 pyTorch 框架[84]下搭建了该网络，所使用的计算机配备了 Intel Core i7 处理器（3.6GHz）、64GB 内存和 NVIDIA RTX 2080Ti 显卡，训练过程每 10 轮耗时约 80s。

首先研究采样率对深度重建精度的影响［使用均方误差（Mean Square Error，MSE）量化重建精度］。采样率定义为调制编码数量与二维空间图像像素数量的比值。我们选择不同的采样率并训练相应的重建网络，重建结果如图 2.11 所示。此外，我们使用传统 SPI 算法（包括 AP 法[16]、DCT 法[15]和 TV 法[67]）联合条纹分析三维重建方法[74]进行比较。图 2.11（a）展示了不同采样率（0.1~3）下的深度重建精度对比。图中表格展示了采样率为 0.3 时各方法的重建时间。图 2.11（b）展示了 TV 法和深度学习方法的深度重建图示例。由图可知，深度学习方法可以在较低的采样率（如 0.3）下达到一定的重建精度（< 0.02）和最高的重建效率（约 0.04s），而传统重建方法需要较高的计算复杂度（2 个数量级以上）和较高的采样率。

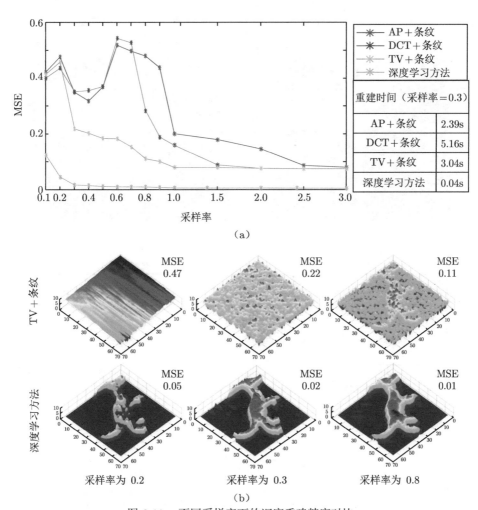

图 2.11　不同采样率下的深度重建精度对比

（a）不同采样率下的深度重建精度对比　　（b）TV 法和深度学习方法的深度重建图示例

接下来研究重建网络对测量噪声的鲁棒性。我们在一维测量数据中加入不同级别的高斯白噪声，以使输入数据的信噪比不同。图 2.12 展示了不同噪声等级下的深度和空间信息重建精度对比。其中，图 2.12（a）展示了所有测试样本在不同测量噪声下的定量重建结果，图 2.12（b）展示了采样率为 0.3、输入 SNR 为 30dB 时的重建误差。由图可知，即使存在测量噪声，上述深度神经网络也可以有效地从单像素测量值中重建空间和深度信息。定量重建结果表明，几乎所有测试样本的重建结构相似度（Structure Similarity，SSIM）都高于 0.8，而 MSE 低于 0.02，从而验证了该网络具有对测量噪声的鲁棒性以及对不同样本的泛化性。

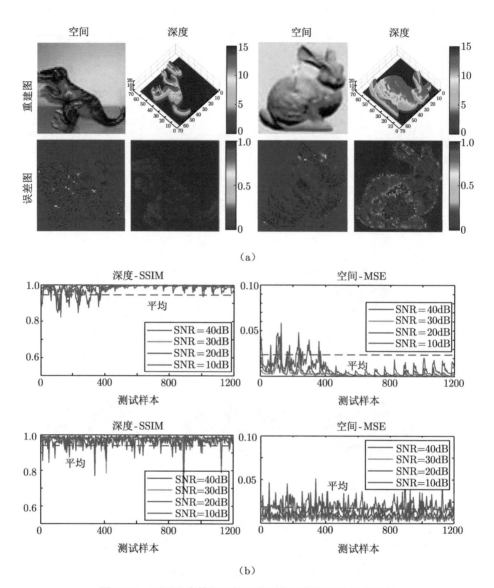

图 2.12 不同噪声等级下的深度和空间信息重建精度对比

（a）所有测试样本在不同测量噪声下的定量重建结果

（b）采样率为 0.3、输入 SNR 为 30dB 时的重建误差

为了进一步验证上述方法的有效性，我们搭建了光路系统，用于采集实验数据。该系统使用投影仪（X416C XGA，Panasonic）提供编码照明，并使用单像素探测器（PDA100A2，Thorlabs）采集目标反射光，光路参数与仿真保持相同。考虑到实际的光强测量值很难直接与仿真值匹配，我们预先对光强进行校准，并将固定的背景光强从测量数据中减去，以使采集数据符合理论模型。采样率设置

为 0.3，照明编码包含 160×160 像素。

第一个实验使用半圆球石膏样品作为拍摄目标，半圆球的半径为 12mm，如图 2.13（a）所示。我们将复用编码照明图案投射到样本上，从而将深度信息耦合到单像素采集数据中。重建的深度分布如图 2.13（b）所示，相应的剖面深度分布如图 2.13（c）所示。可以看出，剖面深度的重建结果与真值几乎吻合。第二个实验使用脸形石膏样本作为拍摄目标，如图 2.13（a）所示，该样本长度为 100mm，宽度为 90mm，最大高度为 42mm。图 2.13（b）和图 2.13（c）展示了重建的深度分布和相应的面部轮廓。从实验结果可以看出，SPI 深度成像方法可以有效地重建目标场景的深度信息。

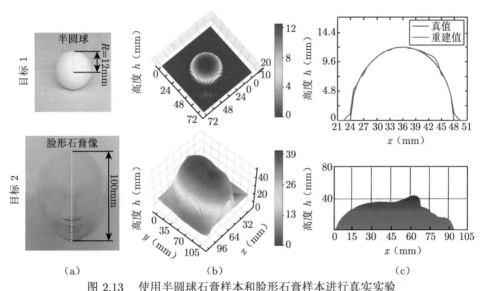

图 2.13　使用半圆球石膏样本和脸形石膏样本进行真实实验
（a）两个样本实例　　（b）使用深度学习方法重建的深度分布　　（c）相应的剖面深度分布

3. 总结与讨论

本小节介绍了一种高效的 SPI 深度成像方法，可在无须任何额外硬件以及不增加额外测量数据的前提下使现有的 SPI 系统获取目标场景的深度信息。该方法与传统 SPI 之间的区别是使用了联合随机编码和正弦编码的复用照明策略，将目标的三维信息以复合的方式耦合到一维测量数据中。通过构建端到端的神经网络，可以对深度和空间分布进行高效的解耦重建，从而解决了高重构精度和低计算复杂度之间的折中问题。

需要指出的是，尽管随机编码也会随着深度的变化而发生偏转，但是 SPI 深度成像方法仍然需要复合的编码照明来重建深度信息。这是因为如果仅使用随机编码，则三维重建任务将会过于欠定。从傅里叶频谱的角度能够较好地解释其原因：如果不使用正弦编码复用，则所有的空间信息和深度信息都被耦合在频谱的低频区域，因此难以求解深度信息；而当引入正弦编码复用时，深度信息便从空间信息分离并移至频谱的高频区域。在此基础上，可以使用深度学习方法对深度信息进行高效的重建。

与使用传感器阵列的传统三维成像系统相比，SPI 深度成像方法继承了传统 SPI 的优势，包括高信噪比和宽工作频谱。尽管其深度成像精度可能难以与使用多个探测器 [26,72,73] 或激光雷达（Light Detection and Ranging，LiDAR）[27] 的方法相媲美，但该方法具有较高的成像效率，无须额外的硬件或测量数据，为高通量成像提供了潜在解决方案。

SPI 深度成像方法可以进一步扩展：可以采用多样输入策略 [85] 来提高网络在不同采样率下的泛化性；可以进一步研究正交编码（傅里叶编码、哈达玛编码等）[86] 和正弦编码复用的调制方法，或者使用网络优化编码 [70,87] 来进一步提高重建精度并降低采样率；还可以融合多光谱 SPI 方法 [23,25]，以进一步提高光谱维度的通量，从而仅使用一个单像素探测器来构建多模态成像系统。

2.2 光谱升维

现有摄像技术大多基于红、绿、蓝三基色信息组成彩色图像、视频 [88]。虽然三色传感符合人类视觉系统的感知需求，但是物理世界包含了远多于三色数据的光谱信息。光谱代表了光信号在不同波段（光频率）的强度分布，表征了观测对象对光的反射、透射的本征属性 [89]。光谱信息获取能够提供更多场景的有效特征，解决传统灰度、彩色成像中的"同色异谱"问题，帮助人们准确地区分不同的物质成分，更加全面、清晰地认识观测目标。

高光谱视频成像提供物理世界的空间、光谱、时间四维信息分布（见图 2.14）[90]，包含几十甚至上百个光谱通道，每个光谱通道的数据代表了目标场景在该波段随时间变化的强度信息。得益于空-谱-时高维信息获取，高光谱视频成像已广泛应用于军事、工业、农业、医学等领域，例如隐藏目标侦察、矿物地质勘探、农作物长势监测、病理组织检查等 [91-94]。除此之外，高光谱视频成像在计算机视觉、图形学领域的应用在不断获得突破，例如物体跟踪、图像分割、场景渲染等 [95-99]。综上，高光谱视频成像对从宏观到微观、军用到民用的精细化、智能化探测具有重要意义。

下面介绍使用低维探测器获取高光谱信息的计算成像理论和方法。

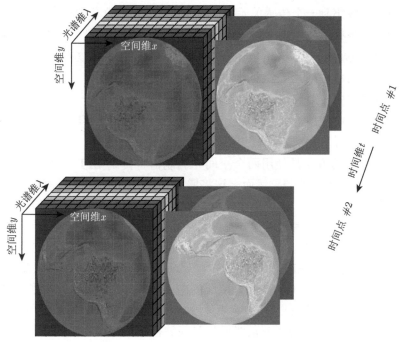

图 2.14　空–谱–时四维光谱视频数据示意图

2.2.1　多光谱单像素成像

多光谱成像采集目标场景的空域–光谱信息，其产生的数据包含一组不同波长的二维图像，同时具有空间和光谱解析能力[100]。现有的多光谱成像仪大多利用色散光学装置（如棱镜和衍射光栅）或窄带滤光器来分离不同波长的光，然后使用传感器阵列进行多次采集[101-103]。利用压缩感知技术，可以将多光谱图像复用在一起以减少所需的采集数据量[104]。另一种多光谱成像方法是傅里叶光谱成像技术[105]，这种方法利用干涉仪将入射光束分为两部分，通过改变它们的光程差使得在每个空间点产生变化的干涉强度，然后通过傅里叶变换从阵列探测器上的强度测量值中将光谱信息提取出来。尽管上述多光谱成像方法的原理和装置各不相同，但在空间域或光谱域中进行测量均由传感器阵列完成。因此，多光谱成像仪的光子效率较低且光谱探测范围有限。此外，它们普遍体积庞大[103] 且较为昂贵（如近红外–短波红外波段的多光谱成像仪的价格甚至超过 50,000 美元）[106]，使它们难以用于大量的日常应用。

单像素成像技术[15,41] 为解决上述多光谱成像问题提供了一种可行的方案。SPI 使用单像素探测器代替昂贵且复杂的 CCD 或 CMOS 传感器件，因此成本低、结构紧凑且具有更宽的光谱响应范围[107]。此外，SPI 可将目标场景反射或透射的所有光线收集到一个传感单元中，从而提高了光子效率 [108-111]。近年来，SPI 在二维成像和各种衍生应用中均取得了广泛且成功的应用 [26,28,30,32,35,112]。

利用 SPI 技术进行多光谱成像有两种直接的方法。一种方法是对入射光光谱进行分解，从而对不同光谱分别进行测量。此类方法包括：

（1）直接使用光谱仪替换单像素探测器 [113,114]；

（2）在测量前使用滤波片 [73,115] 或色散光学装置 [107,116] 来分离不同波长的光，然后使用单像素探测器进行扫描测量。

另一种直接的方法是使用两个空间光调制器将传统 SPI 中的二维空域调制直接扩展为空域–光谱调制。然而，这将增加重建所需的调制掩模数量 [108] 和相应的计算复杂度。综上，由于单个单像素探测器难以区分不同的光谱，因此上述方法是通过增加成本或调制掩模数量（计算量）来实现多光谱成像。

接下来介绍一种多光谱单像素成像（Multispectral Single-pixel Imaging，MSPI）技术。与传统 SPI 相比，MSPI 无须增加调制掩模数量和采集时间。图 2.15 展示了 MSPI 与传统 SPI 在光照端的主要区别。由于单像素探测器 [兆赫兹（MHz）级或吉赫兹（GHz）级] 的响应速度比空间光调制器 [不高于千赫兹（kHz）级] 快 [26,63,73]，所以目标场景的光谱信息能够被编码到这个速度差中。MSPI 在每次空域调制掩模运行期间引入了光谱正弦调制。因此，目标场景的反射（或透射）光线被复用到单像素探测器的一维测量数据中。由于不同波长的响应信号在傅里叶域中的主频率不同，因此进行简单的傅里叶分解后就能够将不同的多光谱

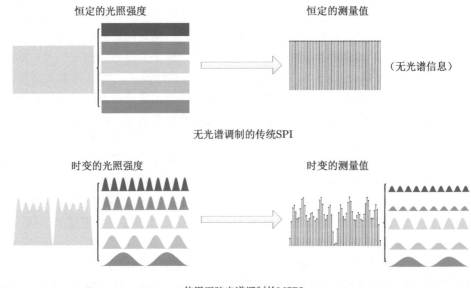

图 2.15　传统 SPI 与 MSPI 在光照端的主要区别

信号分离，然后利用压缩感知算法 [15] 分别重建不同波段的多光谱图像。另外，傅里叶域中的复用和分解能够有效地抑制系统噪声，从而提高系统对噪声的鲁棒性并确保重建质量。

MSPI 具有许多潜在的应用。得益于其空域–光谱的多维复用和分解技术 [117]，MSPI 的光子效率高且噪声鲁棒性强，因此在弱光条件下（如荧光显微镜 [118] 和拉曼成像 [109]）具有更大的优势。此外，与传统的多光谱成像技术相比，MSPI 所使用的单像素探测器可使系统具有紧凑的尺寸和较轻的质量，这对地质勘探、农作物评估和环境监测等空基应用较为有利 [119]。采用 MSPI 技术的设备拥有较宽的光谱响应范围且价格较低（与商用投影仪的价格水平相当），因此可以作为低成本、便携式设备进行量产。

1. MSPI 的计算成像方法

MSPI 系统如图 2.16 所示。我们搭建了一套原型样机系统，能够获取波长范围在 $450 \sim 650$nm 之间的 64×64 像素（10 通道）多光谱数据。首先，该系统通过一组光学透镜对宽带光源（Epson White 230W UHE 灯泡）进行准直后，将其投射到数字微镜阵列（Texas Instrument DLP Discovery 4100 DLP7000）上。该器件可以对入射光进行空域调制。在此期间，空域调制掩模的光强是恒定的，如图 2.16 右上角所示。然后，光照掩模经过投影仪镜头（Epson，NA=0.27）进行后续的光谱调制。光谱调制模块类似于文献 [120] 中的光谱装置，其光路展示在图 2.16 中。该装置中，光栅（含 600 个凹槽，尺寸为 50mm×50mm）被置于光照掩模的焦平面上，凸透镜用于收集一阶色散光谱，并将其聚焦到彩虹光谱面上。该平面上放置了一个印有不同周期的正弦灰色圆环的圆形调制胶片以进行光谱调制。彩虹光谱沿调制胶片的半径延伸。使用电动机以恒定速度（约 6000rad/min）旋转胶片，即可实现对光谱的正弦调制，如图 2.16 左上角所示。经过空间域和光谱域的联合调制后，光照掩模与目标场景相互作用，并且相应的光场由单像素探测器（Thorlabs PDA100A-EC Silicon Photodiode，340~1100nm）配合 14 位采集卡（ART PCI8514）记录下来。

MSPI 的重构过程如图 2.16 右下角所示，包含光谱多路分解（计算复杂度为 $\mathcal{O}(n \lg n)$）和多光谱重建（计算复杂度为 $\mathcal{O}(n^3)$）两部分。

（1）光谱多路分解

由于 MSPI 引入了正弦光谱调制，因此单像素探测器采集的每个空域调制掩模下的测量序列均由多个不同波段的响应信号组成。这些响应信号具有正弦强度变化且变换周期不同。因此，不同波段的响应信号会在傅里叶域中被调制到相应正弦变换周期的频率点上。此外，我们假设测量中的系统噪声是随机的且均值为 0，在傅里叶域中主要位于高频区域。因此，通过快速的傅里叶分解 [121] 就能够将不同谱段的响应信号以及噪声彼此分离。

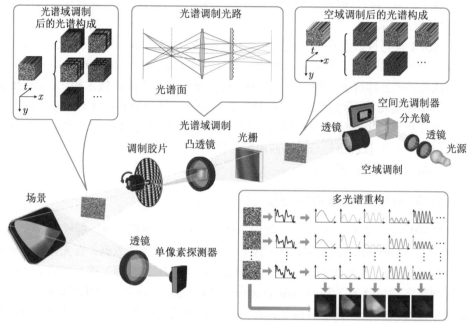

图 2.16 MSPI 系统

在数学形式上，傅里叶分解能够将时间序列转换为不同频率下正弦函数的加权求和。因此，探测器上的测量序列 $\{y_0, \cdots, y_{T-1}\}$ 可以用一系列正弦函数表示为

$$y_t = b_0 + \sum_{i=1}^{T/2} \left\{ b_i \sin\left(\frac{2\pi i}{T}t + \phi_i\right) \right\} \tag{2.39}$$

其中

$$\begin{cases} b_0 = \dfrac{1}{T}\displaystyle\sum_{t=0}^{T-1} y_t \\[3mm] b_i = \dfrac{2}{T}\sqrt{\left[\displaystyle\sum_{t=0}^{T-1} y_t \cos\left(\frac{2\pi i}{T}t\right)\right]^2 + \left[\displaystyle\sum_{t=0}^{T-1} y_t \sin\left(\frac{2\pi i}{T}t\right)\right]^2} \quad (i > 0) \\[3mm] \phi_i = \arctan \dfrac{\displaystyle\sum_{t=0}^{T-1} y_t \sin\left(\frac{2\pi i}{T}t\right)}{\displaystyle\sum_{t=0}^{T-1} y_t \cos\left(\frac{2\pi i}{T}t\right)} \end{cases} \tag{2.40}$$

其中，b_0 是直流分量，表示所有测量值的平均值；b_i 表示第 i 个正弦函数在频率 i/T 处的强度。如前所述，每个波段的响应信号对应一个特定的正弦调制频率。因此，上述主频处的频谱系数即对应于不同波段的响应信号。我们采用快速傅里叶变换（Fast Fourier Transform，FFT）将测量值变换到傅里叶域，计算复杂度为 $\mathcal{O}(n \lg n)$。然后，我们通过在相应的主频附近搜索频率系数的极大值来实现响应信号的多路分解。

通过对每个空域调制掩模下的测量序列做 FFT，可以获得每个波段的响应信号。假设用正弦频率 j/T 调制波长为 λ 的光谱分量，可以从测量序列中获得相应的响应信号 b_j。考虑到存在 m 个掩模，能够得到 m 个波长为 λ 的响应信号。将响应信号表示为 $\boldsymbol{b}_\lambda \in \mathbb{R}^m$，其中每个元素对应一个调制掩模在 λ 处的响应信号。

（2）多光谱重建

对不同波长的响应信号进行多路分解之后，需要在每个波段分别进行多光谱重建。假设每个调制掩模的空间像素数为 n，并将掩模集合定义为 $\boldsymbol{A} \in \mathbb{R}^{m \times n}$（矩阵中的一个行向量表示一个掩模）。波长为 λ 的重建图像表示为 $\boldsymbol{x}_\lambda \in \mathbb{R}^n$，与掩模具有相同的空间分辨率。基于此，通过求解以下优化问题即可完成各光谱通道的图像重建 [15]：

$$\{\boldsymbol{x}_\lambda^*\} = \arg\min \|\psi(\boldsymbol{x}_\lambda)\|_{l_1} \tag{2.41}$$
$$\text{s.t. } \boldsymbol{A} x_\lambda = \boldsymbol{b}_\lambda$$

该目标函数基于自然图像稀疏统计先验，即当使用合适的基底（如离散余弦变换基）表示自然图像时，其基底的系数在统计上是稀疏的 [122]。我们使用 $\psi(\boldsymbol{x}_\lambda)$ 表示变换域中的系数向量，并通过最小化其 l_1 范数来约束其稀疏性。其中，ψ 是转换域的映射运算符。目标函数中的约束条件是响应信号的生成模型。

式（2.41）是标准的 l_1 优化问题，可以使用线性交替优化方法 [56] 对其进行求解（计算复杂度为 $\mathcal{O}(n^3)$），求解结果即为场景在波段 λ 的光谱图像。将上述重建应用于所有波段后，即可得到目标场景的多光谱图像。由于这些重建的多光谱图像由 3 个光谱分量组成（包括照明光谱、场景光谱和单像素探测器的响应光谱），因此需要利用光照的标定光谱和探测器的标定响应光谱对图像进行归一化，进而得到场景的多光谱图像。在实验中，我们使用 Zolix Omni-λ300i 单色仪作为滤波器，将其放置在光源和单像素探测器之间进行光谱标定。

2. 实验验证

接下来的实验使用 3000 个随机生成的空域调制掩模（大小为 64×64 像素）顺序地对目标场景进行空域调制；将数字微镜阵列的帧频设置为 50Hz，单像素探测器的采样频率设置为 100kHz；使用自同步技术 [63] 同步调制器和探测器；数据采集时间约为 1min。

首先，使用 MSPI 技术获取目标场景的多光谱图像，以证明其有效性。使用打印的 CIE 1931 色彩空间胶片（45mm×45mm）作为目标场景，该胶片具有较宽的光谱范围（见图 2.17（a））。在这个实验中，彩虹光谱的范围为 450~650nm，长度约为 23mm。通过光谱调制胶片上印刷的 10 个宽度为 2mm 的圆环，将彩虹光谱分离为 10 个窄带响应信号，圆环的正弦周期在 2~20 之间变化（见图 2.17（b））。

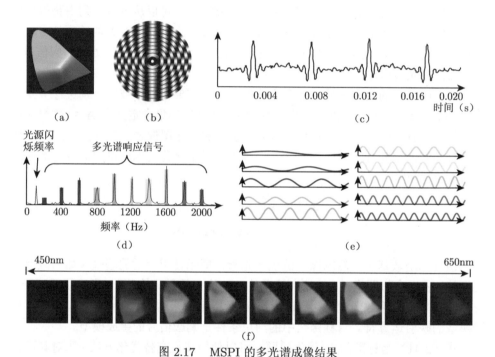

图 2.17　MSPI 的多光谱成像结果

（a）目标场景　（b）光谱调制胶片　（c）单维测量值序列　（d）测量值序列的傅里叶分解
（e）不同波段光谱分解后的序列　（f）重建的 10 个波段多光谱图像

单像素探测器采集的测量值序列如图 2.17（c）所示，其对应的傅里叶系数如图 2.17（d）所示。可以看到，在傅里叶域中该测量值序列的频谱存在几个主峰，它们位于相应的光谱调制频率上（60Hz 的峰值来自电压波动引起的光照闪烁，其他微小波动由系统噪声引起）。这些峰值的大小为相应频带的响应信号强度。据此，可以将多光谱响应信号通过快速的傅里叶分解进行解耦，并且不受系统噪声的影响。解耦后的结果如图 2.17（e）所示，其频率正好与胶片打印的正弦圆环匹配。接下来，使用压缩感知算法重建目标场景在每个波段上的光谱图像。为了进行光谱归一化，我们在光源和单像素探测器之间放置了 Zolix Omni-λ300i 单色仪作为滤波器，从而预先标定入射光的光谱和探测器的光谱响应，并使用它们对重构的图像进行归一化。最终重建的多光谱图像如图 2.17（f）所示，该图像已通过 Canon EOS 5D Mark II 相机的 RGB 响应曲线 [123] 合成以实现彩色的可视化效果。该成像结果验证了 MSPI 技术的有效性。

为了定量分析 MSPI 系统的成像精度，我们使用 X-Rite 标准色卡作为拍摄对象（由 24 个不同光谱的色块组成，见图 2.18（a）），并对重建精度进行定量分析。对于色卡上的每个色块，我们将其所有像素的重建光谱取平均后作为相应色块的平均重建光谱，并计算了 10 个光谱通道的均方根误差作为重建误差。所有 24 个色块的重建结果如图 2.18（b）所示。另外，图 2.18（c）展示了几个样本色块的 MSPI 重建值与真值之间的光谱比较。可以看到，重建值与真值之间的偏差较小。该实验进一步证明了 MSPI 系统能够进行高精度的光谱分解与重建。

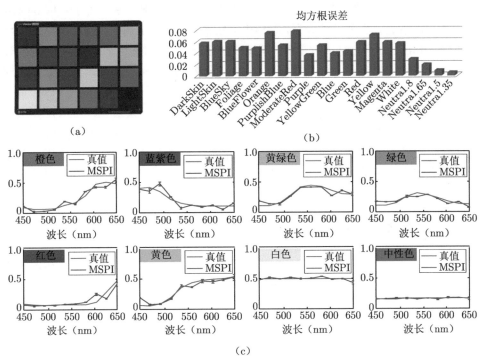

图 2.18　定量分析 MSPI 的成像精度
（a）拍摄对象　　（b）24 个色块的重建结果
（c）样本色块的 MSPI 重建值与真值之间的光谱比较

3. 总结与讨论

MSPI 技术利用慢速的空域掩模调制和快速的探测器响应之间的速度差距，在每个空域掩模中加入了正弦光谱调制，从而将传统 SPI 中的二维空域复用扩展到空域–光谱复用。与传统的二维 SPI 相比，该技术可以获取了目标场景的多光谱信息，同时不会引入额外的采集时间和计算成本。与传统多光谱成像技术相比，MSPI 具有成本低、体积小、质量轻和光子效率高的巨大优势。

MSPI 系统中的光谱调制模块具有较强的拓展性。第一，可以针对不同的光谱分辨率调整光谱调制胶片上圆环的宽度。圆环越窄，光谱分辨率越高。第二，可以使用凹槽更密集的衍射光栅来拓宽彩虹条纹，从而提高光谱分辨率。第三，可以通过设计其他胶片改变光谱复用模式 [108]。另外，可以在入射光照射到目标场景后再进行空域–光谱调制，从而在没有主动光照明的情况下获取场景的空域–光谱信息 [115]。

尽管 MSPI 技术与传统多光谱成像技术相比具有众多优势，但是它和传统的 SPI 系统一样需要多个掩模对场景进行依次调制。也就是说，MSPI 技术需要在时间分辨率与空域–光谱分辨率之间进行权衡。以上述实验为例，为了获取 64×64 像素（×10 通道）的多光谱数据，MSPI 系统需要 3000 个调制掩模，采集过程耗时大约 1min。为了提高成像效率，可以采用结构化且自适应的调制掩模 [111,124] 来减少所需的掩模数量，进而降低采集和计算成本。此外，还可以使用更快的旋转电动机或更密集的正弦图案来提高光谱分辨率。

对于重建算法，考虑到不同光谱通道之间存在大量冗余信息，可以在算法中利用光谱维度的交叉通道先验 [58,125,126] 来提高重建精度并进一步减少所需的调制掩模。此外，由于在目前的 MSPI 系统中不同的光谱波段需要独立重建，因此可以利用图形处理单元（Graphics Processing Unit，GPU）以并行方式同时重建不同波段的光谱图像来缩短重建时间。

2.2.2　量子点光谱仪

量子点（Quantum Dot，QD）是近年来新型材料领域的研究热点，其光谱吸收特性可以通过改变量子点尺寸和成分来精准调节 [127-129]。基于此，鲍捷等人在 2015 年提出了量子点光谱仪的概念 [103]，并通过将 195 种 CdSe QD 或 CdS QD 作为滤波材料与 CCD 传感器集成在一起，构建了一种便携、紧凑的量子点光谱仪。该光谱仪能够采集可见光范围（波长范围为 390~690nm）的光谱信息，但是光谱分辨率仅约为 3.2nm。由测量生成模型可知，量子点光谱仪的光谱分辨率与量子点的吸收光谱相关，并且光谱响应范围由光电探测器的响应范围和对应量子点材料的透过光谱特性决定。由于硅基 CCD 摄像机的响应范围为 200~1000nm（包含了紫外波段、可见光波段和近红外波段），因此如果能够制备在紫外–可见光–近红外范围内光谱可控且无辐射的量子点材料，便可有效提升量子点光谱仪的可用性并推动多项光谱学应用的发展，例如焰尾观察 [130,131] 和矿物检测 [132] 等。

钙钛矿量子点（Perovskite Quantum Dot，PQD）是一种通过原位制备的新型量子点材料 [133-135]，其光谱可调范围宽、透明度高、无辐射且集成加工性好 [136-138]。下面介绍一种基于 $MA_3Bi_2X_9$ 和 Cs_2SnX_6（$MA = CH_3NH_3$；$X = Cl, Br, I$）的无铅钙钛矿量子点薄膜（Perovskite Quantum Detembedded Film，PQDF），该材料无辐射且透射光谱可在 250~1000nm 内精确调控。我们验证了采用 PQDF 构建紧凑型高光谱仪的可行性。考虑到高光谱重建模型的欠定性，本小节会介绍一种压缩感知全变分稀疏优化算法，用于提高光谱重建质量。最后，我们将由 361 种 PQDF 材料组成的滤波器阵列与 CCD 相机集成在一起，对 250~1000nm 的宽带光谱进行了光谱采集与重建实验，实验结果表明该系统的光谱分辨率约达 1.6nm。

1. PQD 光谱仪的光谱重建算法

量子点透射光谱标定的实验装置如图 2.19（a）所示。该装置使用宽带光源进行照明，且打印的量子点阵列固定在平移台上，通过移动平移台并使用光纤光谱仪（Thorlabs CCS200/M）测量每种 QD 的透射光谱。然后，将测得的透射光谱除以光源光谱，即可获得校准后的 QD 透射光谱。PQDF 滤波器阵列的样例透射光谱如图 2.19（b）所示。

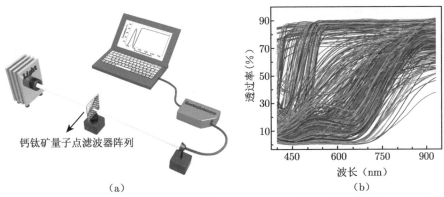

钙钛矿量子点滤波器阵列

（a） （b）

图 2.19　量子点透射光谱标定的实验装置以及 PQDF 滤波器阵列的样例透射光谱
（a）实验装置　（b）样例透射光谱

入射光经过 PQDF 滤波器阵列后，不同种类的 PQDF 对入射光的目标光谱进行不同的光谱调制。光电探测器阵列上的测量值是调制后的光谱在光谱维度上的和。对于目标光谱 $r(\lambda)$，其生成模型为

$$b_i = \int_\lambda d_i(\lambda) r(\lambda) c(\lambda) \mathrm{d}\lambda \tag{2.42}$$

其中，b_i 是在探测器的相应像素位置得到的测量值，$d_i(\lambda)$ 是第 i 个 PQDF 的透射光谱（$i = 1, 2, 3, \cdots, 361$），$c(\lambda)$ 是探测器的响应光谱。通过将 $d_i(\lambda)$、$c(\lambda)$ 和

$r(\lambda)$ 离散化为 $d_i(k)$、$c(k)$ 和 $r(k)(k = 1, 2, 3, \cdots, m)$，可以得到：

$$
\begin{cases}
b_i' = \sum_{k=1}^{m} d_i(k)c(k)r(k) \\[2mm]
\boldsymbol{A} = \begin{bmatrix}
d_1(1)c(1) & d_1(2)c(2) & \cdots & d_1(m)c(m) \\
d_2(1)c(1) & d_2(2)c(2) & \cdots & d_2(m)c(m) \\
\cdots & \cdots & \cdots & \cdots \\
d_n(1)c(1) & d_n(2)c(2) & \cdots & d_n(m)c(m)
\end{bmatrix} \in \mathbb{R}^{n \times m} \\[2mm]
\boldsymbol{b} = \begin{bmatrix} b_1' b_2' \cdots b_i' \end{bmatrix}^{\mathrm{T}} \in \mathbb{R}^{n \times m} \\[2mm]
\boldsymbol{x} = r(k) \in \mathbb{R}^{m \times 1}
\end{cases}
\tag{2.43}
$$

上述生成模型能够简化为 $\boldsymbol{Ax} = \boldsymbol{b}$。

计算解耦的目标是从测量值 $\boldsymbol{b}$ 中重建目标光谱 $\boldsymbol{x}$。考虑到上述测量生成模型是欠定的，传统的线性最小二乘（Least Square，LS）法会在重建结果中产生误差 [103]，并且对测量噪声的鲁棒性较差。因此，这里采用基于压缩感知的全变分正则化算法 [49,50] 进行光谱重建，以有效地从少量测量值中恢复高精度信号。利用全变分稀疏先验，光谱 $\boldsymbol{x}$ 的梯度可以表示为 $\boldsymbol{g} = \boldsymbol{Gx}$，其中 $\boldsymbol{G}$ 是梯度计算矩阵 [51]。利用 l_1 范数对 $\boldsymbol{g}$ 进行稀疏正则化约束，光谱重建的优化模型表示为

$$
\begin{aligned}
\min & \ \|\boldsymbol{g}\|_{l_1} \\
\text{s.t.} & \ \boldsymbol{Gx} = \boldsymbol{g} \\
& \ \boldsymbol{Ax} = \boldsymbol{b}
\end{aligned}
\tag{2.44}
$$

考虑到 ALM 算法的强鲁棒性和高计算效率，这里使用 ALM 算法求解式（2.44）中的优化模型 [56,139]。通过引入拉格朗日乘数 $\boldsymbol{y}$ 将等式约束变换到目标函数中，得到增广拉格朗日函数：

$$
\min L = \|\boldsymbol{g}\|_{l_1} + \langle \boldsymbol{y}_1, \boldsymbol{Gx} - \boldsymbol{g} \rangle + \frac{\mu_1}{2}\|\boldsymbol{Gx} - \boldsymbol{g}\|_{l_2}^2 + \langle \boldsymbol{y}_2, \boldsymbol{Ax} - \boldsymbol{b} \rangle + \frac{\mu_2}{2}\|\boldsymbol{Ax} - \boldsymbol{b}\|_{l_2}^2
\tag{2.45}
$$

其中，$\langle \cdot \rangle$ 表示内积，μ_1 和 μ_2 是用来平衡不同优化项的权重参数。

式（2.45）可以转化为

$$
\min L = \|\boldsymbol{g}\|_{l_1} + \frac{\mu_1}{2}\left\|\boldsymbol{Gx} - \boldsymbol{g} + \frac{\boldsymbol{y}_1}{\mu_1}\right\|_{l_2}^2 + \frac{\mu_2}{2}\left\|\boldsymbol{Ax} - \boldsymbol{b} + \frac{\boldsymbol{y}_2}{\mu_2}\right\|_{l_2}^2
\tag{2.46}
$$

根据 ALM 算法的迭代重建策略，每个变量的更新原理是在保持其他变量不变的同时最小化拉格朗日函数。详细推导如下：

（1）优化 $\boldsymbol{g}$

去除目标函数中与变量 $\boldsymbol{g}$ 不相关的项后，目标函数变为

$$\min L(\boldsymbol{g}) = \|\boldsymbol{g}\|_{l_1} + \frac{\mu_1}{2}\left\|\boldsymbol{G}\boldsymbol{x} - \boldsymbol{g} + \frac{\boldsymbol{y}_1}{\mu_1}\right\|_{l_2}^2 \tag{2.47}$$

根据 ALM 算法的推导原理，$\boldsymbol{g}$ 的更新规则为

$$\boldsymbol{g} = T_{\frac{1}{\mu_1}}\left(\boldsymbol{G}\boldsymbol{x} + \frac{\boldsymbol{y}_1}{\mu_1}\right) \tag{2.48}$$

其中 $T_{\frac{1}{\mu_1}}(\cdot)$ 表示阈值操作，定义为

$$T_{\frac{1}{\mu_1}}(x) = \begin{cases} x - \dfrac{1}{\mu_1}, & x > \dfrac{1}{\mu_1} \\ x + \dfrac{1}{\mu_1}, & x < -\dfrac{1}{\mu_1} \\ 0, & \text{其他} \end{cases} \tag{2.49}$$

（2）优化 $\boldsymbol{x}$

去除目标函数中与 $\boldsymbol{x}$ 不相关的项后，目标函数变为

$$\min L(\boldsymbol{x}) = \frac{\mu_1}{2}\left\|\boldsymbol{G}\boldsymbol{x} - \boldsymbol{g} + \frac{\boldsymbol{y}_1}{\mu_1}\right\|_{l_2}^2 + \frac{\mu_2}{2}\left\|\boldsymbol{A}\boldsymbol{x} - \boldsymbol{b} + \frac{\boldsymbol{y}_2}{\mu_2}\right\|_{l_2}^2 \tag{2.50}$$

其梯度为

$$\frac{\partial L(\boldsymbol{x})}{\partial \boldsymbol{x}} = \mu_1 \boldsymbol{G}^{\mathrm{T}}\left(\boldsymbol{G}\boldsymbol{x} - \boldsymbol{g} + \frac{\boldsymbol{y}_1}{\mu_1}\right) + \mu_2 \boldsymbol{A}^{\mathrm{T}}\left(\boldsymbol{A}\boldsymbol{x} - \boldsymbol{b} + \frac{\boldsymbol{y}_2}{\mu_2}\right) \tag{2.51}$$

令 $\partial L(\boldsymbol{x})/\partial \boldsymbol{x} = 0$，$\boldsymbol{x}$ 的闭式解推导为

$$\boldsymbol{x} = \left(\mu_1 \boldsymbol{G}^{\mathrm{T}}\boldsymbol{G} + \mu_2 \boldsymbol{A}^{\mathrm{T}}\boldsymbol{A}\right)^{-1}\left[\mu_1 \boldsymbol{G}^{\mathrm{T}}\left(\boldsymbol{g} - \frac{\boldsymbol{y}_1}{\mu_1}\right) + \mu_2 \boldsymbol{A}^{\mathrm{T}}\left(\boldsymbol{b} - \frac{\boldsymbol{y}_2}{\mu_2}\right)\right] \tag{2.52}$$

（3）优化 $\boldsymbol{y}$ 和 $\boldsymbol{\mu}$

根据 ALM 算法的原理，拉格朗日乘子 $\boldsymbol{y}_1$、$\boldsymbol{y}_2$ 和权重参数 μ_1、μ_2 的更新方式如下：

$$\begin{aligned} \boldsymbol{y}_1' &= \boldsymbol{y}_1 + \mu_1(\boldsymbol{G}\boldsymbol{x} - \boldsymbol{g}) \\ \boldsymbol{y}_2' &= \boldsymbol{y}_2 + \mu_2(\boldsymbol{A}\boldsymbol{x} - \boldsymbol{b}) \\ \mu_1' &= \min\left(\rho\mu_1, \mu_{1\,\text{max}}\right) \\ \mu_2' &= \min\left(\rho\mu_2, \mu_{2\,\text{max}}\right) \end{aligned} \tag{2.53}$$

其中，ρ、$\mu_{1\text{max}}$ 和 $\mu_{2\text{max}}$ 是由用户设置的参数，用来调节学习率增长速度和最大值。

基于上述推导可总结出 PQD 光谱仪所使用的光谱重建算法，见算法 2.2。

算法 2.2 PQD 光谱仪的光谱重建算法

输入： 测量数据向量 $\boldsymbol{b}$，采样矩阵 $\boldsymbol{A}$，梯度计算矩阵 $\boldsymbol{G}$。

过程：

1: 初始化：$\boldsymbol{y}_1 = 0$、$\boldsymbol{y}_2 = 0$；
2: **while** 不收敛 **do**
3: 　　根据式（2.48）更新 $\boldsymbol{g}$；
4: 　　根据式（2.52）更新 $\boldsymbol{x}$；
5: 　　根据式（2.53）更新 $\boldsymbol{y}_1$、$\boldsymbol{y}_2$、μ_1 和 μ_2；
6: **end while**

输出： 目标光谱 $\boldsymbol{x}$。

---

2. 实验验证

我们通过原位制备方法制造了多种光谱可调的 PQDF。由于聚丙烯腈（Polyacrylonitrile，PAN）在 N, N-二甲基甲酰胺（N, N-dimethylformamide，DMF）中具有良好的溶解性及在可见光和近红外光谱范围具有良好透射率（见图 2.20）[140]，使用其作为聚合物基底；由于 $MA_3Bi_2X_9$ 和 Cs_2SnX_6 具有可调带隙特性，因此使用其作为吸收材料 [141,142]。如图 2.21（a）所示，这些基于 $MA_3Bi_2X_9$/PAN 和 Cs_2SnX_6/PAN 的 PQDF 的光谱可调范围从紫外波段延伸到近红外波段，并具有较好的透明特性。图 2.21（b）展示了基于 $MA_3Bi_2X_9$/PAN 和 Cs_2SnX_6/PAN 的

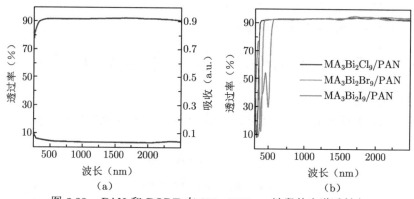

图 2.20　PAN 和 PQDF 在 250~2500nm 波段的光谱透射率

（a）厚度为 24μm 的 PAN 的透射和吸收光谱

（b）基于 $MA_3Bi_2X_9$/PAN 的 PQDF 的透射光谱

PQDF 的光谱透射率曲线，其透射光谱在 300~1000nm 范围内能够精准调控。这些 PQDF 在超出吸收带的透过率接近 90%，这意味着其拥有良好的透明度。为了说明 PQDF 的可重复制备性，我们测量了 PQDF 在透射率约为 45% 时 6 个批次 PQDF 的中心频率差异，如图 2.21（c）所示，不同批次之间的中心波长偏差在 1nm 以内，这意味着原位制备过程具有良好的批次间可重复性。

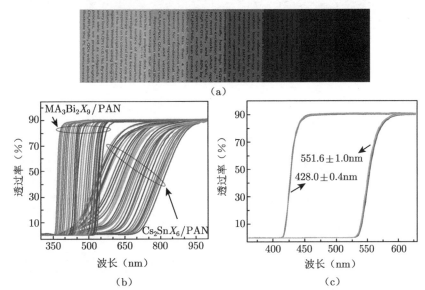

图 2.21　透过 PQDF 拍摄的图像和 PQDF 的光谱透过率曲线

（a）透过基于 $MA_3Bi_2X_9$ 和 Cs_2SnX_6 的 PQDF 所拍摄的图像　（b）基于 $MA_3Bi_2X_9$ 和 Cs_2SnX_6 的 PQDF 光谱透过率曲线　（c）6 个批次的基于 $MA_3Bi_2X_9/PAN$ 和 Cs_2SnX_6/PAN 的 PQDF 的光谱透过率曲线

　　此外，我们还研究了基于 $MA_3Bi_2X_9/PAN$ 和 Cs_2SnX_6/PAN 的 PQDF 的光致发光（Photoluminescence，PL）特性。如图 2.22 所示，这些 PQDF 在 365nm 紫外灯光源激发下不发光，其无辐射特征源于固有的间接带隙[143]。

　　我们将 PQDF 滤波片阵列与 CCD 光电探测器集成在一起，搭建了 PQD 光谱仪的原型系统，其结构及光谱测量结果如图 2.23（a）（b）所示。该系统的 7cm×7cm 滤波器阵列中包含了 361 种不同透过光谱的 PQDF 材料，光谱响应范围为 250~1000nm，透射光谱展示在图 2.21（b）中。图 2.23（c）展示了 X-Rite 标准色卡的重建光谱与对应真值的对比，其中实线是使用商业光谱仪（Thorlabs CCS100）标定的真值，虚线是 PQD 光谱仪重建的结果。为了标定不同波长下的光谱分辨率，我们依次在 PQD 滤波器阵列前面放置了一组窄带滤波片（Thorlabs FL 系列），这些滤波片能够以 1nm 的半高宽（Full Width at Half Maximum，FWHM）过滤入射光。通过使用 PQD 光谱仪测量被过滤的光谱，我们将其 FWHM 作为

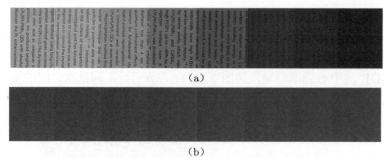

（a）

（b）

图 2.22　样例 PQDF 在自然光和波长为 365nm 的紫外灯光照射下拍摄的图像
（a）自然光照明　　（b）365nm 紫外光源照明

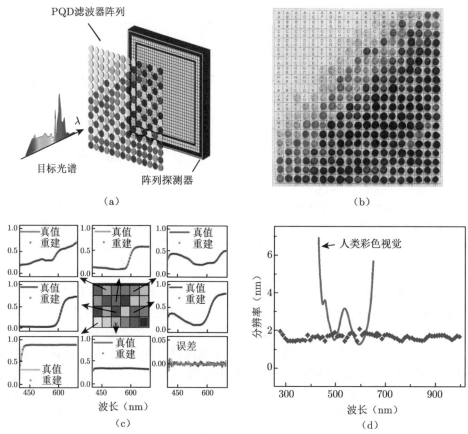

图 2.23　PQD 光谱仪的结构及其光谱测量结果

（a）PQD 光谱仪的结构　　（b）系统中使用的 PQD 滤波器阵列　　（c）X-Rite 标准色卡的重
建光谱结果与对应真值的对比　　（d）PQD 光谱仪校准后的光谱分辨率与人类彩色视觉的光
谱分辨率对比

相应波长处校准后的光谱分辨率。图 2.23（d）展示了 PQD 光谱仪在 250~1000nm 范围内不同波长下校准后的光谱分辨率与人类彩色视觉的光谱分辨率对比，平均光谱分辨率约为 1.6nm，高于可见光波段人类彩色视觉精度[144]。需要指出的是，通过增加 PQDF 滤波材料的种类，该系统的光谱分辨率可以进一步提高。

　　为了验证量子点光谱仪在实际场景中的应用潜力，下面进一步用上述原型系统测量不同商业光源的光谱，包括发光二极管（Light Emitting Diode，LED）（包括蓝色 LED、绿色 LED、红色 LED、近红外 LED 和白色 LED）以及卤素灯。图 2.24 展示了使用 PQD 光谱仪重建的光谱（黑色实线）和使用商业光谱仪标定的光谱真值（阴影填充的部分）。由结果可见，所有的重建光谱与测得的光谱真值都非常接近，从而验证了 PQD 光谱仪在实际应用中被用作宽带高分辨率测量仪器的可行性。

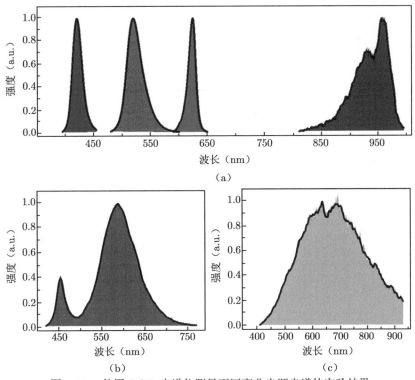

图 2.24　使用 PQD 光谱仪测量不同商业光源光谱的实验结果
（a）蓝色 LED、绿色 LED、红色 LED 和近红外 LED 的重建光谱
（b）白色 LED 的重建光谱　（c）卤素灯的重建光谱

3. 总结与讨论

　　本小节介绍了使用光谱可调且无辐射的 PQD 材料构建新型光谱仪的过程。首先，通过原位制备方法制备了多种基于 $MA_3Bi_2X_9/PAN$ 和 Cs_2SnX_6/PAN 的

无辐射 PQD 材料，其透射光谱范围为 250~1000nm。制成的 PQD 材料在 PAN 中含有均匀分散的 $MA_3Bi_2X_9$ 和 Cs_2SnX_6 PQD，这使它们在吸收波长处具有较强的滤波能力，而在非吸收波长处具有较高的透射率。我们将由 361 种 PQD 材料组成的滤波器阵列与 CCD 光电探测器阵列集成在一起，并结合压缩感知全变分稀疏优化算法，构建了 PQD 光谱仪的原型系统，其光谱分辨率约达 1.6nm，光谱测量范围为 250~1000nm，为制造低成本且紧凑的高光谱仪提供了一种可行方案。在光谱分辨率和光谱响应范围方面，PQD 光谱仪的性能均优于人类视觉系统（见表 2.2 和表 2.3），对人工智能产品、临床治疗设备等装置的发展具有积极意义。

表 2.2　CdSe（CdS）量子点和无铅 PQDF 的比较

	CdSe（CdS）量子点	无铅 PQDF
光谱可调	✓	✓
无发光	×（猝灭）	✓（非自发光）
制备便利	×（热注入，移位）	✓（原位）
可重复	✓	✓
可打印	✓	✓
环保性	×	✓

表 2.3　PQD 光谱仪与其他光谱仪的性能对比

	光谱范围（nm）	光谱分辨率（nm）	参考文献
Landsat-8	450~1250	8	
ASTER	520~11650	15~90	
Hyperion	400~2500	30	
ALOS	520~770	2.5	Khan M J, Khan H S, et al. Modern trends in hyperspectral image analysis: A review[J]. IEEE Access, 2018, 6: 14118-14129.
AVIRIS	380~2500	4~20	
HyMap	450~2480	2~10	
ROSIS	420~8730	2	
DAIS-7915	450~12000	3~10	
AISA	450~900	2.9	
CASI	430~870	2	
Vidicon PbO-PbS	400~2200	10	Fischer C, Kakoulli I. Multispectral and hyperspectral imaging technologies in conservation: Current research and potential applications [J]. Stud. Conserv, 2006, 51: 3-16.
CdS 量子点光谱仪	390~690	3.2	Bao J, Bawendi M G. A colloidal quantum dot spectrometer [J]. Nature, 2015, 523: 67-70.
PQD 光谱仪	**250~1000**	**1.6**	

2.2.3　基于深度学习的光谱重建

高光谱图像提供目标场景每个空间点的光谱分布曲线，代表了目标场景在不同波长（光频率）处的响应 [145]。得益于高光谱图像丰富的空–谱–时信息，高光谱成像技术被广泛应用于农业、地理和医学等领域，例如农作物监测、矿场探测和病理组织检查 [93,146,147] 等应用。除此之外，高光谱成像技术在计算机视觉、图形学领域的应用也在不断获得突破，例如物体跟踪、图像分割、场景渲染等 [95,96,99]。

　　然而，传统的高光谱成像系统几乎都需要特制的分光/滤光器件进行光谱调制，导致系统复杂、昂贵。具体而言，传统的高光谱成像方法可分为扫描式方法和非扫描式方法。扫描式方法包括了空间扫描 [148] 和光谱扫描 [101] 两种类型。空间扫描利用光谱仪对场景进行逐点扫描，以获取场景中每个空间点的光谱信息，最终完成高光谱成像；光谱扫描利用窄带滤波器件对目标场景进行逐波段的拍摄，最终完成高光谱成像。扫描式方法牺牲了时间分辨率以换取空间/光谱分辨率。非扫描式方法（如快照高光谱成像 [104,149-152]）具有较高的时间分辨率，但依赖于特殊设计的光学器件以及对应的重建算法，系统都较为复杂，且在一定程度上牺牲了空间分辨率 [153]。以编码孔径快照光谱成像（Coded Apeture Snapshot Spectral Imaging, CASSI）方法 [104] 为例，它通过在传感器前引入孔径编码，完成了三维高光谱信息向二维测量值的耦合采集，并使用压缩感知算法进行高光谱重建。然而，压缩感知算法对复杂场景的高光谱重建效果较差，且计算复杂度较高。

　　近年来，基于 RGB 彩色图像重建高光谱图像 [154-157] 逐渐成为研究热点。该算法所需的硬件系统较为简单，仅需要 RGB 相机即可。一般彩色 RGB 相机的传感器前都覆盖了一层彩色滤光阵列（Color Filter Array, CFA）。它对光谱的调制均为宽谱带耦合调制，因此传感器采集的数据中包含了目标场景多个谱段耦合在一起的信息，可以利用统计学习的方法对其进行信息解耦。波阿斯·阿拉德（Boaz Arad）等人 [154] 首先利用稀疏学习的原理从大量自然场景的光谱图像中学习特定的高光谱先验信息，然后基于稀疏编码算法重建高光谱图像。吴成武（Seoung Wug Oh）等人 [155] 使用不同型号的商业相机拍摄同一目标场景，不同型号的相机具有不同的光谱响应曲线，然后基于主成分分析（Principal Component Analysis, PCA）原理进行高光谱重建。阮玲明（Rang M. Nguyen）等人 [156] 提出了基于数据训练的光谱重建方法，通过学习白平衡后的 RGB 图像和高光谱图像之间的映射关系，再根据该映射关系进行进一步的光谱重建。熊志伟等人 [157] 通过复杂的上采样算法先将 RGB 图像上采样到多光谱图像，然后利用残差学习算法进一步提高多光谱图像的重建质量。以上光谱重建算法均是以全分辨率 RGB 三通道图像作为输入，而实际中的 RGB 相机大多数只能采集到一张图像，即马赛克图像。为了得到全分辨率的 RGB 三通道图像，需要进行去马赛克 [158] 过程，这会增加光谱重建的计算复杂度以及累计误差。

　　本小节介绍一种从单张马赛克图像直接重建多光谱图像的端到端深度学习方法，可以省去去马赛克过程，更便于硬件系统的集成，能够降低整体成像系统的计算复杂度，称为神经网络重建算法。从光谱维度考虑，高光谱重建问题实质上是一个升维问题；从空间信息角度考虑，高光谱重建问题是一个图像超分辨率问题。深度学习技术[159]适合用来解决升维问题和图像超分辨率问题。例如，深度学习已经被用来解决 SPI 问题（将一维测量数据升维到二维图像）[68,160,161]和三维建模问题（从二维图像重建三维图像）[162-164]。深度学习在图像超分辨领域也有不俗的表现[165-167]。因此，我们选择深度学习技术来解决高效率高光谱重建问题。

图 2.25 展示了传统的高光谱重建算法和神经网络重建算法的对比。在神经网络重建算法中，马赛克图像和对应的高光谱图像分别被设置为神经网络的输入和输出。为了获得较优的高光谱重建效果，我们基于目前性能较强的网络研究对比3 种不同的网络结构，包括残差网络、多尺度网络和平行多尺度网络。残差网络学习由何凯明等人[78]提出，已被广泛应用于图像分类和图像重建等领域[78,165,166]。残差网络学习使得较深网络更易训练，并且解决了深层网络性能不如浅层网络性能的问题。多尺度网络[168]通过提取不同尺度特征图之间的相关信息，提高了耦合信息的解耦效果，已被广泛应用于图像分割和医学图像分析等领域[168,169]。平行多尺度网络能够保留高分辨率特征图，同时不同分辨率特征图的融合可以进一步提高高分辨率特征图的表征[170]，使得网络可以生成更精细的结构和图像细节。平行多尺度网络已被广泛应用于目标检测和语义分割等领域[171]。

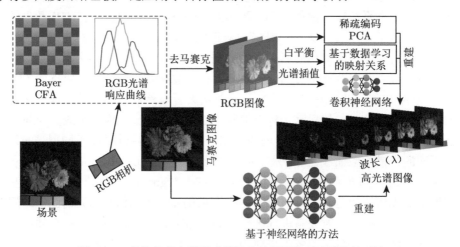

图 2.25　传统的高光谱重建算法和神经网络重建算法的对比

我们进行了相关仿真实验和真实实验来验证上述算法的有效性，实现从马赛克图像到高光谱图像的解耦重建。实验结果表明，平行多尺度网络在 3 种网络结构中表现最佳，重建图像的峰值信噪比（Peak Signal to Noise Ratio，PSNR）达到 46.83dB，SSIM[172]达到 0.9942。多尺度网络在重建高光谱不同通道中具有相对更佳的稳定性，其 PSNR 和 SSIM 方差分别为 12.03 和 1.6×10^{-5}。上述神经网络重建算法利用端到端的学习策略，实现了低计算复杂度的高质量重建。该算法可直接集成到 RGB 相机上实现高光谱成像。

1. 神经网络重建算法

高光谱图像数据可表示为 $\boldsymbol{F}(x, y, \lambda)$，其中 (x, y) 表示空间坐标，λ 表示光谱坐标。RGB 相机直接采集得到的马赛克图像表示为

$$\boldsymbol{I}(x, y) = \sum_{i=1}^{C} \Phi(x, y, \lambda_i) \boldsymbol{F}(x, y, \lambda_i) \tag{2.54}$$

其中，$\Phi(x, y, \lambda_i)$ 为彩色滤光阵列的光谱响应函数，C 表示光谱通道数量。结构重建的目标是从马赛克图像 $\boldsymbol{I}(x, y)$ 中重建高光谱图像 $\boldsymbol{F}(x, y, \lambda)$。为了得到最佳的解决方案，我们设计了 3 种不同的网络模型，包括残差网络、多尺度网络和平行多尺度网络。图 2.26 列出了 3 种网络的结构，它们的输入均为马赛克图像，输出均为重建的高光谱图像。

（1）残差网络

残差网络的重建过程包括两个阶段。第一阶段主要为提取目标场景的特征。首先对输入的马赛克图像进行卷积操作，共包含 64 个卷积核，卷积核尺寸为 3×3，然后进行激活函数操作。之后，采用 k 层卷积做进一步的特征提取，每一层均包含 64 个卷积核，卷积核尺寸为 3×3，这里的卷积层与深度学习超分辨率（Very Deep Super Resolution，VDSR）网络中的卷积层是一致的 [165]。第一阶段的最后一层是包含 3 个卷积核的卷积操作，卷积核尺寸为 3×3，最后将输出与输入相加，进入第二阶段。第二阶段包含两个部分。第一部分是升维，即对每一个光谱通道进行卷积操作，共包含 C 个卷积核，卷积核尺寸为 1×1，最终将结果相加生成高维数据。第二部分是学习升维后的图像与对应真值高光谱图像之间的残差。该部分卷积核的数量和尺寸都和第一阶段相同。第二部分的最后一层用来生成残差信息，共包含 C 个卷积核，卷积核尺寸为 3×3，最后将残差信息与高维数据相加，生成重建的高光谱图像。

（2）多尺度网络

多尺度网络的重建过程包含两个阶段。第一阶段为升维，该阶段与残差网络第二阶段的第一部分相同；第二阶段为高光谱图像重建，即对特征图进行下采样，特征图的分辨率随着每次下采样都降低到之前的一半，同时宽度（通道数量）变为之前的两倍。下采样操作通过 Conv_block 和最大值池化实现，其中 Conv_block 包含两层卷积（卷积核尺寸为 3×3）、两个 ReLU 层和两个批标准化（Batch Normalization，BN）层。上采样部分包括一个 Up_block 模块，一个跨通道连接层和一个 Conv_block 模块。Up_block 包括一次对特征图的插值操作、一个卷积层（卷积核尺寸为 3×3）、一个 ReLU 层和一个 BN 层。Up_block 的输出与之前同分辨率的特征图相连。Conv_block 被用作进一步的高级特征提取。该网络的

最后一层为输出层，只进行卷积操作，卷积核大小为 1×1，共 C 个卷积核，该层的输出即为重建的高光谱图像。

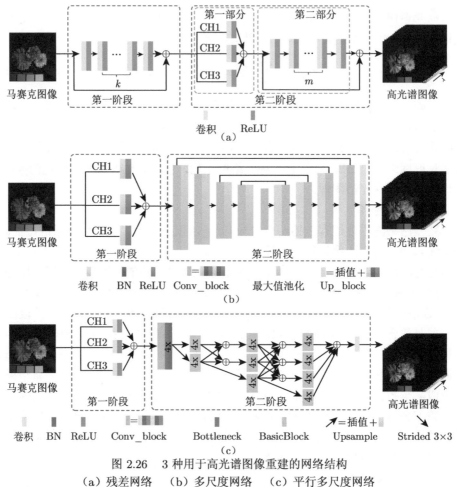

图 2.26　3 种用于高光谱图像重建的网络结构
（a）残差网络　（b）多尺度网络　（c）平行多尺度网络

（3）平行多尺度网络

平行多尺度网络的重建过程包含两个阶段。第一阶段为升维，与多尺度网络的第一阶段相同；第二阶段为高光谱重建。首先利用 Conv_block 中的 4 个 Bottleneck 模块对目标场景进行特征提取。该 Bottleneck 模块与 ResNet50 网络中的 Bottleneck 模块是一致的。我们设计了 4 个平行子网络，以更好地保留特征图的空间信息。每个子网络（每一行）先用 4 个 BasicBlock 模块进行特征提取，然后与其他子网络进行特征融合。不同子网络的特征图分辨率由上到下依次减半，通道数加倍。我们利用多步进的 3×3 卷积层进行图像下采样，卷积的步长设置为

2，同时采用最近邻域插值算法和卷积核大小为 1×1 的卷积层进行图像的上采样操作，从而实现特征通道数目的匹配。最后进行一次卷积操作，共 C 个卷积核，卷积核尺寸为 1×1，该层输出即为重建的高光谱图像。

为了得到最优的网络参数，我们使用 MSE 作为目标损失函数。假设通过网络 g 重建的高光谱图像为

$$\boldsymbol{F}'(x, y, \lambda) = \boldsymbol{g}(\boldsymbol{I}(x, y), p) \tag{2.55}$$

其中，p 表示网络的参数。

我们可以通过优化以下函数来学习 p：

$$\min_{p} \frac{1}{N \times C} \sum_{n=1}^{N} \sum_{i=1}^{C} \| \boldsymbol{F}'(x, y, \lambda_i) - \boldsymbol{F}(x, y, \lambda_i) \|^2 \tag{2.56}$$

其中，N 是训练数据集的样本数量。

2. 实验验证

为了测试上述网络的性能，本实验选取了多个公开的高光谱数据集对上述网络进行训练与测试，包括 B. Arad 数据集 [154]、CAVE 数据集 [173] 和 Nascimento 数据集 [174]。这 3 个数据集被广泛应用于高光谱成像与分析等领域 [154, 157, 173, 174]，包含了大量的室内和室外场景的高光谱图像，保证了训练数据和测试数据的多样性。其中，B. Arad 数据集的图像分辨率为 1392×1300 像素（$\times 31$ 通道），CAVE 数据集的图像分辨率为 512×512 像素（$\times 31$ 通道），这两组数据集的光谱范围均为 400~700nm，光谱分辨率均为 10nm。Nascimento 数据集的图像分辨率为 1024×1344 像素（$\times 33$ 通道），光谱范围为 400~720nm，光谱分辨率为 10nm。本实验只选取了 Nascimento 数据集中 400~700nm 波段的数据，从 3 组数据集中共取出 30 个样本作为测试集，进行后续网络性能测试，其余数据作为网络的训练数据。为了增加训练样本数量以及更充分地利用数据集，本实验对训练集图像进行了随机裁剪，将每张原始高光谱图像裁剪为 100 张尺寸为 128×128 像素（$\times 31$ 通道）的子样本，最终共得到 14,900 组训练样本，然后利用该训练样本集合对上述 3 个不同结构的网络进行端到端的训练。

对于残差网络，本实验设置 $k = 6$、$M = 9$，批尺寸为 32，采用 Adam[82] 作为梯度优化算法，其中权重延迟率设置为 0.0001，学习率初始设置为 0.001，然后每过 40 轮迭代减少为原来的 1/10，最终共训练 120 轮使网络到达收敛。

为了比较不同网络结构的重建性能，本实验采用 PSNR 和 SSIM 来作为定量的评价指标，量化重建图像和真实图像在亮度和结构方面的差异。PSNR 和 SSIM 已被广泛应用于图像评价领域，它们的数值表明了重建图像和真值图像之间的空

间质量特征，数值越大则说明重建效果越好。实验中首先计算每一个光谱通道的
PSNR 和 SSIM，然后再对所有光谱通道的值取平均，用来评价 3 个网络的性能。

表 2.4列出了 3 种网络在测试集上的重建结果。由结果可见，平行多尺度网
络的表现相对最佳，平均 PSNR 为 46.38dB，SSIM 为 0.9942。残差网络的表现
则相对最差，平均 PSNR 只有 36.17dB，SSIM 则为 0.9587。从网络的复杂性看，
残差网络计算复杂度最低，网络参数最少。虽然多尺度网络参数最多，但计算复
杂度比平行多尺度网络低，这是因为平行多尺度网络保留了更多的高分辨率特征
图，这会导致更多的计算。

表 2.4　3 种网络的高光谱图像重建质量和网络复杂度对比

	PSNR（dB）	PSNR 方差	SSIM	SSIM 方差	#Params	#FLOPS
残差网络	36.17	12.12	0.9587	7.9×10^{-4}	0.92M	15.17B
多尺度网络	44.78	**12.03**	0.9932	$\mathbf{1.6\times10^{-5}}$	34.55M	16.68B
平行多尺度网络	**46.38**	15.20	**0.9942**	1.8×10^{-5}	9.32M	18.89B

注：M 表示百万，B 表示十亿。

表 2.4还展示了 3 种网络在不同光谱通道的重建稳定性。从表中可以看到，多
尺度网络在不同通道下的重建方差最低，平行多尺度网络则相对较高。这表明平
行多尺度网络的重建性能增强并不能适用于所有的光谱通道。图 2.27 展示了 3 种
网络不同场景、不同通道下重建图像的 PSNR 对比，这进一步地表明平行多尺度
网络在不同场景、通道下的重建图像 PSNR 范围更宽，但整体效果相对最好。

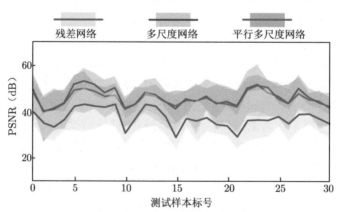

图 2.27　3 种网络在不同场景、不同通道下重建图像的 PSNR 对比

图 2.28 展示了 3 种网络重建的高光谱示例图像和对应的重建误差。由结果可
见，平行多尺度网络在大多数通道下的表现是优于其他两种网络的，但与多尺度网
络相比，平行多尺度网络在某些通道可能会引入更多的误差（如 400nm）。图 2.29
展示了从 4 个测试场景中选取的 4 个空间点的光谱曲线重建对比。这进一步验证
了多尺度网络和平行多尺度网络与残差网络相比有着更好的光谱重建性能。

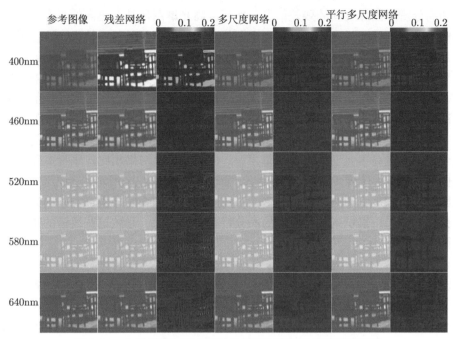

图 2.28　3 种网络重建的高光谱示例图像和对应的重建误差

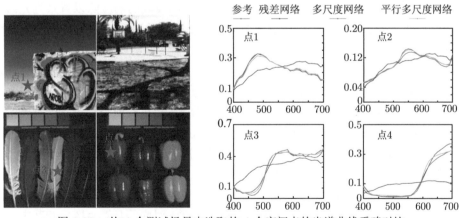

图 2.29　从 4 个测试场景中选取的 4 个空间点的光谱曲线重建对比
[横轴表示波长（单位为 nm），纵轴表示光谱强度]

　　3 种网络具有不同的重建性能，这是由它们的内部网络结构决定的。尽管残差网络在传统的图像超分辨任务 [165] 中有着不俗的表现，但在高光谱重建中却会产生更大的误差。这是因为在图像超分辨率任务中，低分辨率图像和对应高分辨率图像在空间和结构上有着很高的相似性，因此残差网络可以学习到低分辨率图像和高分辨率图像之间的残差信息。然而，高光谱图像具有更高的光谱维度，低维的马赛克图像和对应的高维高光谱图像之间的维度相差相对较大，这使得残差信息相对较难学习，导致最终光谱重建性能不佳。同时当残差网络的深度增加时，有着更丰富的空间和结构信息的较前层特征图对最终光谱重建结果的影响逐渐变小。因此，为了提高光谱重建质量，重建网络有必要保留更多空间结构信息的特征图。多尺度网络通过跨通道连接将特征图传播到后端网络，从而得以保留更多的空间结构信息。平行多尺度网络则利用平行传播和不同分辨率特征图的多尺度融合进一步提高了光谱的重建质量 [170]。但与多尺度网络相比，平行多尺度网络不同通道的重建图像 PSNR 范围更宽，如表 2.4 和图 2.27 所示。造成这种现象的原因是平行多尺度网络在进行频繁的多尺度特征图融合时会引进额外的误差，并且会将这些误差累积到某些通道的高分辨率特征图上，导致这些通道的重建质量下降。

下面使用 RGB 相机的实际采集数据进行真实实验。首先利用一个可调谐带通滤波器（Thorlabs Kurios-VB1/M）标定 RGB 相机（Sony FCB-EV7520A，见图 2.30（a））的光谱响应曲线。标定时，需要在相机镜头前集成一个截止滤波片（Thorlabs FELH0750，截止波长为 750nm），以消除红外波段光谱对实验的干扰。实验拍摄在自然光条件下进行，先用 RGB 相机拍摄一块白板作为背景，然后利用带通滤波器从 420nm 到 720nm 逐波段地对光进行滤波并用 RGB 相机拍摄对应波段的响应图，光谱间隔为 10nm。最后，用不同波段的响应除以背景光光谱即可得到校正后的 RGB 相机光谱响应曲线。图 2.30（b）展示了 RGB 相机的光谱响应曲线。

接下来，分别将一个 Macbeth 色板（见图 2.30（c））和校园内的一处室外场景作为目标，使用 RGB 相机采集目标场景的原始马赛克图像。与 RGB 相机光谱响应曲线的标定相似，可以利用带通滤波器和 RGB 相机获取目标场景的高光谱真值图像，将其作为基准来评价神经网络的重建效果。首先基于校正后的相机光谱响应曲线重新训练 3 种网络，然后将 RGB 相机拍摄到的目标场景马赛克图像作为网络输入，网络输出为重建的高光谱图像。图 2.30（d）~（f）展示了 Macbeth 色板上 3 个空间点的重建光谱曲线。图 2.31 展示了校园室外场景的光谱图像重建效果对比。图中第一行从左至右依次展示了目标场景、对应的马赛克图像和其中两个空间点的重建光谱，其中横轴表示波长（单位为 nm），纵轴表示光谱强度，Ref 表示真值图像，Res 表示残差网络，MS 表示多尺度网络，PMS 表示平行多尺度网络。图 2.31 中下方的 3 行图像展示了重建的高光谱图像的 3 个样例通道和对应的误差图。实验结果表明，多尺度网络和平行多尺度网络与残差网络相比有着更好的光谱重建效果。该真实实验也进一步说明，在重建光谱图中，平行多尺度网络与多尺度网络相比能保留更多高保真的细节。以上真实实验结论与仿真结果一致。

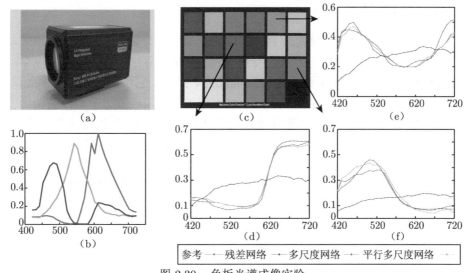

图 2.30　色板光谱成像实验

（a）用于实验的 RGB 相机　　（b）校正后的 RGB 光谱响应曲线

（c）用作拍摄目标的 Macbeth 色板　　（d）～（f）色板上 3 个空间点的重建光谱曲线

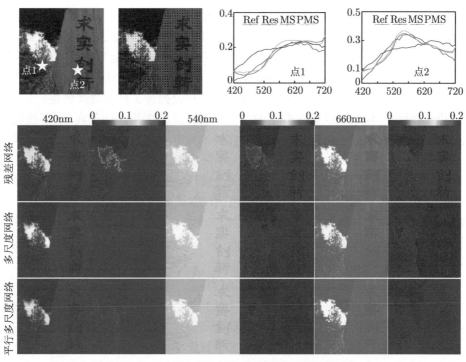

图 2.31　校园室外场景的光谱图像重建效果对比

3. 总结与讨论

本小节介绍了神经网络重建算法，即利用深度学习端到端地直接从单张马赛克图像中重建高光谱图像的方法。与传统高光谱成像算法相比，基于深度学习的神经网络重建算法具有以下 3 个方面的优势。第一，它所需要的硬件系统简单，只需要一个常见的 RGB 相机。第二，端到端的学习策略省去了额外的图像去马赛克过程，这简化了高光谱的重建流程，降低了计算复杂度和累计误差。第三，基于目前性能较强的 3 种网络结构（包括残差网络、多尺度网络和平行多尺度网络）进行了对比研究，并在不同的实验设置下全面对比了它们的重建性能。实验结果表明，平行多尺度网络的重建效果最优，重建图像的平均 PSNR 达到 46.83dB。这源于平行多尺度网络与其他两种网络相比能保留更多的空间结构信息。综上，基于深度学习的光谱重建架构能够有效地降低硬件系统复杂度，并且可以实现实时的全分辨率高光谱图像重建，可有效促进高光谱成像的发展与应用。

2.3 光相升维

自迈克尔·法拉第（Michael Faraday）于 19 世纪后期发现电磁波的存在后，詹姆斯·麦克斯韦（James Maxwell）和海因里希·赫兹（Heinrich Hertz）陆续通过理论建模和实验验证对电磁波有了进一步的认识 [175]。通过近一个世纪的发展，电磁波在从短波 X 射线到长波微波的各个成像领域中起着不可或缺的作用。可见光是波长在 400~780nm 的电磁波，其与目标物体相互作用后的光场为复数域，其中强度描述了目标的透射率或反射率，相位携带了目标对光传播的延时信息 [176]。因此，复数域成像在多个波段上具有广泛的应用。例如在 X 射线波段，复数域成像被用于纳米断层扫描，能够在纳米尺度上定量地绘制目标的折射率分布 [177]；在紫外线波段，复数域成像可用于评估极紫外光刻中的相位缺陷 [178] 和提取细胞内的蛋白质质量图 [179]；在可见光波段，复数域成像用于显微观测领域中的无色生物样本成像 [180]；在近红外波段，复数域成像用于活细胞观测 [181] 和微纳米器件的表面轮廓测量 [182,183]；在微波波段，复数域成像可以实现地球科学的遥感观测 [184]。综上，复数域成像在光学、材料、地球和生命科学等众多领域具有广泛应用。

现有的光电探测器难以直接采集光场的相位信息，因为它们的光电转换响应速度（约为 10^9Hz）慢于 10^{10}Hz（微波）$\sim 10^{15}$Hz（X 射线）范围内的光波振荡速度 [185]。因此，现有光电探测器只能够采集目标光场的强度信息，这就产生了经典的相位恢复问题 [185]。晶体学、天文学和光学等多领域对相位信息的强烈需求推动了相位成像技术在 20 世纪的迅速发展。常见的相位成像方法包括基于相

衬的方法 [186,187]、全息方法 [188] 和定量相位成像方法 [180]。这些技术的原理是采用两束相干光进行干涉，从而将相位信息传递到纯强度测量数据中，然后使用算法进行相位重建。上述基于干涉的相位成像方法对参考光的相干度、角度、光束质量等均具有较高要求，且干涉过程对噪声和畸变十分敏感 [176,189]，成像鲁棒性较差。

本节详细介绍使用低维探测器获取复数域信息（同时包含幅值和相位）的非干涉式计算成像理论和方法。

2.3.1　单像素叠层成像

复数域成像可以同时提供目标的幅度和相位图像，其中幅度描述目标的透射率或反射率，而相位则表征目标对光传播的延迟特性，揭示了目标的固有结构属性 [180,185,190]。对于许多目标吸收率较高或在整个视场中变化较小的实际应用，相位图像因包含更多信息而具有较高的对比度 [180]。现有的光电探测器（如电荷耦合器件）通过将光子转换为电子并测量所产生的电荷来获取光强度，其测量频率难以达到约 10^{15}Hz 的电磁振荡速率来记录相位 [185]，这就产生了经典的相位丢失问题，成为光学 [179,183]、晶体学 [177] 和天文学 [184] 诸多应用中所有复数域成像模态固有的根本限制。尽管数字全息技术 [191-193] 可以恢复相位，但其干涉采集方法对系统的稳定性以及相关光源的时空相干性均提出了较高的要求，对于诸如 X 射线和太赫兹波段的成像是极大的挑战。

叠层成像 [194-196] 起源于 X 射线晶体学和相干衍射成像 [197-203]，可以进行非干涉式复数域成像。典型的叠层成像方法通过机械平移照明光束扫描目标，并且利用光电阵列探测器记录相应的远场衍射图案。由于目标和探测器之间不需要透镜，因此利用叠层成像方法采集的数据没有光学像差，并且数值孔径仅受探测器阵列的探测角度限制 [204]。复数域信息可利用相位恢复算法 [185] 从获取的衍射图样中重建出来。在过去十年中，得益于其非干涉特性，基于可见光和 X 射线的叠层成像技术得到了迅速发展 [11,194-196,205]。

尽管相干衍射成像和叠层成像降低了系统稳定性和照明相干性的要求，这类方法依然需要用高性能的传感器阵列进行探测。首先，衍射图案的采集需要超高动态范围。根据夫琅禾费衍射理论 [10]，光场的远场传播遵循傅里叶变换数学模型，而傅里叶域信号从中心到边缘迅速衰减，因此需要采集的信号强度甚至会跨越 7 个数量级以上 [176,206]。其次，为确保成功进行相位恢复，傅里叶域的信号必须满足香农过采样条件 [176,177,201]。这意味着为获得所需的图像分辨率，探测器像素尺寸需与目标尺寸成反比，并且探测器像素的数量必须足够多。然而，具有高动态范围的大规模传感器阵列通常只工作在可见光波段，这就限制了相干衍射成像和叠层成像的工作波段 [15,65]。此外，叠层成像方法的机械平移还将引入额外的机械畸变和电气复杂性 [11]。

　　一种利用单像素探测器实现宽波段非干涉式复数域成像的单像素叠层成像方法可以避免上述问题。该方法利用一系列二值化的掩模调制目标光场，在远场使用一个单像素探测器采集衍射图案的直流分量，无须机械平移。这种单像素探测方法能够将测量值的动态范围降低几个数量级，并适用于从太赫兹波到 X 射线的多个波段。单像素叠层成像方法中应用了一种单像素相位恢复算法。该算法能够从一维强度采集数据中重建目标的二维幅度和相位图像。本质上，该算法将宽波段复数域成像的难题从传感器阵列的物理局限性问题转变为可通过单像素相位恢复解决的问题。

　　单像素叠层成像源自单像素成像 [15,65]，它可以将高维信息耦合到一维强度测量值中。这两种成像技术的不同之处在于单像素叠层成像采用相干成像方式，既可以获取目标的幅度图像，也可以获取相位图像。现有的利用单像素测量进行相位成像的方法通常基于相移干涉法 [207-214]，其与数字全息技术具有相同的局限性，即要求系统具有强稳定性和光相干性。为了实现相移，这些单像素相位成像方法通常需要相位调制 [211,212]，而例如液晶空间光调制器等相位调制器件的帧频通常只有 100Hz 左右，导致成像速度较慢。基于 Lee 全息技术的单像素相位成像方法 [207-210] 尽管使用了高速幅度调制器件，但是这些方法需要滤除零级衍射光，导致光效率降低了 90% 以上。相比之下，单像素叠层成像方法不需要相位调制，因此光效率比现有方法高一个数量级，调制速度比现有方法快两个数量级。此外，现有方法通过矩阵求逆重建复数域信息，因此测量噪声将直接传递到重建结果中。相比之下，基于梯度下降的单像素相位恢复算法即使在测量噪声较强的情况下也能保持较强的鲁棒性。

　　除了具有噪声鲁棒性外，单像素相位恢复还避免了传统相干衍射成像重建中对先验支撑域和叠层成像重建中先验探针位置的要求，因此避免了复杂的硬件校准和标定过程。单像素相位恢复通过多组照明调制确保足够的数据冗余，从而消除相位恢复问题固有的欠定性 [177,215,216]。我们通过对二值化掩模进行高速调制来实现多个照明调制。另外，由于二值化调制仅包含两个状态，因此进一步简化了在不同波长下的物理实现 [217,218]。

　　本小节详细介绍单像素叠层成像的原理、仿真结果、实验装置，并使用原型系统验证该方法在相位物体和生物样本上的定量相成像性质，在波长为 488nm 的可见光和波长为 980nm 的近红外光下验证该方法能够在多个波段适用的特性。该方法能够在没有二维传感器阵列的情况下实现较宽波段的非干涉复数域成像，在生命科学和材料科学等领域具有广泛的应用前景。

1. 单像素叠层成像的原理

图 2.32为单像素叠层成像的系统示意图。该技术首先利用一系列二值掩模对整个光场进行调制，并将单像素探测器放置在远场中获取衍射图案的零频直流分量。根据夫琅禾费衍射理论，光波的远场传播遵循傅里叶变换数学模型[10]。因此，单像素测量值为调制光场的傅里叶频谱的直流分量。然后，利用单像素相位恢复算法即可从一维测量值中重建目标的二维幅度和相位图像。

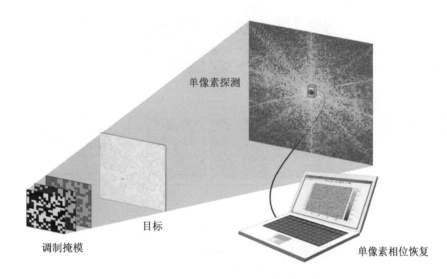

图 2.32　单像素叠层成像的示意图

图 2.33（a）为单像素叠层成像的成像模型。单像素采集数据可以建模为

$$I_k = \left| \sum_{(i,j)} \{ \mathscr{F}\left[\boldsymbol{P}_k(i,j) \odot \boldsymbol{O}(i,j) \right] \odot \delta(i,j) \} \right|^2 \tag{2.57}$$

其中，$\boldsymbol{P}_k \in \mathbb{R}^{\sqrt{n} \times \sqrt{n}}$，为第 k 个调制掩模（n 为像素总数）；$O \in \mathbb{C}^{\sqrt{n} \times \sqrt{n}}$，为复数域目标；$I_k \in \mathbb{R}$，为第 k 个强度测量值，$\odot$ 为矩阵点乘，$\mathscr{F}$ 为二维傅里叶变换，δ 为冲激函数。本质上，I_k 是傅里叶频谱的直流分量强度，包含目标的幅度和相位信息。光场调制的数据采集流程为目标 O 与第 k 个调制掩模 $\boldsymbol{P}_k$ 进行点乘，调制后的光场 $\boldsymbol{P}_k \odot O$ 传播到傅里叶频谱面，使用单像素探测器采集傅里叶平面的直流分量作为第 k 个单像素测量值 I_k。

图 2.33（b）为单像素相位恢复的重建流程。首先采用两个高斯随机矩阵作为目标的幅度和相位初始值。接下来，重建过程在空域和傅里叶域之间交替进行[48]。在每轮迭代中，将目标图像与一个调制掩模点乘，然后进行傅里叶变换以对远场传

播进行建模。接下来，用强度测量值的平方根替换傅里叶频谱的零频幅度进行更新，同时保持其相位不变。然后对上述结果进行傅里叶逆变换，以获得调制目标图像的估计值。对于每个调制掩模和相应的单像素测量值，依次重复进行上述过程直至收敛。这种交替投影优化的计算复杂度（$O(mn\lg(n))$）比基于 Wirtinger 流（Wirtinger Flow，WF）重建算法的相位恢复方法（$O(mn^2)$）和基于半定规划的相位恢复方法（$O(n^3)$）都要低（m 为测量次数，n 为待重建信号的维数）[48,185,215]。

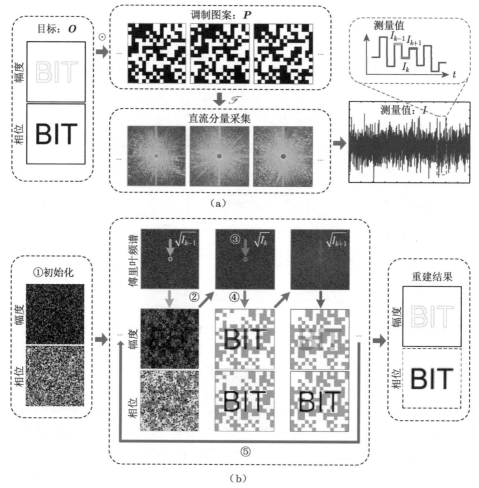

图 2.33　单像素叠层成像的成像模型和重建流程
（a）光场调制的采集数据模型　（b）通过单像素相位恢复算法重建目标的复数域图像

数学上，首先用随机矩阵初始化 $O(i,j)$，并将 $O(i,j)$ 与第 k 个调制掩模 $P_k(i,j)$ 相乘，得到调制后的光场 $\Psi_k(i,j) = P_k(i,j) \odot O(i,j)$，然后在傅里叶域

按照式 (2.58) 更新:

$$\mathscr{F}\left[\Psi_k^{\text{updated}}(i,j)\right] = \mathscr{F}\left[\Psi_k(i,j)\right] \odot \left[1 - \delta(i,j)\right] + \sqrt{I_k}\frac{\Phi_k}{|\Phi_k|} \odot \delta(i,j) \qquad (2.58)$$

其中,$\Phi_k = \sum_{(i,j)}\left\{\mathscr{F}\left[\Psi_k(i,j)\right] \odot \delta(i,j)\right\}$。

接下来,在空域更新目标图像 $\boldsymbol{O}(i,j)$:

$$\boldsymbol{O}^{\text{updated}}(i,j) = \boldsymbol{O}(i,j) + \alpha\frac{\boldsymbol{P}_k^*(i,j)}{|\boldsymbol{P}_k(i,j)|_{\max}^2}\left[\Psi_k^{\text{updated}}(i,j) - \Psi_k(i,j)\right] \qquad (2.59)$$

其中,α 是一个用于设置更新步长的参数(在本小节的实验中,$\alpha = 1$)。对所有调制掩模和相应的单像素测量值依次重复上述过程,直至收敛。

2. 仿真结果

下面通过一系列仿真实验对单像素叠层成像方法在不同成像参数下的成像性能进行深入验证。

(1)采样率

单像素叠层成像方法使用一系列二值化掩模对目标光场进行调制。采样率定义为调制掩模数和每个掩模中的像素数之比。如图 2.34(a)所示,仿真时分别使用 USC-SIPI 图像数据库的"Barbara"图像和"cameraman"图像作为真实幅度和相位图,图像分辨率设置为 32×32 像素。我们用两种调制掩模进行了仿真,分

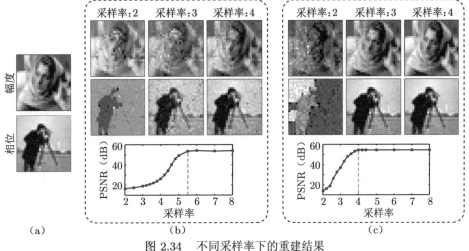

图 2.34　不同采样率下的重建结果

(a)幅度和相位的真值图像　(b)灰度调制掩模的重建结果

(c)二值化调制掩模的重建结果

别为灰度随机值（范围为 0~1）和二值化随机值（0 和 1）的掩模。对每种采样率均进行 50 次仿真，并计算 50 幅重建幅度图像的平均 PSNR，以定量地评估重建质量。

图 2.34（b）（c）分别为使用灰度调制掩模和二值化调制掩模在不同采样率下的重建结果。可以看到，随着采样率的升高，图像质量逐渐提高并接近最优值。对于灰度调制掩模的情况，达到最优值所需的采样率约为 5.5；对于二值化调制掩模的情况，所需的采样率约为 4。综合考虑二值化调制掩模的低采样率要求和高调制速度，本小节其余仿真和实验中均采用二值化调制，并将采样率设置为 4。

（2）噪声鲁棒性

光电探测器存在测量噪声。为了研究测量噪声对重建质量的影响，该仿真实验在采集数据中加入了高斯白噪声，其噪声水平由高斯模型的标准差量化。图 2.35 为对含噪一维测量值进行重建后得到的定量和定性结果。同时，为进行对比，也利用直接矩阵求逆法[209] 进行了重建。如图 2.35（b）所示，随着噪声水平的提高，直接矩阵求逆法的重建 PSNR 比单像素相位恢复算法下降得更快。如图 2.35

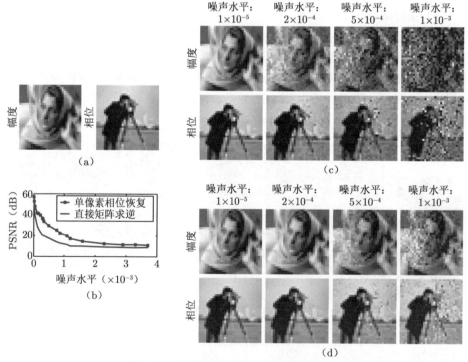

图 2.35　不同测量噪声水平下的重建结果

（a）幅度和相位的真值图像　（b）单像素相位恢复算法和直接矩阵求逆法的重建质量定量对比
（c）直接矩阵求逆法重建的幅度和相位图　（d）单像素相位恢复算法重建的幅度和相位图

（c）（d）所示，在所有噪声水平下，利用单像素相位恢复算法重建的图像存在的畸变变均较小，能够恢复较多细节。

（3）测量值动态范围要求

不同于大多数具有低动态范围的空域信号，远场衍射图案从中心到边缘快速径向衰减，可跨越高达 7 个数量级。因此，传统的叠层成像需要超高动态范围的传感器阵列来采集远场数据。相比之下，单像素叠层成像方法采用单像素探测器来采集衍射图案的中心直流分量。对于不同的调制掩模，衍射图案的直流分量变化较小，因此测量值的动态范围能够显著缩小。为了量化测量值动态范围的缩小程度，从 USC-SIPI 图像数据库中随机选择图像作为幅度和相位的真值（见图 2.36（a）），仿真出 10 个目标并生成相应的远场衍射图案和单像素叠层成像测量值。

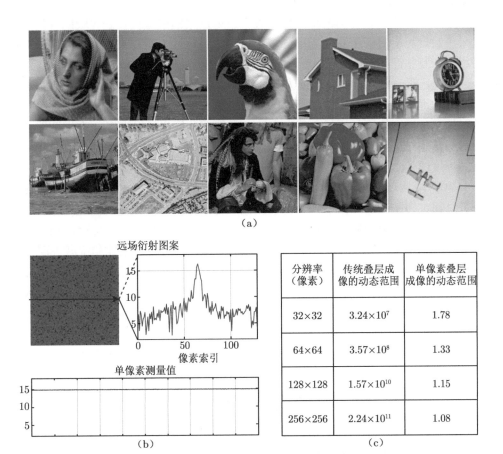

图 2.36　传统叠层成像与单像素叠层成像采集数据动态范围的对比
（a）幅度和相位的真值图像　（b）分辨率为 128×128 像素的测量值示例（对数刻度）
（c）两种方法在不同分辨率下的动态范围

图 2.36（b）为分辨率为 128×128 像素的测量值示例。动态范围定义为测量值的最大值和最小值的比值。对 10 个目标的动态范围进行平均以进行统计评估，结果如图 2.36（c）所示。随着分辨率的增加，传统叠层成像的测量动态范围增加了几个数量级（从 10^7 量级到 10^{11} 量级）。这是因为衍射图案包含更多具有较低强度的高频信号。不同的是，单像素叠层成像的测量动态范围始终保持相同的数量级（10^0 量级），甚至随着分辨率的增加而略微减小。出现该现象的原因可能是直流分量代表光场总能量，其受分辨率变化的影响较小。综上所述，上述仿真验证了单像素叠层成像将采集数据的动态范围从传统叠层成像大于 10^7 量级减小到了约 10^0 量级。

（4）探测器未对准对重建结果的影响

如前所述，单像素叠层成像法采用单像素探测器采集衍射图案的直流分量。然而，在实际实验中将探测器精确地放置在衍射图案的中心位置是比较困难的，因此采集数据可能对应于其他频率分量。接下来进行以下仿真来研究探测器未对准对相位恢复重建的影响。

首先，假设单像素测量值仅为单一频率分量的光强度。图 2.37（a）为目标真值图像和远场衍射图案。考虑衍射图案中心的 9 个频率分量，为了方便区分，用不同的颜色对它们进行标记，其中直流分量用红色标记。对应于 9 个探测器位置的目标重建结果如图 2.37（b）所示。结果显示该方法在每个位置都可以重建出正确的幅度图像，但是重建的相位图像中包含附加背景。

为了消除探测器未对准对相位恢复的不利影响，可在重建中添加额外的相位校正过程，即从重建相位中减去背景相位。为了得到背景相位，设置目标为具有均匀幅度且无相位的物体（见图 2.37（c）），并且将这种情况下重建的相位视为对应的背景相位（见图 2.37（d））。通过从图 2.37（b）中的重建相位减去图 2.37（d）中的相应背景相位，可获得图 2.37（e）所示的校正后的目标相位，结果显示这些相位都与真实相位一致。在实际应用中，背景相位的校准可通过放置载玻片作为目标并重建其相位来实现。

接下来，考虑单像素测量值是多个空间频率分量的总和的情况：选择 4 种情况进行仿真，分别为探测直流分量周围的 1 个、2 个、4 个和 9 个相邻频率分量的总强度，相应的重建结果如图 2.38（b）所示。在这种情况下，幅度和相位图像都无法正确重建。为了避免由多分量检测导致的重建失败，实际实验时可以在单像素探测器前面放置小孔，以滤除直流分量之外的信号。

（5）成像距离对重建的影响

传统的叠层成像实验是在远场进行数据采集，目标和探测器之间的成像距离远大于目标的尺寸。在这种情况下，衍射模型近似于遵循夫琅禾费衍射理论。然而，由于成像距离有限，实际上衍射模型一般遵循菲涅耳变换。下面研究当衍射模型不严格遵循夫琅禾费衍射时单像素叠层成像的重建质量。将光源波长设置为 488nm，目标尺寸为 2.63mm×2.63mm，其幅度和相位的真值图像如图 2.39（a）所示。我们用菲涅耳变换仿真衍射图案，并将其直流分量视为单像素测量值。如图 2.39（b）所示，单像素探测器沿着光场传播轴（即 z 方向）放置在与目标距离不同的位置。使用菲涅耳数来表征衍射效应，其定义为 $F = D^2/\lambda z$，其中 D 是物体尺寸（$D = 2.63$mm），λ 是波长，z 是物体和探测器之间的距离。远场夫琅禾费衍射条件对应于菲涅耳数 $F \ll 1$。

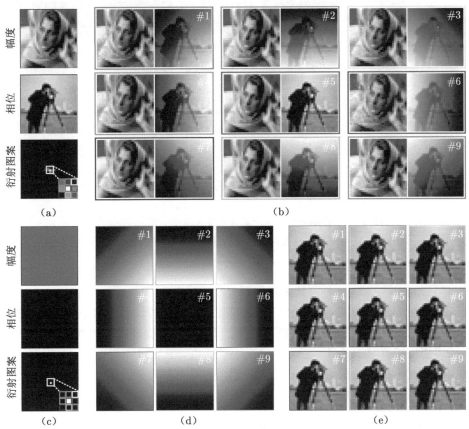

图 2.37 测量值仅包含单一频率分量时的重建结果
（a）目标真值图像及远场衍射图案 （b）对应于 9 个探测器位置的目标重建结果
（c）幅度均匀无相位的仿真目标 （d）对应于 9 个探测器位置的重建背景相位
（e）减去背景相位后得到的校正后的目标相位

使用该方法在不同成像距离的重建结果如图 2.39（c）所示。从图中可以看到，即使衍射不满足远场夫琅禾费条件，该方法也能正确地重建幅度图。当成像距离过短时，重建的相位图会包含附加的背景相位。与处理探测器未对准时的校准过程类似，可以通过设置幅度均匀且无相位的目标来标定背景相位（见图 2.39（c）中的"背景相位"一行）。通过从重建相位中减去背景相位，可以获得如图 2.39（c）中所示的校正相位图。结果表明，即使探测器不是严格在远场的位置，该方法也能够在不同的成像距离下重建高质量的复数域图像。

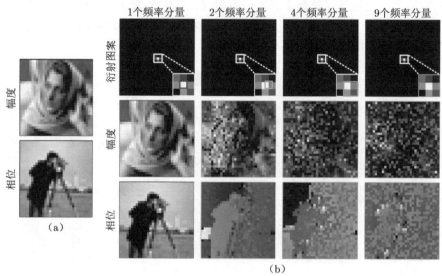

图 2.38　测量值包含多个频率分量的光强度时的重建结果
（a）目标真值图像　　（b）对应于检测直流分量周围的 1、2、4 和 9 个相邻频率分量的总强度的重建结果

（6）利用 SPAD 阵列降低采样率并提高成像效率

在前面的介绍中，我们仅采集衍射图案的直流分量，这种情况下所需的采样率为 4。通过记录衍射图案的更多频率分量，可以进一步提高成像效率。考虑使用单光子雪崩二极管（Single Photon Avalanche Diode，SPAD）阵列代替单像素探测器，其由多个光电探测通道组成，在宽波段范围内具有单光子灵敏度，能够对衍射图案进行多频率分量记录。测量值可以建模为 $I_{k,\gamma} = \left| \sum_{(i,j)} \mathscr{F}\left[\boldsymbol{P}_k(i,j) \odot \boldsymbol{O}(i,j) \right] \odot \delta\left(i - i_\gamma, j - j_\gamma \right) \right|^2$，其中，$(i_\gamma, j_\gamma)$ 为 SPAD 阵列在傅里叶平面中记录的频率分量位置。相应地，重建算法中傅里叶域更新规则应修改为

$$\mathscr{F}\left[\boldsymbol{\Psi}_{k,\gamma}^{\text{updated}}(i,j) \right] = \mathscr{F}\left[\boldsymbol{\Psi}_k(i,j) \right] \odot \left[1 - \delta\left(i - i_\gamma, j - j_\gamma \right) \right]$$
$$+ \sqrt{I_k} \frac{\boldsymbol{\Phi}_k}{|\boldsymbol{\Phi}_k|} \odot \delta\left(i - i_\gamma, j - j_\gamma \right) \tag{2.60}$$

我们通过仿真研究了使用 SPAD 阵列时的成像效率，即采样率要求与阵列通道数之间的关系。仿真的参数与前述采样率仿真相同。从表 2.5 中的结果可以看

到，所需采样率与通道数量成反比，即使用多个光电探测通道是提高成像效率的有效方法。

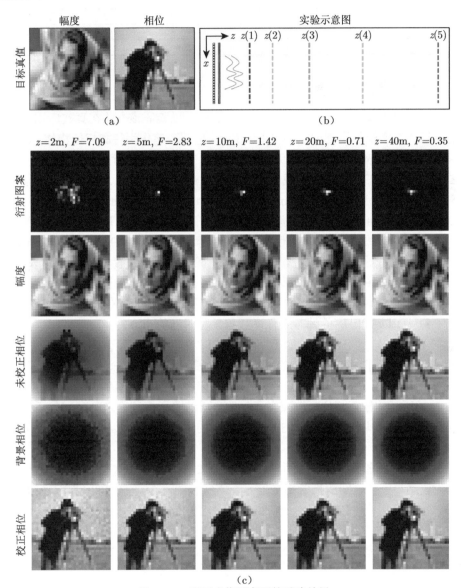

图 2.39　不同成像距离下的重建结果

（a）目标真值图像　　（b）单像素探测器沿着光场传播轴（即 z 方向）放置在与目标距离不同的位置　　（c）不同成像距离对应的重建结果

表 2.5　不同采集通道数所需的采样率

通道数	采样率
4	1
8	1/2
16	1/4
32	1/8

3. 实验装置及实验结果

接下来搭建原型验证系统进行一系列实验，以验证该方法在真实应用中的有效性。第一个实验使用刻蚀了字符"BIT"的透明玻璃作为待测相位物体，验证单像素叠层成像在宽波段的定量相位成像特性。这些字符使用离子刻蚀（Reactive Ion Etching, RIE）法刻蚀在载玻片上，刻蚀深度为 400nm。实验中，分别使用 488nm 激光（Coherent Sapphire 488SF 100mW）和 980nm 近红外激光（CNI MDL-III-980L 200mW）作为光源，并使用数字微镜器件（ViALUX GmbH V-7001，400～2500nm）对光场进行二值化调制；将单像素探测器（PDA100A2, Thorlabs）放置在距离目标约 5m 的位置，并在单像素探测器前面放置一个直径为 5μm 的小孔以滤除衍射图案的其他频率分量；为获得 64×64 像素的图像，将采样率（调制掩模总数与像素总数之比）设置为 4，即使用 16,384 张二值掩模依次进行幅度调制；DMD 以 22kHz 的帧频工作，数据采集时间约为 0.7s。

图 2.40（a）为 488nm 光照下字符"BIT"的重建相位，其未经任何校正，存在背景相位。为了消除背景相位的影响，将拍摄目标替换为平整的载玻片以获得如图 2.40（b）所示的背景相位，然后将其从未校正的目标相位中减去，得到如图 2.40（c）所示的校正相位。该减去背景的步骤消除了探测器未对准零频所引入的相位误差。按照以上步骤，对 980nm 光源下的重建结果进行相同的处理，可得到如图 2.40（d）所示的校正相位。

刻蚀深度和相位之间的关系为 $h = \lambda\varphi/2\pi\Delta n$，其中 λ 为波长，φ 为相位，Δn 为玻璃与空气之间的折射率之差（在本实验中，$\Delta n = 0.463^{[219]}$）。根据这一关系，重建的字符"BIT"的三维深度分布如图 2.40（e）所示，剖面深度分布如图 2.40（f）中的虚线所示。可以看到，在 488nm 和 980nm 的光源下的重建相位与通过衍射相位显微镜（Diffraction Phase Microscopy, DPM）测得的真实相位一致。

接下来，使用两个生物样本（如图 2.41（a）～（c）所示的血涂片样本和图 2.41（d）～（f）所示的南瓜茎横切样本）验证单像素叠层成像方法在现实应用中的有效性。该实验使用 488nm 的激光作为光源，将图像分辨率设为 128×128 像素以展示更多细节，因此需要 65,536 个调制掩模。对于较小的样本，短成像距离即可满足远场传播条件，因此探测器被放置在距离样本约 1m 处。对于血涂片样本，调制光覆盖的面积约为 $50\mu m \times 50\mu m$。图 2.41（a）为幅度重建图，图 2.41（b）为定量相位图（相位解包裹算法为 Goldstein 枝切法[220]）。为了得到高对比度的样本相位图像，该实验进一步处理了重建的相位[221]，得到的数字差分干涉对比（Differential Interference Contrast，DIC）图像如图 2.41（c）所示，血细胞清晰可见。对于南瓜茎样本，调制光照射在植物导管上，覆盖的面积约为 $100\mu m \times 100\mu m$。图 2.41（d）（e）分别为重建幅度图和定量相位图，图 2.41（f）为数字 DIC 图像，能够清晰识别韧皮部的结构。

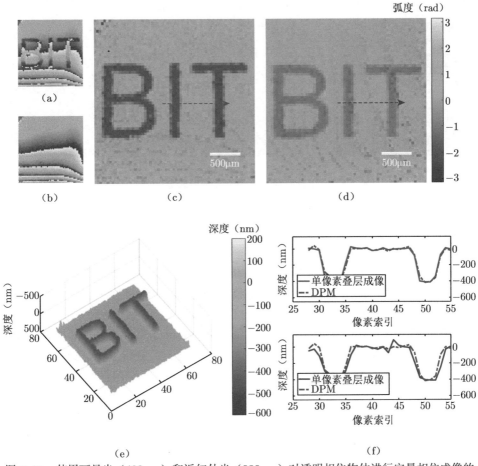

图 2.40   使用可见光（488nm）和近红外光（980nm）对透明相位物体进行定量相位成像的结果

（a）字符"BIT"的重建相位（未校正）   （b）背景相位

（c）在 488nm 可见光下校正后的相位分布   （d）在 980nm 近红外光下校正后的相位分布

（e）字符"BIT"的三维深度分布   （f）与 DPM 测量结果的剖面深度比较

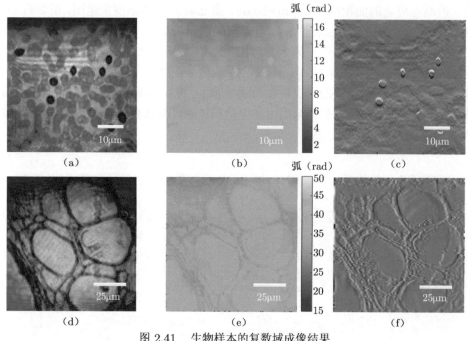

图 2.41　生物样本的复数域成像结果
（a）血涂片样本的幅度重建图　　（b）血涂片样本的定量相位图
（c）血涂片样本的数字 DIC 图像　（d）南瓜茎样本的幅度重建图
（e）南瓜茎样本的定量相位图　　（f）南瓜茎样本的数字 DIC 图像

　　第三个实验验证了单像素叠层成像方法对不同成像距离的适用性。由于该方法仅采集傅里叶频谱的直流分量而非完整的衍射图案，因此在不同成像距离下可以得到相似的测量结果。即使衍射不严格满足远场夫琅禾费条件，此方法仍可以成功重建复数域二维图像。这一点可通过在不同成像距离下对单子叶植物茎样本成像得到验证。调制光覆盖的面积为 $100\mu m \times 100\mu m$，分辨率为 128×128 像素，不同成像距离下的幅度重建图、定量相位图和数学 DIC 图像如图 2.42所示。尽管在成像距离较短（即 0.01m）时重建结果存在一些畸变，但随着成像距离的增加，重建质量会迅速改善。当成像距离在 0.1~1m 范围内时，重建质量较好。图 2.42 中成像距离为 0.01m 和 0.05m 的定量相位图存在相位突变，这是由不准确的相位解包裹算法引起的。

4. 总结与讨论

　　单像素叠层成像方法利用一个单像素探测器来实现宽波段范围内的非干涉复数域成像。本质上，该方法将宽波段复数域成像的固有挑战从光学传感器的物理限制转变为可通过单像素相位恢复解决的问题。尽管该方法需要进行一系列调制

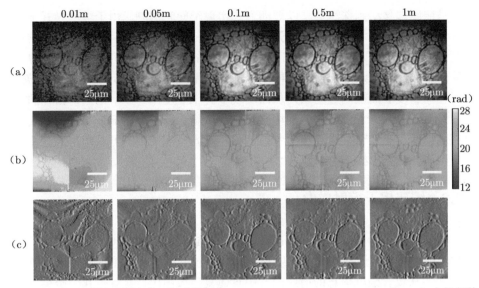

图 2.42 单子叶植物茎样本在不同成像距离（0.01m，0.05m，0.1m，0.5m 和 1m）上的复数域成像结果

（a）幅度重建图 （b）定量相位图 （c）数字 DIC 图像

和采集，但不需要机械平移，不需要高动态范围阵列探测，也不需要探针的先验信息。与传统相位成像方法 [180] 相比，该方法的特点是使用单像素探测器代替了二维传感器阵列进行数据采集，并且仅采集傅里叶频谱的直流分量。二值化调制和单像素探测扩展了该方法的适用波段。这为无法使用大型传感器阵列的成像波段带来了二维复数域成像的可能，例如用于安全检查 [222] 和质量检查 [223] 的太赫兹断层扫描 [224] 等。此外，傅里叶频谱的直流分量采集具有较高的信噪比，从而可以应用在许多弱光成像场景 [110]。

通常，成像系统的图像尺寸与其探测器阵列的像素数直接相关。同时，成像分辨率受探测器阵列最大测量角的限制。本方法将探测器阵列简化为单个光电单元，图像大小由调制掩模决定，成像分辨率由空间光调制器而不是探测器确定。利用此方法，只要可以进行大规模调制，就可以实现整个光场的复数域成像。

单像素叠层成像方法尚未针对成像速度进行优化。目前，成像速度主要受到需多次调制的限制。这一问题可以通过使用多个单像素探测器或 SPAD 阵列记录衍射图案的多个空间频率信号来解决。还有一个可行的解决方案是将稀疏表达 [203] 等统计图像先验引入重建中，在压缩感知框架 [15] 下求解相位恢复问题，从而进一步减少所需的调制和采集数量。此外，深度学习方法 [68] 也可用于进一步降低计算复杂度。

单像素叠层成像方法可以进一步拓展，使其更加通用。首先，空间光调制器可以从照明端移动到探测端,以被动方式实现空间光调制。由于被动模式下重建的图像取决于复数域波前如何离开目标而非如何到达[225],因此可以降低常规主动模式成像系统对薄样本的要求。同时,重建的复数域波前可以沿光轴计算传播到其他平面,从而实现三维全息重聚焦。其次,该方法可以通过反射方式实现,以应用在高精度表面检测等场景,从而实现多种工业应用[226]。第三,白光照明方法[227]可以应用于该系统,从而增强空间灵敏度,并减少使细节结构失真的散斑效应。第四,通过在重建算法中考虑多种相干光模态[228],可以利用部分相干光进一步降低对光源相干性的要求。

2.3.2 编码相干衍射成像

相干衍射成像(Coherent Diffraction Imaging,CDI)[197]可以实现非干涉的复数域成像。它利用探测光束照射目标,并记录远场的衍射图案,使用相位恢复算法[185]从仅含强度信息的衍射图案中重建复数域图像。得益于其无透镜且非干涉的光路特性,相干衍射成像在光学[185]、材料[229]和生物医学[180]等领域均获得了广泛的应用。

通常,仅采集衍射光场的强度信息而丢失关键的相位信息会导致重建存在欠定性[230]。因此,相干衍射成像存在诸如孪生图像[231]和空间移位[232]等固有的不确定性问题。为了解决这一难题,人们通常在相干衍射成像时缩小探测光束并对衍射图案进行过采样,从而增加数据冗余度以便进行成功的相位恢复。然而,这导致了视场受限,并且需要额外的校准和标定才能得到精确的探测光束先验[177]。叠层成像[195]可以通过机械扫描扩大视场,但会增加机械复杂性并可能带来额外的机械畸变。

为了在不缩小视场和避免机械扫描的情况下解决相位恢复的欠定性问题,可以使用调制掩模进行编码照明。例如,张福才等人[233]在目标光场中进行了3次相位调制,李繁星等人[234]使用空间光调制器进行了4次相位调制。实现上述相位模式的调制帧率通常相对较低(约100Hz),这使得上述方法在高速动态成像方面的应用相对受限。目前已有研究通过引入二值化幅度调制来提高成像速度,并利用DMD以高达约22kHz的频率实现光场调制[235-238]。尽管如此,与基于相位调制的方法相比,由于强度调制的噪声功率相对更大,因此现有的基于幅度调制的方法通常需要较多次(至少8次)调制才能实现较高的重建精度[239]。采用互补随机调制的方法[236]最少可以采用4张二值化调制掩模实现成像,但是由于每次调制的光效率仅为整个光场的0.25,因此信噪比较低。单次曝光复数域成像方法[240,241]使用编码孔径和图像先验来处理欠定的相位恢复问题。但是,由于不同的参数设置(如正则化系数)导致不同的重建结果,因此仍然存在多个解并可能与真实值偏离。

另一个限制编码相干衍射成像速度的因素是远场的傅里叶平面需要进行高动态范围采集。不同于像素值通常均匀分布的空域图像，衍射光场与目标的傅里叶频谱近似，光场中心点和光场边缘之间的强度比可高达 10^7，具有较大的动态范围。采集高动态范围数据的常用方法是进行多次曝光采集，使用短时间曝光采集较强的信号，使用长时间曝光采集较弱的信号，然后将它们通过算法融合在一起。显然，多次曝光会大大增加采集时间。接下来，本小节具体介绍通过减少调制次数并降低曝光时间来进行加速的编码相干衍射成像技术。

1. 方法及原理

如图 2.43所示，首先使用 DMD 对准直的激光束进行掩模调制。拍摄目标位于 4F 光学透镜系统的像平面上。相机在傅里叶平面上记录调制目标光场的衍射掩模。该系统在照明、探测和重建 3 个方面分别具有以下 3 个特征。

图 2.43　编码相干衍射成像的光路图

第一，入射光被 3 个二值化掩模（P_1、P_2 和 P_3）依次调制。其中，掩模 P_1 是随机生成的；P_2 与 P_1 互补，即满足 $P_1 + P_2 = 1$。这可以确保系统能够采集到整个视场中的所有信息。为了确保数据冗余，需要再随机生成一个调制掩模 P_3。使用 DMD 以 22kHz 的速度进行光场调制，3 次二值化强度调制共需要约 0.14ms。

第二，使用相机依次通过单次曝光记录傅里叶平面上的每个衍射图案，无须高动态范围合成。尽管拍摄的 3 张图像会存在曝光不足的像素，但在随后的重建过程中只需不更新这些像素点即可消除其不利影响。后文实验结果验证了使用自适应相位恢复算法可以有效地重建欠曝的信息。拍摄的图像可建模为

$$I_k = \left\lfloor \left|\mathscr{F}\left(P_k \odot O\right)\right|^2 \middle/ \left|\mathscr{F}\left(P_k \odot O\right)\right|_{\max}^2 \cdot \left(2^m - 1\right)\right\rfloor \tag{2.61}$$

其中，$P_k \in \mathbb{R}^{n\times n}$，为第 k 个调制掩模（k=1, 2, 3）；$O \in \mathbb{C}^{n\times n}$，为复数域目标图像；$\mathscr{F}$ 为二维傅里叶变换；m 为探测器的位深度；$\lfloor\ \rfloor$ 表示数字探测器的量化舍入运算。

第三，将采集到的数据 I_k 输入自适应相位恢复算法中以重建复数域图像 O。该算法能够自适应地消除曝光不足带来的影响，并利用这 3 次曝光来重建高精度结果。迭代重建过程如算法 2.3所示。首先使用交替投影算法 [242] 初始化 $O^{\text{estimated}}$。在接下来的每轮迭代中，将目标图像与调制掩模 P_k 相乘，以产生调制目标光场 $\Psi_k = P_k \odot O^{\text{estimated}}$。接下来，将目标光场传播到傅里叶平面得到 $\Phi_k = \mathscr{F}(\Psi_k)$。通过设置一个阈值来判断每个像素是否曝光不足，并使用 mask 来存储曝光不足的像素位置。在傅里叶平面对 Φ_k 进行幅度约束时，使用第 k 次采集的衍射图案仅替换曝光充足的像素位置，曝光不足的像素幅值则保持不变。然后，将更新后的傅里叶频谱 Φ_k^{updated} 反向传播回目标平面，得到 Ψ_k^{updated}。最后，利用算法 2.3 第 8 行的公式在空域对目标进行更新。对所有调制掩模重复上述迭代过程，直到算法收敛为止。需要注意的是，尽管在傅里叶域中并未更新曝光不足的像素，但它们包含的信息在空域中通过其他测量值进行了更新。正是这种潜在的冗余保证了该算法的高精度重建。

算法 2.3 自适应相位恢复算法

输入: 拍摄图像 I_k，调制掩模 P_k $(k = 1, 2, 3)$。

过程:

1: 利用交替投影算法初始化 $O^{\text{estimated}}$;

2: $\text{mask} = \begin{cases} 0, & I_k > \text{阈值} \\ 1, & I_k < \text{阈值} \end{cases}$;

3: **while** 不收敛 **do**

4:     $\Psi_k = P_k \odot O^{\text{estimated}}$;

5:     $\Phi_k = \mathscr{F}(\Psi_k)$;

6:     $\Phi_k^{\text{updated}} = (1 - \text{mask}) \cdot \sqrt{I_k} \cdot \Phi_k / |\Phi_k| + \text{mask} \cdot \Phi_k$;

7:     $\Psi_k^{\text{updated}} = \mathscr{F}^{-1}\left(\Phi_k^{\text{updated}}\right)$;

8:     $O^{\text{updated}} = O^{\text{estimated}} + \dfrac{P_k^*}{|P_k|_{\max}^2}\left(\Psi_k^{\text{updated}} - \Psi_k\right)$ 。

9: **end while**

输出: 复数域图像 O。

---

2. 实验验证

接下来，我们通过一系列数值仿真和真实实验验证上述方法的有效性。仿真实验使用"Barbara"图像作为幅度真值（归一化到 $[0, 1]$），使用"cameraman"图像作为相位真值（归一化到 $[-\pi, \pi]$），合成复数域目标。图像分辨率设置为 128×128 像素。根据式（2.61）生成在傅里叶平面上采集的衍射图案。重建平台使用 3.6GHz Intel Core i7 处理器和 16GB RAM。

　　为了验证仅需要 3 次调制即可重建高精度复数域图像的结论,首先使用不同数量的调制掩模进行仿真重建。探测器的位深度设置为 16。重建结果如图 2.44 所示,其中图 2.44(a)为调制掩模分别为 2 个、3 个和 10 个时的重建结果,图 2.44(b)(c)显示了调制掩模数量不同时的收敛情况。为了定量地衡量重建质量,我们计算重建的幅度与真值之间的峰值信噪比和结构相似性。由结果可见,当调制掩模数量为 3 个及以上时,图像质量随迭代不断提高并接近真实值。调制掩模数量更多时,重建图像的视觉质量并不会更高。当调制掩模数量小于 3 时,采集数据无法为算法收敛提供足够的冗余信息,从而会产生较大的重建畸变[185]。因此,实现高精度相位恢复至少需要 3 次掩模调制。

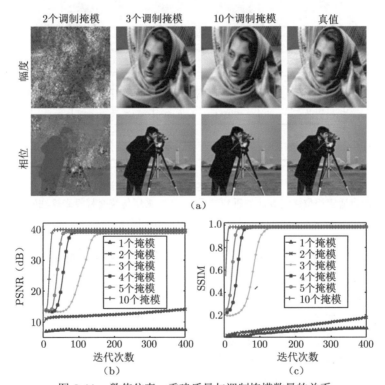

图 2.44　数值仿真:重建质量与调制掩模数量的关系
(a)调制掩模分别为 2 个、3 个和 10 个时的重建结果　　(b)调制掩模为不同数量时,重建结果的 PSNR 随迭代的变化　　(c)重建结果的 SSIM 随迭代的变化

　　此外,实验还研究了探测器位深度对重建质量的影响。根据式(2.61)中的数据模型,可将衍射图案量化为不同的灰度级(16bit、15bit、14bit 和 13bit)。位深度较低时曝光不足的像素点会更多,量化误差会更大。实验中,用于确定像素

是否曝光不足的阈值参数设为 2，采用自适应相位恢复算法的重建结果如图 2.45（a）所示。由结果可见，位深度较高时重建误差会更小。当位深度低于 13 时，重建结果会存在较为严重的畸变。使用 15 位（或更高）的探测器可以实现高精度重建。

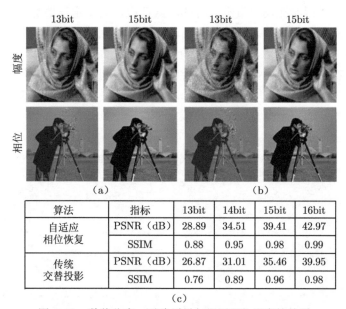

图 2.45　数值仿真：重建质量与探测器位深度的关系
（a）采用自适应相位恢复算法的重建结果　（b）采用传统交替投影算法的重建结果
（c）两种算法的定量结果比较

算法	指标	13bit	14bit	15bit	16bit
自适应相位恢复	PSNR（dB）	28.89	34.51	39.41	42.97
	SSIM	0.88	0.95	0.98	0.99
传统交替投影	PSNR（dB）	26.87	31.01	35.46	39.95
	SSIM	0.76	0.89	0.96	0.98

实验还采用传统交替投影算法对上述数据进行了重建，得到的重建结果如图 2.45（b）所示，可以看到其重建图像中存在明显的畸变。相比之下，自适应相位恢复算法可有效消除曝光不足带来的不利影响，得到更高的重建精度。两种算法的定量结果比较如图 2.45（c）所示，利用自适应相位恢复算法得到的重建 PSNR 与传统交替投影算法相比提高了约 3dB。

为了验证编码相干衍射成像方法在实际应用中的有效性，我们根据图 2.43 搭建了原理验证光路并进行了真实实验。该实验中，使用 488nm 的激光（Coherent Sapphire 488SF 100mW）作为光源，使用 DMD（ViALUX GmbH V-7001，最大刷新频率为 22.27kHz）进行光场的二值化调制，调制掩模与仿真相同；为了增加光照强度，将 DMD 中 3×3 像素合并为 1 像素；使用 4F 光学透镜系统（对 L1，$\phi = 50.8$mm，$f = 150$mm；对 L2，$\phi = 25.4$mm，$f = 30$mm）将调制光照投射到拍摄目标上，并将科研级互补金属氧化物半导体（Scientific Complementary Metal Oxide Semiconductor，SCMOS）相机（Andor Zyla 4.2，16bit）放置在透镜（L3：$\phi = 50.8\text{mm}$，$f = 150\text{mm}$）的焦平面上以采集对应的傅里叶频谱；相机的工作帧率为 150Hz，总采集时间为 0.02s。

第一个实验使用蚀刻玻璃样本作为相位物体进行拍摄。我们使用离子刻蚀以 400nm 的刻蚀深度在载玻片上刻蚀了"BIT"这 3 个字母，编码照明覆盖 1mm×1mm 的区域，分辨率为 128×128 像素，像素间距为 7.81μm。重建的相位如图 2.46（a）所示，可以看到其存在背景相位。为了去除背景相位，可使用载玻片作为拍摄目标，采集 3 张傅里叶频谱强度图像，并重建得到背景相位，如图 2.46（b）所示。将图 2.46（a）中的重建相位减去背景相位，即可计算得到如图 2.46（c）所示的校正相位。

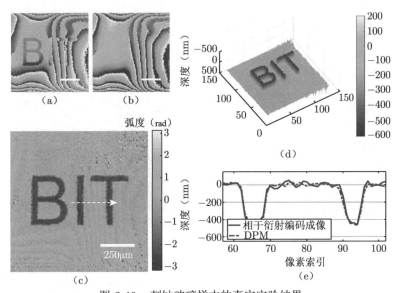

图 2.46　刻蚀玻璃样本的真实实验结果

（a）重建的相位　（b）背景相位　（c）校正相位　（d）目标的三维深度分布

（e）沿图 2.46（c）中白色箭头的深度分布

蚀刻深度 h 和相位 φ 之间的关系为 $h = \lambda\varphi/2\pi\Delta n$。其中，$\lambda$ 是光源波长；$\Delta n = 0.463$，表示玻璃与空气之间的折射率差。根据上述关系，可计算出目标的三维深度分布，如图 2.46（d）所示。沿图 2.46（c）中白色箭头的深度分布如图 2.46（e）所示。可以看到，重建得到的深度与利用 DPM 测量的真值较为吻合。这验证了定量相位成像特性。

第二个实验是使用两个生物样本验证编码相干衍射成像方法在显微技术中的应用。样本包括两种植物茎横切和大鼠胎儿神经干细胞。为了和显微样本匹配，该实验用一个透镜（$\phi = 50.8\text{mm}$，$f = 150\text{mm}$）和一个物镜（GCO-2112，10×/0.25，大恒光电）组成 4F 系统，将光照覆盖区域调整为 100μm×100μm。图 2.47（a）为采集的 3 张南瓜茎样本的衍射图案。经过上述重建和相位校正过程，成像结果如图 2.47（b）所示。通过使用 Goldstein 枝切法[220]对南瓜茎样本和单子叶植物茎样本的相位图进行解包裹以消除相位跳变，并且进一步处理得到具有更高对比度的数字 DIC 图像[221]，如图 2.47（b）和图 2.47（c）所示，从图中可以清晰地识别南瓜茎样本和单子叶植物茎样本的维管束。大鼠神经干细胞在 0s、30s 和 60s 的数字 DIC 图像如图 2.47（d）所示，从中可以观察到神经干细胞的微小收缩和伸展。

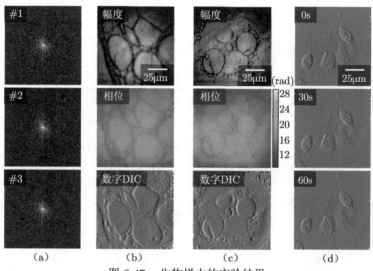

图 2.47　生物样本的实验结果
（a）南瓜茎样本的衍射图案示例（对数刻度显示）　（b）南瓜茎样本的成像结果
（c）单子叶植物茎的成像结果　（d）大鼠神经干细胞在不同时间的数字 DIC 图像

3. 总结与讨论

本小节介绍的编码相干衍射成像方法可以有效减少二值化调制次数和缩小探测器的动态范围。通过使用 DMD 以 22kHz 帧频进光场调制，3 次二值调制的总时间仅约为 0.14ms。自适应相位恢复算法能够重建高质量的幅度和相位图像。该方法可以有效提高编码相干衍射成像的成像速度（调制次数和每次曝光时间的乘积），使其成为宽视场实时波前探测和长时间观测的可行解决方案。

编码相干衍射成像方法可以进一步拓展。首先，可以使用压缩感知重建方法[243]和深度学习技术[244]进一步提高重建质量和运行效率。其次，当前建模仅针对薄样本并进行单层近似，使用针对厚样本的多层模型将使现有技术更适用于实际应用[245,246]，具体介绍见本书 2.3.3 节。

2.3.3　多层编码相干衍射成像

传统的编码相干衍射成像基于薄样本近似假设，难以处理存在散射和衍射效应的厚样本。基于多层切片的厚样本复数域波传播模型，本小节介绍一种可以对厚样本进行高精度重建的多层编码相干衍射成像方法。该方法将目标建模为一系列切片层，并根据光场逐层传播计算目标波前，并通过一种优化算法从采集数据中同时重建目标的全视场多层复数域信息以及层间距。实验结果表明，增加调制次数可以实现更多层的重建。对于 2 层目标，所需的调制数为 7；对于 3 层目标，所需的调制数为 14；对于 4 层目标，所需的调制数为 20。另外，此优化算法可以有效地校正偏离真值约 $\pm 30\%$ 的未知层间距。

1. 技术背景

编码相干衍射成像 [219,233-236,238,239] 将波前调制引入相干衍射成像 [197] 中，可以在不进行机械扫描的情况下提供数据冗余，以成功进行鲁棒的相位恢复。在重建过程中，编码相干衍射成像方法不需要观测目标的先验信息。本书 2.3.2 节介绍了一种快速的编码相干衍射成像方法 [219]，仅需要 3 张二值化调制掩模即可实现高精度的复数域成像。然而，与传统的叠层成像 [195] 相似，现有的编码相干衍射成像方法均基于薄样本假设，即认为样本只有一层，因此这些方法无法处理具有多重散射和衍射效应的厚样本 [194]。

在叠层成像中，已有研究引入了多层切片波传播模型 [247] 以对厚样本进行成像，该模型将目标分为多个具有已知位置的轴向切片，并使用切片之间的一系列光学传播计算目标出射的光场分布 [246,248-252]。然后，通过使用三维叠层迭代（3D Ptychographic Iterative Engine，3PIE）算法 [245] 从衍射强度测量数据中重建厚样本的多层复数域分布。3PIE 算法需要相邻切片之间的层间距已知 [253]。传统的 3PIE 算法通常使用相同的层间距进行建模，这对于轴向分布不均匀的离散多层目标是不准确的。此外，由于目标介质和空气之间的折射率差异，相邻层之间的光程可能与其几何距离不同。在这种情况下，由于输入的层间距与实际距离不同，利用 3PIE 算法重建的图像会存在一定程度的畸变。接下来，具体介绍多层编码相干衍射成像技术。

2. 技术原理

如图 2.48所示，我们将目标建模为一系列具有复传输函数的 N 个平行层。利用 DMD 和 4F 光学透镜组，可将一系列随机生成的二值化照明掩模投射到目标的第一层切片上。利用层与层之间的角谱传播模型 [10] 计算目标出射的光场，并使用相机在第 N 层目标的傅里叶平面上记录衍射强度，其采集数据的数学模型

可以表示为

$$I_k = \left| \mathscr{F} \left\{ \boldsymbol{O}_n \cdot \mathscr{P}_{\Delta z_{n-1,n}} \left[\cdots \mathscr{P}_{\Delta z_{2,3}} \left[\boldsymbol{O}_2 \cdot \mathscr{P}_{\Delta z_{1,2}} \left[\boldsymbol{P}_k \cdot \boldsymbol{O}_1 \right] \right] \right] \right\} \right|^2 \qquad (2.62)$$

其中，$\boldsymbol{O}_n$ 为第 n 层目标；$\boldsymbol{P}_k$ 为第 k 个二值化调制掩模；$\mathscr{P}_{\Delta z_{n-1,n}}$ 为第 $n-1$ 和第 n 层之间的角谱传播，即

$$\mathscr{P}_{\Delta z_{n-1,n}}[\cdot] = \mathscr{F}^{-1} \left\{ \mathscr{F}[\cdot] \cdot \exp \left[i \frac{2\pi}{\lambda} \sqrt{1 - (\lambda k_x)^2 - (\lambda k_y)^2} \cdot \Delta z_{n-1,n} \right] \right\} \qquad (2.63)$$

其中，$\Delta z_{n-1,n}$ 为第 $n-1$ 层和第 n 层之间的距离，(k_x, k_y) 为傅里叶域的空间坐标，λ 为光照波长，$\mathscr{F}$ 为二维傅里叶变换。采集的强度图像 $\boldsymbol{I}$ 包含目标多层耦合的幅度和相位信息。

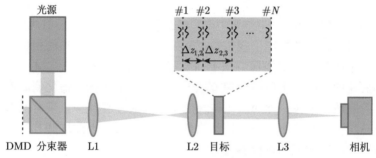

图 2.48　多层编码相干衍射成像技术的实验系统

接下来，具体介绍用于多层编码相干衍射成像的相位恢复优化算法。总体而言，该算法是通过交替迭代地更新目标层信息和层间距来实现的。在每次迭代中，首先使用采集的衍射图像依次更新多层目标信息。对于第 k 个调制掩模，目标第一层的出射光场为 $\boldsymbol{\psi}_{k,e,1} = \boldsymbol{P}_k \cdot \boldsymbol{O}_1$。将该出射光场传播到第 2 层，得到的第 2 层的入射光场为 $\boldsymbol{\psi}_{k,i,2} = \mathscr{P}_{\Delta z_{1,2}}[\boldsymbol{\psi}_{k,e,1}]$。第 2 层的出射光场则为 $\boldsymbol{\psi}_{k,e,2} = \boldsymbol{\psi}_{k,i,2} \cdot \boldsymbol{O}_2$。使用上述模型对多层传播进行建模，得到目标第 N 层的出射光场 $\boldsymbol{\psi}_{k,e,N}$，对该出射光场进行傅里叶变换以传播至传感器平面，即 $\boldsymbol{\psi}_{k,c} = \mathscr{F}\{\boldsymbol{\psi}_{k,e,N}\}$。

根据采集的衍射强度图像 $\boldsymbol{I}_k$，对 $\boldsymbol{\psi}_{k,c}$ 进行幅度约束，即 $\boldsymbol{\psi}'_{k,c} = \sqrt{\boldsymbol{I}_k}\boldsymbol{\psi}_{k,c}/|\boldsymbol{\psi}_{k,c}|$。然后将更新的波前反向传播到目标的第 N 层，得到 $\boldsymbol{\psi}'_{k,e,N} = \mathscr{F}^{-1}\{\boldsymbol{\psi}'_{k,c}\}$。第 N 层的入射光场和层信息可根据式 (2.64) 和式 (2.65) 进行更新：

$$\boldsymbol{\psi}'_{k,i,N} = \boldsymbol{\psi}_{k,i,N} + \frac{\boldsymbol{O}_N^*}{|\boldsymbol{O}_N|^2_{\max}} \left[\boldsymbol{\psi}'_{k,e,N} - \boldsymbol{\psi}_{k,e,N} \right] \qquad (2.64)$$

$$\boldsymbol{O}'_N = \boldsymbol{O}_N + \frac{\boldsymbol{\psi}^*_{k,i,N}}{|\boldsymbol{\psi}_{k,i,N}|^2_{\max}} \left[\boldsymbol{\psi}'_{k,e,N} - \boldsymbol{\psi}_{k,e,N} \right] \qquad (2.65)$$

将更新后的入射光场 $\psi'_{k,i,N}$ 反向传播到目标第 $N-1$ 层，得到 $\psi'_{k,e,N-1} = \mathscr{P}_{-\Delta z_{N-1,N}}\left[\psi'_{k,i,N}\right]$。重复进行这一反向传播和更新的过程，直到到达目标第 1 层，可按照式 (2.66) 进行更新：

$$\boldsymbol{O}'_1 = \boldsymbol{O}_1 + \frac{\boldsymbol{P}_k}{\left|\boldsymbol{P}_k\right|^2_{\max}}\left[\psi'_{k,e,1} - \psi_{k,e,1}\right] \tag{2.66}$$

上述反向传播和迭代更新过程需对每个调制掩模和相应的采集数据依次进行。

对多层目标进行更新后，就可以通过最小化以下误差度量来更新层间距：

$$\mathscr{L} = \sum_k \sum_{(x,y)}\left(\left|\psi_{k,c}(x,y)\right| - \sqrt{\boldsymbol{I}_k(x,y)}\right)^2 \tag{2.67}$$

其中，(x,y) 为笛卡尔坐标。误差度量对于层间距求梯度可得

$$\begin{aligned}
\frac{\partial \mathscr{L}}{\partial \Delta z_{n-1,n}} &= 2\sum_k \sum_{(x,y)}\left(\left|\psi_{k,c}(x,y)\right| - \sqrt{\boldsymbol{I}_k(x,y)}\right)\frac{\partial\left|\psi_{k,c}(x,y)\right|}{\partial \Delta z_{n-1,n}} \\
&= 2\sum_k \sum_{(x,y)}\left(1 - \frac{\sqrt{\boldsymbol{I}_k}}{\left|\psi_{k,c}\right|}\right)\mathscr{R}\left\{\frac{\partial \psi_{k,c}}{\partial \Delta z_{n-1,n}}\psi^*_{k,c}\right\}
\end{aligned} \tag{2.68}$$

其中，$\mathscr{R}\{\cdot\}$ 表示取实部运算符。梯度 $\dfrac{\partial \psi_{k,c}}{\partial \Delta z_{n-1,n}}$ 可以根据式 (2.69) 进行求解：

$$\begin{aligned}
\frac{\partial \psi_{k,c}}{\partial \Delta z_{n-1,n}} &= \frac{\partial}{\partial \Delta z_{n-1,n}}\mathscr{F}\left\{\boldsymbol{O}_N \cdot \mathscr{P}_{\Delta z_{N-1,N}}\left[\cdots \boldsymbol{O}_n\cdot\right.\right. \\
&\quad \left.\left. \mathscr{P}_{\Delta z_{n-1,n}}\left[\cdots \boldsymbol{O}_3 \cdot \mathscr{P}_{\Delta z_{2,3}}\left[\boldsymbol{O}_2 \cdot \mathscr{P}_{\Delta z1}\left[\boldsymbol{P}_k \cdot \boldsymbol{O}_1\right]\right]\right]\right]\right\} \\
&= \frac{\partial}{\partial \Delta z_{n-1,n}}\mathscr{F}\left\{\boldsymbol{O}_N \cdot \mathscr{P}_{\Delta z_{N-1,N}}\left\{\cdots \boldsymbol{O}_n\cdot\right.\right. \\
&\quad \mathscr{F}^{-1}\left[\mathscr{F}\left[\cdots \boldsymbol{O}_3 \cdot \mathscr{P}_{\Delta z_{2,3}}\left[\boldsymbol{O}_2 \cdot \mathscr{P}_{\Delta z1}\left[\boldsymbol{P}_k \cdot \boldsymbol{O}_1\right]\right]\right]\cdot\right. \\
&\quad \left.\left.\left. \exp\left[i\frac{2\pi}{\lambda}\sqrt{1 - \left(\lambda k_x\right)^2 - \left(\lambda k_y\right)^2}\cdot \Delta z_{n-1,n}\right]\right]\right\}\right\} \\
&= \mathscr{F}\left\{\boldsymbol{O}_N \cdot \mathscr{P}_{\Delta z_{N-1,N}}\left\{\cdots \boldsymbol{O}_n\cdot\right.\right. \\
&\quad \mathscr{F}^{-1}\left\{\mathscr{F}\left[\cdots \boldsymbol{O}_3 \cdot \mathscr{P}_{\Delta z_{2,3}}\left[\boldsymbol{O}_2 \cdot \mathscr{P}_{\Delta z1}\left[\boldsymbol{P}_k \cdot \boldsymbol{O}_1\right]\right]\right]\cdot\right. \\
&\quad i\frac{2\pi}{\lambda}\sqrt{1 - \left(\lambda k_x\right)^2 - \left(\lambda k_y\right)^2}\cdot \\
&\quad \left.\left.\left. \exp\left[i\frac{2\pi}{\lambda}\sqrt{1 - \left(\lambda k_x\right)^2 - \left(\lambda k_y\right)^2}\cdot \Delta z_{n-1,n}\right]\right\}\right\}\right\}
\end{aligned} \tag{2.69}$$

使用上述梯度，就可以根据 $\Delta z'_{n-1,n} = \Delta z_{n-1,n} - \alpha \dfrac{\partial \mathscr{L}}{\partial \Delta z_{n-1,n}}$ 更新层间距 $\Delta z_{n-1,n}$，其中 α 为梯度下降步长。在实际操作中，我们还加入了动量更新方法 [254] 来加快算法的收敛速度。上述优化重建过程见算法 2.4。

算法 2.4 用于多层编码相干衍射成像的相位恢复优化算法

输入： 采集图像 $I_k(k = 1, \cdots, K)$，调制掩模 P_k，目标层数 N。

过程：

1:　初始化 O_n、$\Delta z_{n-1,n}$；
2:　**while** 不收敛 **do**
3:　　**for** $k = 1, \cdots, K$ **do**
4:　　　正向传播波前至探测器平面，得到 $\psi_{k,c}$；
5:　　　施加幅度约束，$\psi'_{k,c} = \sqrt{I_k} \dfrac{\psi_{k,c}}{|\psi_{k,c}|}$；
6:　　　反向传播更新后的波前，更新目标的各层信息；
7:　　**end for**
8:　　更新层间距 $\Delta z'_{n-1,n} = \Delta z_{n-1,n} - \alpha \dfrac{\partial \mathscr{L}}{\partial \Delta z_{n-1,n}}$；
9:　　添加动量更新。
10: **end while**

输出： 多层复数域图像 O_n（$n = 1, 2, \cdots, N$）、层间距 $\Delta z_{n-1,n}$。

对于目标层 O_n 的初始化，我们使用一种由粗到精的策略以实现更好的算法收敛。首先，认为目标仅包含 1 层，然后进行 50 次编码相干衍射成像相位恢复 [219] 迭代。然后将层数增加到 2 层，并再进行 50 次相位恢复迭代，其中第 1 层的初始值为之前的迭代结果，第 2 层的初始值为全 1 矩阵。最后，对更多层重复上述过程，直到所有目标层都已完成初始化。与传统的随机或均一初始化策略相比，这种由粗到精的初始化策略能够充分利用测量数据冗余性，计算得到更接近真实值的初始化估计。

3. 实验验证

首先进行数值仿真来验证多层编码相干衍射成像方法的可行性。在仿真中，我们根据式（2.62）模拟采集的衍射强度图像，光源波长设置为 488nm。二值化调制掩模为随机生成，分辨率设置为 128×128 像素；编码照明覆盖了 100μm×100μm 的区域；每层目标的幅度和相位真值为从 CVG-UGR 图像数据库中选择的不同图像，其中幅度归一化到 $[0,1]$，相位归一化到 $[-\pi, \pi]$；相邻层之间的层间距为 50μm。

对于多层目标，首先研究目标层数与成功重建多层目标切片所需的二值化调制掩模数量之间的关系。在仿真中，我们使用 3 个目标，分别包括 2 层、3 层和 4 层。每个目标都利用重建图像的幅度和幅度真值计算定量的所有层的平均 PSNR 和 SSIM。图 2.49 展示了重建的定性和定量结果。由结果可见，使用更多的调制掩模能够有效提高重建质量。对于 2 层目标，重建质量在调制掩模数为 7 时趋近真值；对于 3 层目标，重建质量在调制掩模数为 14 时趋近真值；对于 4 层目标，重建质量在调制掩模数为 20 时趋近真值。结果表明，当目标层数增加时，需要多

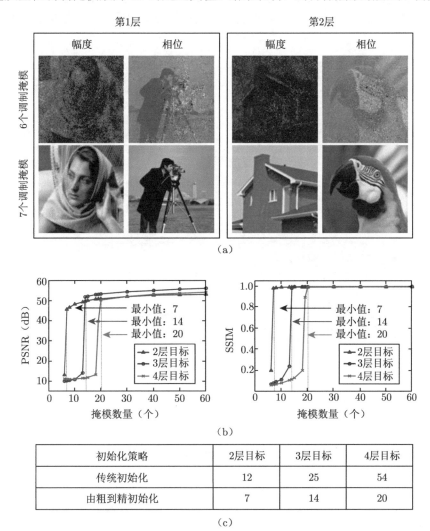

初始化策略	2层目标	3层目标	4层目标
传统初始化	12	25	54
由粗到精初始化	7	14	20

（c）

图 2.49　目标层数与所需调制掩模数量的关系
（a）2 层目标定性结果　　（b）2 层、3 层和 4 层目标定量结果
（c）传统初始化和由粗到精初始化所需的调制掩模数量对比

于线性增长的调制掩模数量来分别重建不同层的复数域图像。图 2.49（c）为传统初始化和由粗到精初始化所需的调制掩模数量对比。该结果证实了由粗到精的初始化能够从测量冗余中提取更多的信息，从而将所需的掩模数量减少约一半。

然后，对一系列轴向分布不均匀的 3 层目标进行仿真，以验证该方法可以同时校正层间距。设目标的总厚度为 $100\mu m$，第 2 层偏离目标中心的百分比不同；将层间距初始化为 $\Delta z_{1,2} = 50\mu m$ 和 $\Delta z_{2,3} = 50\mu m$；$\Delta z_{1,2}$ 的更新步长设定为 10^{-20}，$\Delta z_{2,3}$ 的更新步长设定为 10^{-17}。图 2.50（a）展示了当距离偏差为 30% 时使用固定层间距（即不包含层间距校正）重建的各层图像。由于层间距与真实距

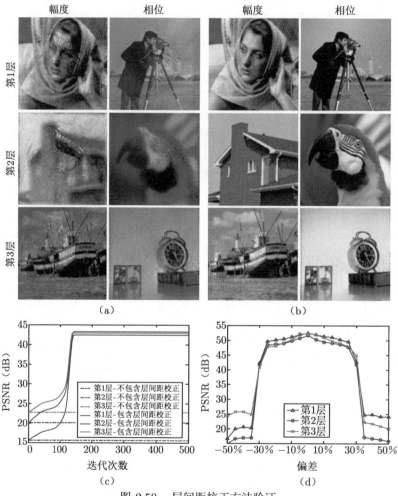

图 2.50 层间距校正方法验证

（a）不包含层间距校正的重建结果 （b）包含层间距校正的重建结果 （c）距离偏差为 30% 时，重建结果的 PSNR 与迭代的关系 （d）重建结果的 PSNR 与距离偏差的关系

离不同，各层的重建图像均存在畸变。图 2.50（b）给出了包含层间距校正步骤的重建结果，其与真值保持一致。图 2.50（c）为当距离偏差为 30% 时重建结果的 PSNR 与迭代的关系。当不包含层间距校正步骤时，PSNR 在初始化完成后不再变化。而加入层间距校正后，经过约 150 次迭代，PSNR 会增加并达到收敛，目标各层信息和层间距都被正确重建出来。图 2.50（d）为重建结果的 PSNR 与距离偏差的关系。结果表明，上述方法能够有效地重建校正未知的层间距，该间距最多可以偏离真值 ±30%。

最后，根据图 2.48 搭建光路，进行真实实验。其中，光源为 488nm 激光器（Coherent Sapphire 488SF 100mW）；二值化调制器件为 DMD（ViALUX GmbH V-7001）；目标为南瓜茎样本（SAGA），将其倾斜放置作为厚样本，样本左侧在调制掩模的焦面上，右侧离焦；将 CMOS 相机（GO-5000C-USB, JAI）放置在透镜的焦平面上，以拍摄傅里叶强度图像。根据文献 [219] 所述，我们从重建相位中减去背景相位，以消除照明系统对重建图像的影响。图 2.51（a）展示了采用单层编码相干衍射成像方法的重建结果，可以看到图像从左到右逐渐变模糊。图 2.51（b）为不包含层间距校正重建的 3 层结果。由于层间距存在误差，成像聚焦在错误的位置，因此样本右侧未能成功聚焦，从而导致散焦模糊。图 2.51（c）为包含层间距校正重建 3 层结果（在本实验中校正的距离偏差约为 20%）。由结果可见，目标正确地聚焦在 3 个平面，呈现出精细的结构细节。上述结果对比验证了本小节介绍的多层编码相干衍射成像方法的有效性。

4. 总结与讨论

本小节介绍了一种多层编码相干衍射成像方法，应用于具有多重散射和衍射效应的厚目标成像。该方法使用多层切片模型对厚目标中的光波传播过程进行建模，相应的优化重建算法能够同时重建多层目标的复数域信息和层间距。该方法可以应用于更宽的波段中，对强散射厚目标进行高对比度成像，例如在红外波段对厚半导体晶片进行成像 [245]，或在 X 射线波段表征生命和材料科学中的层次结构 [253]。

该方法还可以进一步拓展。首先，可以将自动微分（Automatic Differentiation，AD）技术 [255] 应用于当前的层间距梯度下降优化策略，从而可在不同的成像模型中进行高效应用，并且无须重建优化器即可使用不同类型的损失函数和正则化项。其次，可以研究多个目标层的信息冗余，并且加入自然图像的稀疏表示先验 [49] 以减少所需的调制次数。此外，除了目前采用的多层切片传播模型，还可以采用衍射层析成像模型 [256] 来可视化目标的三维模型，以提供更多的轴向目标场信息。

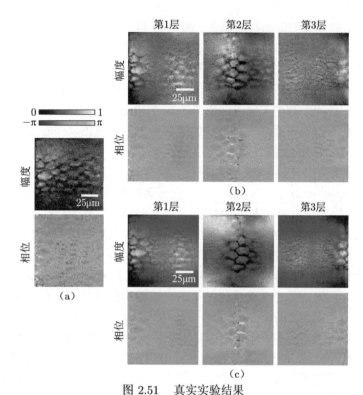

图 2.51　真实实验结果
（a）采用单层编码相干衍射成像方法的重建结果　　（b）不包含层间距校正重建的 3 层结果
（c）包含层间距校正重建的 3 层结果

2.4　本章小结

本章针对低维探测器获取高维光信息的挑战，分别从光强、光谱、光相 3 个维度介绍了国际前沿的计算成像理论、方法和技术。具体地，在光强维度，介绍了单像素二维成像和三维成像技术，分别从理论和实验的角度分析了不同单像素成像重建算法的优劣势。在光谱维度，分别介绍了使用单像素探测器和二维探测器阵列高效获取光谱信息的计算成像方法，并介绍了高效的深度学习高光谱重建算法。在光相维度，分别介绍了使用单像素探测器和二维探测器阵列的非干涉式复数域成像方法，具有重要的实际应用价值。

第 3 章 信息拓展——"从缺到全"

世界著名神经科学家、美国科学院院士、哈佛大学的约书亚·萨内斯（Joshua Sanes）教授在《自然–神经学评论》[3] 中指出，受限于固定的系统带宽，目前所有的光学成像系统（无论是宏观成像系统还是显微成像系统）均存在成像性能的局限，无法同时满足宽视场、高分辨率、高帧率的高通量成像需求，导致广域"看不全"的问题。然而，科学研究、工业生产等各领域均对高通量的成像系统有迫切需求。具体来说，高通量成像需求主要包括以下 3 个方面。

（1）宽视场：在宏观成像中，例如路网监测、应急救援、跟踪察打等重大应用均需要宽视场成像对广域进行监测，从而实现可靠的安全保障。在显微成像中，例如脑神经成像、癌细胞转移观测等多种应用需要微观的宽视场成像，以保证广域生命活动关联的完整观测。

（2）高分辨率：分辨率是指一个光学成像系统对观测物体所能够区分的最短距离。分辨率越高，能够区分的距离越短，该光学系统成像越清晰，越能够拍摄到更多的场景细节。反之，分辨率越低，能够区分的距离越长，拍摄到的图像细节越少。

（3）高帧率：宏观成像中，多种应用（如交通监控等）均需要每秒多帧的拍摄速度，才能够捕捉到场景的变化，记录下场景的动态信息。同样地，在显微成像中多种生命活动也是实时发生的。以细胞分裂活动为例，最关键的细胞分裂现象基本在 5s 内完成；细胞吞噬活动则在 1s 内即可完成。观测神经传递活动需要亚秒级别的成像速度 [257,258]。

因此，如何绕过硬件系统固定带宽的限制，提高成像的视场、分辨率和帧率，是成像领域一直以来面临的关键难题。本章聚焦受限带宽下高通量成像的难题，分析广域目标非均匀稀疏分布的特性，以及空间频谱径向连续性和方向性分布的规律，深入挖掘时间维度的信息冗余性，建立空–频–时三域自适应稀疏采样的高效计算传感架构，以突破有限带宽下宽视场、高分辨率以及高帧率之间的固有矛盾。下面分别从空域、频域、时域 3 个维度进行详细介绍。

3.1 空域扩域

本节介绍一种新型宽视场（Field of View，FOV）高分辨率（High Resolution，

HR）成像方法，只需要两个探测器即可实现宽视场高分辨率成像。为了自动地将高分辨率图像在宽视场中准确定位以进行鲁棒的目标跟踪和后续成像，本节还将介绍一种高效的基于深度学习的多尺度图像配准方法。

1. 技术背景

成像广泛应用于安全监控、航空侦察和地质测绘等领域 [259-262]。然而受限于固定的系统带宽，相机视场与分辨率存在相互制约的问题。对于焦距较长的相机，其分辨率较高，但是视场较窄；而对于焦距较短的相机，其视场较宽，但是分辨率较低 [11]。现有宽视场高分辨率成像方法是首先通过使用复杂的相机阵列独立拍摄多张分辨率较高但是视场较窄的图像，然后使用图像配准算法将这些图像拼接在一起，得到一张既具有宽视场又具有高分辨率的图像，从而满足实际应用的需求 [5,263-267]。但是此类系统均存在硬件复杂度高、成本高的问题，且数据量巨大，难以实时传输及处理。另外，这种规则排列的相机阵列框架难以将所有相机的焦距调整为同一个值，需要费时费力地标定。

在实际应用中，目标感兴趣区域（Region of Interest，ROI）往往仅占整个视场的一小部分，这被称为统计稀疏先验 [268]。以交通监控为例，其重要目标（车辆）与整个视场相比要小得多。也就是说，在多数场景下我们并不需要采集整个视场的高分辨率图像，仅需要目标感兴趣区域的高分辨率图像即可为大多数应用提供足够的视觉信息。

基于上述分析，本节具体介绍一种新型宽视场高分辨率成像方法，如图 3.1 所示。以此方法搭建的系统仅需要两个探测器，一个用作参考相机的短焦距探测器（用于采集宽视场参考图像），一个安装在云台 [269] 上用作动态相机的长焦距探测器（用于采集感兴趣区域的实时高分辨率图像）。参考相机拍摄宽视场低分辨率图像，动态相机使用多尺度图像配准算法，基于宽视场低分辨率图像对感兴趣区域进行实时高分辨率成像。整个系统的总质量仅为 1181g，具有 120°的宽视场和 0.45mrad 高分辨率瞬时视场。为了在宽视场参考图像中自动定位感兴趣区域，我们介绍一种基于分层卷积特征的高效多尺度图像配准算法，该算法可以对感兴趣区域的高分辨率图像与宽视场图像进行实时配准。与传统算法 [263,264,270,271] 不同的是，该算法无须标定两个探测器之间的参数差异（如焦距差和白平衡差异等），具有较强的鲁棒性。基于该多尺度图像配准算法，安装在云台上的长焦距高分辨率探测器能够实时跟踪感兴趣区域，以进行连续的高分辨率成像。另外，该系统对平台抖动和目标的快速移动具有较强的鲁棒性。

综上所述，本节介绍的宽视场高分辨率成像架构包括以下优势。

（1）基于自然场景稀疏先验，该成像架构比传统大规模探测器阵列精简，只需要两个探测器，同时引入云台，就可实现目标区域的实时高分辨率成像，且能够便捷地自动调整焦距。另外，该成像架构对平台抖动等系统畸变具有较强的鲁棒性。

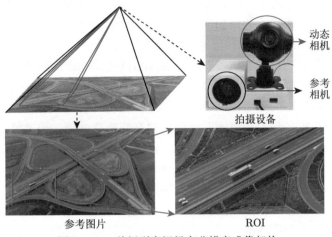

图 3.1　一种新型宽视场高分辨率成像架构

（2）多尺度图像配准算法能够自动在宽视场图像中定位目标区域。该算法通过使用融合的分层卷积特征构建特征描述符，并基于这些描述符进行快速的图像配准，对两个探测器的参数差异具有较强的鲁棒性，且具有较高的实时运行效率（0.1s/f）。

（3）我们基于该成像架构搭建了一个原型验证系统，集成了 JAI GO-5000 和 Foxtech Seeker10 相机，以及用于控制和处理的 NVIDIA TX2 处理器。该系统适用于无人机等载荷受限的平台。经实验验证，该系统能够实现 120° 的宽视场和 0.45mrad 瞬时视场的高分辨率。

2. 相关工作

下面介绍与宽视场高分辨率成像和基于特征点的图像配准相关的工作。

（1）宽视场高分辨率成像

传统的宽视场高分辨率成像系统一般是通过设计精密、复杂的大规模相机阵列来实现，其中每个子相机都用来拍摄宽视场中的部分区域的高分辨率图像。然后，通过图像处理算法将这些不同区域的高分辨率图像拼接起来，以生成完整的宽视场高分辨率图像 [271]。约瑟夫·福特（Joseph Ford）等人使用同心透镜作为多尺度成像系统的物镜 [272]，该透镜在相邻图像之间形成视场重叠，从而有利于子图像的拼接，以合成宽视场图像。奥利弗·科赛尔特（Oliver Cossairt）等人采用球透镜和中继透镜设计了一种更为紧凑的成像系统架构 [264,273]。

2012 年，杜克大学的大卫·布雷迪（David Brady）等人基于同心透镜成像架构，研制出具有超大视场的同心多尺度成像系统样机 AWARE-2[5]，其中包含 98 个相机的大规模相机阵列安装在一个 0.75m×0.75m×0.5m 的支架中，总功率高达 426W，总质量达 93kg。该相机阵列的原始采集数据为 14 亿像素/帧，经图像配准拼接后的合成像素数约为 9.6 亿个，视场为 120°×50°。巨大的数据量使用以太网传输需要 13s/f，数据传输和处理难度巨大。此外，该系统需要精确的相机标定以及费时费力的机械测试，以确保多台相机之间的成像精度一致。

2017 年，清华大学的袁肖赟等人提出了一种多尺度宽视场成像系统 [263]，该系统包含一个短焦距的参考相机，用于采集视场较大但分辨率较低的参考图像；以及多个长焦距相机，用于采集不同子视场的高分辨率图像。通过将这些高分辨率图像与宽视场图像进行配准，从而实现了分辨率的提升。与上述 AWARE-2 系统相比，该系统成本较低，并行处理能力强，并且无须校准。然而，它仍然存在硬件较为复杂、数据量大的问题，且需要提前标定出短焦距参考相机和长焦距相机之间的精确尺度差，并最多只能够处理 8 倍的图像尺度差。

相比之下，本节介绍的多尺度成像系统只需要两个探测器，其中包括一个短焦距静态参考相机和一个长焦距动态相机。短焦距静态相机用来采集低分辨率的宽视场图像，长焦距动态相机用来采集目标区域的高分辨率图像。与传统均匀分布的相机阵列系统相比，该系统能够自适应地自动跟踪目标，从而连续地获取目标的高分辨率图像，有效减少了采集数据量，简化了硬件设计，有利于通信传输和后续处理，对于实际应用具有重要意义。

（2）图像配准

现有图像配准方法主要分为两类，包括基于变换域的图像配准方法 [274,275] 和基于特征点的图像配准方法 [276-281]。

变换域图像配准方法基于空域移动等同于傅里叶域相移的原理。利用此先验，尤西·凯勒（Yosi Keller）等人提出了一种相位关联算法，用于两幅图像在傅里叶域的配准，主要利用互功率谱计算两幅图像的平移向量 [275]。雷迪（B. Reddy）等人通过改进相位相关算法，实现了具有旋转和平移变换的图像配准 [274]。相位关联计算复杂度低，但要求待配准图像之间包含较大的重叠，且只适用于在傅里叶变换中具有相应定义形式的旋转、平移等图像转换，因此存在较大的局限性。

近年来，图像配准领域发展出一批基于特征点的方法，此类方法的计算效率高，且对于待配准图像的灰度变化、尺度变化、角度变化等都具有较好的适应性，因此逐渐成为研究的热点。现有的基于特征点的配准算法，如尺度不变特征变换（Scale-invariant Feature Transform, SIFT）法 [282] 和加速鲁棒特征（Speeded-up Robust Feature, SUFR）法 [283]，都具有相似的工作流程，主要包括 3 个步骤：关键特征检测、特征匹配以及图像变换。上述两种算法均采用高斯模糊进行数据预处理，但是这种处理难以保留图像边缘信息，会导致图像模糊，从而降低特征点的定位精度。巴勃罗·沙井（Pablo Alcantarilla）等人提出了 KAZE 方法，用于解决上述问题 [284,285]。该方法通过在非线性尺度空间使用加性算子分裂（Additive Operator Splitting，AOS）算法进行非线性扩散滤波，从而在去除噪声的同时有效保留了边缘细节。

随着移动计算设备的普及，为了在计算资源有限的前提下快速进行特征点检测和匹配，ORB 算法 [286] 和 BRISK 算法 [287] 通过使用快速边缘检测算子和二值描述符 [288]，进一步提升了计算速度。然而，当图片尺寸较大时，此类算法的配准性能下降得较快。另外，当待配准的两幅图像具有较大的尺寸差异时，上述基于特征点匹配的技术将难以检测到有效的特征点对，导致配准失败。这些问题限制了这些算法在本节介绍的多尺度成像架构中的应用。

随着深度学习的逐渐兴起与高速发展，相关研究将深度学习 [159,289] 技术应用到图像配准。2014 年，阿列克谢·多索维茨基（Alexey Dosovitskiy）等人 [282] 通过使用大规模训练集对卷积神经网络进行训练，提出了一种通用的基于深度学习的特征提取方法。这些特征描述符的性能优于 SIFT 描述符。伊罗斯拉夫·梅列霍夫（Iaroslav Melekhov）等人提出了基于孪生网络的特征提取方法 [290]，使得特征提取网络能够生成较多的特征匹配对，用于后续配准。在此基础上，研究人员提出了一系列优化的网络架构，包括 TFeat[291]、L2-Net[292]、HardNet[293]、AffNet[293] 等。

尽管上述基于深度学习的图像配准方法具有较好的配准精度和运行效率，但并不适用于两幅输入图像具有未知的较大尺度差的情况。此外，上述方法还需要额外的特征点检测算法首先检测特征点，然后将其输入网络以进行特征描述符学习。因此，这些方法的配准精度取决于特征点检测的精确度。相比较而言，本节介绍的配准算法能够同时进行特征点检测和特征描述符生成，并且融合了不同尺度的分层卷积特征以构造特征描述符。该算法对两幅输入图像之间的未知尺度差具有较强的鲁棒性。

3. 技术原理

上文介绍的新型宽视场高分辨率成像架构如图 3.1 所示，该架构由短焦距参考相机和长焦距动态相机组成。其中，参考相机用来获取宽视场图像，但因受限于系统带宽，其分辨率较低；动态相机安装在云台上，云台可以旋转移动以跟踪目标视场并实时获取高分辨率图像。为了实现鲁棒的跟踪和连续成像，首先使用本节介绍的多尺度图像配准算法（详细介绍见下文）定位高分辨率图像的视场在宽视场中的位置。然后，将此位置转换为云台的动态坐标（转换关系需要提前标定）。基于此坐标，云台控制长焦距探测器旋转移动到相应的聚焦坐标 y，以拍摄下一帧高分辨率图像。重复上述步骤（见图 3.2），即可以负反馈的形式动态地校验高分辨率相机坐标是否准确，从而实现自适应的目标区域高分辨率成像。

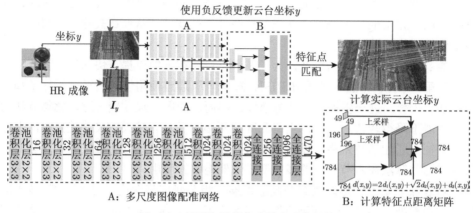

图 3.2　新型宽视场高分辨率成像架构

接下来，详细介绍基于分层卷积特征的多尺度图像配准算法。由于系统中的两个探测器（即相机）存在较大的未知焦距差，因此宽视场图像 I_x 与高分辨率图像 I_y 之间会存在较大的尺度差。另外，这两个相机可能还会存在不同的白平衡参数，从而导致采集的两张图像具有不同的光谱构成。在这种情况下，已有的图像配准算法难以计算两张图像之间的对应变换关系。考虑到实际应用需要实时的计算效率，算法可采用深度学习技术进行上述多尺度图像配准。如图 3.2 所示，基于分层卷积特征的多尺度图像配准算法首先使用神经网络检测和构造两幅图像的特征点和相应的特征描述符。然后，采用双向特征点匹配方法生成高精度的特征点匹配对，用于计算两张输入图像之间的单应性变换矩阵。最后，将输入图像 I_y 与 I_x 对齐，并获得相应的位置转换关系。具体步骤如下。

（1）构造特征描述符

基于分层卷积特征的多尺度图像配准算法构建了一个卷积神经网络，用于构造两幅输入图像的特征描述符 [294]。该网络基于预训练的 DarkNet-19 目标检测网络 [295]，我们选择 DarkNet-19 网络的第 4 个、第 5 个和第 6 个池化层的输出构造特征描述符。这些不同网络层的输出可以覆盖不同大小的感知域，并且具有较强的通用性，从而使其对两幅输入图像之间未知的较大尺度差具有鲁棒性。详细的网络结构如图 3.2 所示，它由 9 个卷积层、6 个池化层和 3 个全连接层构成。卷积层使用大小为 3×3 的卷积核，池化层使用大小为 2×2 的核。经过每个卷积池化块后，特征图的大小减小为原来的 1/2，通道数量增加为原来的 2 倍。该网络为每 16×16 像素块生成一个特征点。然后，由这些中间层输出来生成特征描述符，包括来自第 4 个、第 5 个和第 6 个池化层的 F1、F2 和 F3 类特征描述符，其中每个 F1 类特征描述符由一个特征点生成，每个 F2 类特征描述符由 4 个特征点组成，每个 F3 类特征描述符由 16 个特征点组成。

由于该网络仅包含卷积层和全连接层而无须使用跨层连接 [78]，因此可以保持较高的运行效率。此外，输入图像的大小可以任意设置，只要求其高度和宽度是 32 的倍数即可。为了获得足够的感知域 [296] 并且避免不必要的计算，我们将输入图像的大小调整为 448×448 像素。另外，由于 DarkNet-19 网络已经使用不同图像数据集进行了大规模训练，因此其卷积核对各种场景的特征提取具有较强的适应性。

（2）计算特征点距离矩阵

在输入图像大小为 448×448 像素、特征点提取块大小为 16×16 像素的情况下，上述网络一共可以生成 784 个 128 维的 F1 类描述符、196 个 256 维的 F2 类特征描述符以及 49 个 512 维的 F3 类特征描述符。特征点距离矩阵使用两张图像对应类别的特征描述符分别计算。在此，定义两个特征点 x 和 y 之间的特征距离为 3 类特征距离值的加权和：

$$d(x,y) = 2d_1(x,y) + \sqrt{2}d_2(x,y) + d_3(x,y) \tag{3.1}$$

其中，不同类别特征描述符距离值前的权重是用于平衡其不同的尺度差异。每个分量距离值定义为特征描述符 $D_i(x)$ 和 $D_i(y)$ 之间的欧几里得距离：

$$d_i(x,y) = \text{Euclidean}(D_i(x), D_i(y)) \tag{3.2}$$

两幅输入图像的 F1 类特征描述符大小均为 784×128，经上述计算生成 784×784 的特征点距离矩阵。在计算特征点距离矩阵时，我们引入角点先验信息以加快计算速度，即首先对两幅图像分别使用 Harris 角点检测 [297] 获得角点的坐标信息，接着将角点坐标先验信息用于特征点距离矩阵的计算中，即只计算角点特征点的距离。两幅输入图像的 F2 类特征描述符大小均为 196×256，经计算生成 196×196 的特征点距离矩阵；F3 类特征描述符大小均为 49×512，经计算生成 49×49 的特征点距离矩阵。然后，将 196×196 和 49×49 的特征点距离矩阵上采样为 784×784 的特征点距离矩阵，最后通过式（3.1）将 3 个特征点距离矩阵融合为一个 784×784 的特征点距离矩阵，如图 3.2 所示。

（3）双向特征点匹配

为了提高特征点匹配的精度、提升鲁棒性，基于分层卷积特征的多尺度图像配准算法采用了双向特征点匹配策略，不但逐一用 I_x 中的特征点搜索 I_y 中与之匹配的特征点，也逐一用 I_y 的特征点搜索 I_x 中与之匹配的特征点。算法 3.1 展示了特征点匹配流程：将两个特征点分别表示为 x 和 y，并定义匹配阈值 θ，选取 128 个具有最高匹配精度的特征点对。基于此流程，通过双向特征点匹配可以获得两组特征点匹配对。然后，我们将这两个集合的交集作为最终的特征点匹配对，用于计算两幅输入图像之间的单应性变换矩阵[298]。单应性变换矩阵是一个 3×3 的矩阵，以最小二乘方法计算得到。我们使用 RANSAC 算法[299] 进行求解，以去除低精度特征点对结果的影响，使配准结果更加准确。使用单应性变换矩阵可以将一幅图像中的像素坐标映射到另一图像中相应的像素坐标，最终得到动态相机的坐标 y。

算法 3.1 基于分层卷积特征的多尺度图像配准算法

输入：分别从两幅输入图像中提取的特征点集 X、Y。

过程：

1: 根据式（3.1）计算两个特征点之间的距离；

2: **for** i **in** 特征点集 X 中的每一个点 x **do**

3:     **for** j **in** 特征点集 Y 中的每一个点 y **do**

4:         $\text{dis}_{i,j} = d(x_i, y_j)$;

5:     **end for**

6:     $\text{sort}(\text{dis})$;

7:     $\theta_i = \text{dis}_2/\text{dis}_1$;

8: **end for**

9: $\theta_{\max} = \text{MAX}(\theta)$;

10: $\text{Count} = 0$;

11: **while** $\text{Count} <= 128$ **do**

12:     $\theta_{\max} = \theta_{\max} - 0.01$;

13:     **for** θ_i **in** θ **do**

14:         **if** $\theta_i > \theta_{\max}$ **then**

15:             $\text{Count} = \text{Count} + 1$;

16:         **end if**

17:     **end for**

18: **end while**

输出：具有大于 $\theta_{\max}$ 的 θ 值的所有特征点匹配点集。

---

4. 实验验证

下面通过仿真实验和真实实验来验证本节介绍的宽视场高分辨率成像架构的有效性。首先，基于公共数据集 SUIRD[300] 和 OSCD[301] 测试基于分层卷积特征的多尺度图像配准算法，以检验其配准精度。SUIRD 数据集包括 60 对图像，这些图像对之间具有不同的视角，互相之间具有一定的视场重叠，并包含图像畸变。OSCD 数据集包含在不同时间拍摄的 24 对相同位置的卫星遥感图像。作为对比，该实验还测试了多种传统图像配准算法,包括 SIFT[302]、ORB[286]、AKAZE[285]、TFeat[291]、HardNet[293] 和 Super-point[303]。前 3 种算法基于特征点匹配,后 3 种算法基于深度学习。TFeat 算法和 HardNet 算法中的神经网络均基于孪生网络构建,以生成用于图像配准的准确特征描述符;Super-point 算法以自监督的方式同时提取特征点并计算特征描述符。

(1)多尺度特征点匹配精度测试

为了验证基于分层卷积特征的多尺度图像配准算法对于不同尺度差的鲁棒性,使用两个数据集中的每幅图像合成不同尺度的相应图像副本,其尺度差为 16、64 和 256。由于特征点匹配是图像配准过程中最重要的步骤,因此使用特征点匹配精度来量化算法的配准性能。将正确的特征匹配对表示为 TP,错误的特征匹配对表示为 FP,定义 TPR 为特征匹配精度的量化指标:

$$TPR = \frac{TP}{TP + FP} \tag{3.3}$$

不同算法的配准结果展示在表 3.1 中,对应的可视化结果如图 3.3 所示。

表 3.1 不同多尺度图像配准算法的特征点匹配精度和运行时间

算法	16		64		256	
	TPR	时间(s)	TPR	时间(s)	TPR	时间(s)
SIFT	87.67	0.61	61.89	0.55	29.44	0.60
ORB	90.52	0.62	66.30	0.28	10.71	0.26
AKAZE	89.01	0.48	51.87	0.47	12.85	0.48
TFeat	49.84	0.65	22.14	0.68	0	0
HardNet	91.39	2.01	74.37	1.92	31.02	1.62
Super-point	90.44	1.79	61.57	1.88	35.31	1.76
算法 3.1	**99.89**	**0.27**	**97.30**	**0.18**	**77.06**	**0.25**

从表 3.1 可以看出,基于分层卷积特征的多尺度配准算法的性能优于现有其他技术。当两幅输入图像之间的尺度差异较大时,该算法的性能优势更加明显。TFeat 算法由于网络规模小、深度浅,因此配准精度较差。尽管它比 HardNet 算法和 Super-point 算法速度快,但是其难以从输入图像中提取准确的特征描述符,尤其是当输入图像的尺度存在较大差异时。在 3 种传统的特征点匹配算法中,当输入图像尺度差较小时,ORB 算法获得的精度更高;当尺度差异增大时,SIFT 算法比其他两种算法具有更好的适应性;当尺度差达到某个量级(如 256 倍)时,上述所有传统算法都难以搜索到精确的特征匹配对,而基于分层卷积特征的多尺度图像配准算法仍然可以输出较高的配准精度。例如,图 3.3 中两幅输入图像之间的尺度差为 64 倍,图中黄线标记的是正确的特征点匹配对,蓝线标记的是错误的特征点匹配对。图 3.3 中的可视化结果清楚地展示了基于分层卷积特征的多

尺度图像配准算法与传统算法的特征点匹配性能对比，可以看出，前者能够在不同尺度搜索到更多精确的特征点匹配对。

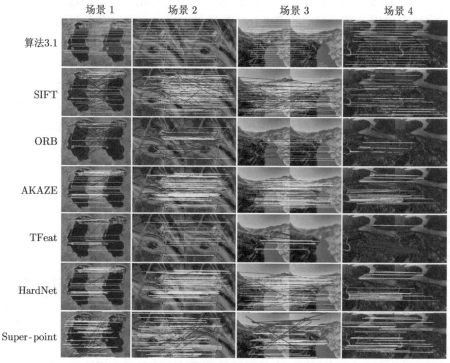

图 3.3　多尺度特征点匹配精度测试的可视化结果

（2）算法适应性测试

在实际应用中，系统中两个独立的相机会存在不同的白平衡参数，这会导致采集的两幅图像之间具有光谱差异。为了测试上述算法对不同白平衡参数的适应性，我们通过颜色通道分离来合成不同光谱的图像对，并使用上述算法计算其特征匹配精度。定量结果展示在表 3.2 中，可视化结果如图 3.4 所示。

表 3.2　不同尺度差下不同光谱图像配准结果

算法	16 倍尺度差	64 倍尺度差	256 倍尺度差
SIFT	59.61	32.93	13.83
ORB	43.26	22.38	5.29
AKAZE	85.17	63.18	22.04
TFeat	9.99	3.61	1.04
HardNet	73.83	55.73	20.02
Super-point	67.27	42.62	26.48
算法 3.1	**90.71**	**69.34**	**44.62**

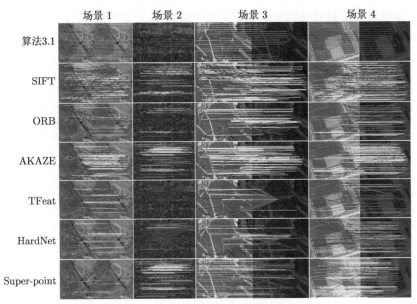

图 3.4 算法适应性测试的可视化结果

图 3.4 中，所有输入图片的尺度差为 16 倍。场景 1 和场景 2 来自 OSCD 数据集，包含在不同时间拍摄的图像，模拟了白平衡稍有差异的情况。场景 3 和场景 4 来自 SUIRD 数据集，对其中一幅图像进行光谱通道拆分，用于模拟极端白平衡差异下的情况。图中黄线标记的是正确的特征点匹配对，红线标记的是错误的特征点匹配对。由图 3.4 可见，不同方法的性能比较结果与表 3.1 中的实验结果类似，即算法 3.1 具有最优的配准性能。TFeat 算法精度最低；AKAZE 算法得益于其非线性计算空间，当输入图像的光谱发生变化时，该非线性计算空间可保留更多的图像细节信息，使得其在传统算法中表现最好。

（3）真实实验

为了验证本节介绍的新型宽视场高分辨率成像架构在实际应用中的有效性，我们根据图 3.1 所示架构搭建了一套宽视场高分辨率智能成像原型验证系统。该系统搭载了 JAI GO-5000 相机，并搭配 LM6HC 镜头（焦距为 6mm）用以采集视场角为 120° 的宽视场图像。另外，该系统还搭载了 Foxtech Seeker10 两轴旋转相机，用以采集具有 0.45mrad 瞬时视场的高分辨率图像（焦距达 49mm）。系统集成了 NVIDIA TX2 开发处理平台和 Jetpack3.3 版本系统，用于相机动态控制以及图像采集控制。上述硬件集成装配在一个 3D 打印的 PLA 材质外壳中。

首先，使用上述原型验证系统进行地面实验。在校园中随机选择一个场景，并选择车牌、垃圾箱、街灯和花坛这 4 个目标区域。使用静态参考相机拍摄宽视场图像，并使用动态相机分别采集目标区域的实时高分辨率图像，如图 3.5 所示。由结果可见，由于分辨率受限，宽视场图像的细节较为模糊，而该系统可大幅度提升这些目标区域的分辨率。该系统产生的数据总量比常规大规模相机阵列要少得多，从而减轻了数据存储、传输和处理的压力。

图 3.5　原型验证系统在地面平台上的实验结果

　　然后，进行载重有限的空基平台实验。将该系统装配在大疆 M300 RTK 无人机上，并搭配 4500mAh 11.1V 和 3000mAh 18.5V 的锂电池各一个，其中前者经过稳压模块后输出两个相机所需的 12V 直流电，后者输出 NVIDIA TX2 开发处理平台所需的 19V 直流电。该系统可以在无人机飞行期间实时、连续地对目标区域进行高分辨率成像（10f/s）。在无人机沿着轨道线路飞行的过程中，无论无人机如何抖动，参考相机都能保证采集的宽视场图像始终包含目标轨道；而高分辨率相机拍摄到了高分辨率的轨道图像，如图 3.6 所示。由此，该实验验证了所搭建系统能够应用于载重有限的无人机平台。

图 3.6　原型验证系统在空基平台上的实验结果

5. 总结与讨论

本节介绍了一种基于自然场景稀疏先验统计特性的新型宽视场高分辨率成像架构。与传统的亿像素级宽视场成像架构相比，该架构在保证几乎相同的 120° 宽视场和 0.45mrad 瞬时视场高分辨率的同时，将采集数据量从亿像素级有效降低到了百万像素级。该架构仅包含两个探测器，成本较低，并且质量仅为 1181g。

为了在宽视场参考图像中自动定位目标区域以进行连续且鲁棒的高分辨率成像，本节还介绍了一种基于分层卷积特征的多尺度图像配准算法。该算法克服了传统图像配准算法难以处理两幅输入图像之间存在较大尺度差和白平衡差异的问题。在不同尺度差和白平衡差异的情况下，一系列仿真实验验证了本节介绍的算法比传统算法的特征匹配精度更高；地基和空基真实实验均验证了这种新型成像架构的有效性，并展示了其在实际应用中的巨大潜力。

3.2　频谱扩域

根据傅里叶光学理论 [10,11]，光学系统能够获取的目标场景空间频谱大小决定了其光学成像分辨率：获取的空间频谱范围越大，光学成像分辨率越高，反之亦然。因此，高效扩展成像系统的频谱采集范围是提高其分辨率的根本途径。本节分别从单像素探测和阵列探测两个方面介绍频谱扩域的计算成像理论和方法。

3.2.1　单像素探测

根据奈奎斯特采样理论，传统 SPI 技术需要较多的照明编码次数和较高的计算复杂度来扩展成像频谱，从而提升成像分辨率。针对此问题，本小节介绍一种重要性统计稀疏采样的计算光照方法，可在实现同等范围频谱扩域的同时，将采集数据量降低两个数量级。

1. 技术背景

传统 SPI 技术需要变换不同的照明编码来重建场景，这会耗费较多的采集时间 [304]。从原理上分析，照明编码多的问题是由其所采用的随机编码模式造成的。具体来讲，随机编码对目标场景的信息进行随机且均匀的采样。根据奈奎斯特采样定理，SPI 至少需要进行 N 次测量（N 种照明编码）以重建包含 N 个像素的图像。另外，在实际应用中，SPI 需要更多的测量数据来消除系统噪声和来自其他外部因素的影响。例如，英国格拉斯哥大学的孙宝清博士等人使用了大约 10^6 个照明编码（20 倍的图像像素）来重建 256×192 像素的图像，并将其用于随后的 3D 成像重建。虽然可以使用压缩感知（Compressive Sensing，CS）技术 [21]

来减少照明编码，但这大大增加了算法的计算复杂度[22]。暨南大学的张子邦等人在 2015 年提出的 SPI 技术 [111] 不使用随机编码照明，而是使用正弦调制照明，实现对场景在傅里叶域中的空间频谱信息进行采样。具体来说，该技术依次使用 4 个具有相同空间频率的 $\pi/2$ 相位偏移编码来对场景的空间频谱的每个空间频率进行采样。与传统的 SPI 技术相比，虽然该技术可以节省大量的照明编码和采集时间，但是仍需要至少两倍于重建信号数量的测量数据。

已有统计数据 [305] 表明，自然图像的大部分信息都集中在低空间频带上，并且其空间频谱在傅里叶域中表现出较强的稀疏性，如图 3.7（a）所示。基于此，本小节介绍一种高效的 SPI（Efficient Single-pixel Imaging, eSPI）方法，它利用自然图像空间频谱的稀疏性和对称共轭性，实现了高效率、低计算成本的快速 SPI。需要注意的是，eSPI 和张子邦等人提出的 SPI 技术 [111] 具有两方面的不同：一是利用自然图像空间频谱的稀疏性，eSPI 在傅里叶域中实现重要性非均匀采样，即 eSPI 不会将所有的傅里叶系数全部采样；二是将自然图像的空间频谱的中心对称共轭特性融入编码策略中，对于每个频率，eSPI 只需两个正弦照明编码，而不是文献 [111] 中的 4 个。接下来对 eSPI 进行详细介绍。

2. 技术原理

eSPI 的第一步是确定在傅里叶空间频域中的采集频带，即确定对哪些空间频谱系数进行采样。通过对自然场景的空间频谱进行统计分析，可以相应地确定频谱采样的优先级。我们将 USC-SIPI miscellaneous 数据集 [61] 中的所有 44 幅自然图像转换到傅里叶域，并计算其空间频谱平均幅值图，如图 3.7（b）所示。然后，对其幅值进行阈值截断，得到所需的不同频谱保留比例下的采样频带，结果也展示在图 3.7（b）中，其中白色区域代表在对应的频谱保留比例下，eSPI 在傅里叶域中需要采集的空间频带。

基于上述空间频谱的统计结果，可以通过根据具体应用设置不同的频谱保留比例来确定需要采集的频带。较高的频谱保留比例会得到较宽的采集频带和较多的图像细节，但也需要较多的照明编码。为了进一步研究频谱保留比例和重建误差之间的关系，对上述数据集中的每幅图像进行不同频谱保留比例下的空间频谱采样，并将其转换回空域，使用 RMSE 作为定量指标来计算重建误差。RMSE 定义为 $\sqrt{\mathrm{E}((I_1 - I_2)^2)}$，用于衡量两张图片 I_1 和 I_2 的差别，其中 $\mathrm{E}(\cdot)$ 是逐像素求平均运算符。所有图片的平均重建 RMSE 结果绘制为图 3.7（c）中的黑色实线，其中几个示例图像的重建误差使用虚线绘制。结果表明，尽管不同的图像的重建结果有所区别，但它们均遵循相同的趋势，即频谱保留比例增加时重建误差减小。

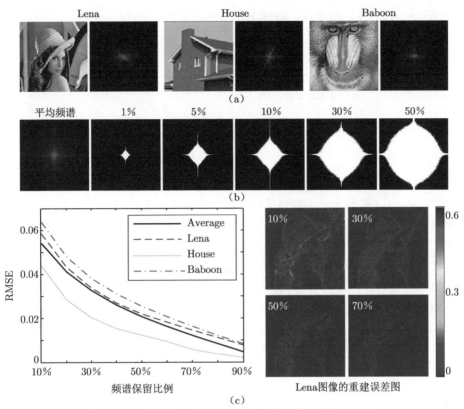

图 3.7　自然图像在傅里叶域的空间频谱的特性统计研究
（a）示例自然图像及其空间频谱　（b）USC-SIPI miscellaneous 数据集中所有图像的空间频
谱平均幅值以及不同频谱保留比例下的采样频带　（c）重建误差与频谱保留比例之间的关系

在确定了需要采集的空间频带之后，eSPI 的第二步为对选定频带中的每个空间频谱系数进行采样。基于实数域自然图像的空间频谱的中心对称共轭性质，eSPI 设计了两步正弦光照调制方法。根据傅里叶变换理论，二维图像 $\boldsymbol{I}$ 可以表示为 $\boldsymbol{I} = \sum_i c_i \boldsymbol{B}_i$，其中 $\boldsymbol{B}_i$ 是第 i 个傅里叶基，c_i 是其傅里叶系数。同样地，对照明编码 $\boldsymbol{P}$ 进行傅里叶变换，得到 $\boldsymbol{P} = \sum_j \hat{c}_j \boldsymbol{B}_j$。因此在 eSPI 中，对应的单像素测量值 s 可以表示为

$$
\begin{aligned}
s &= \left| \sum_m \sum_n \boldsymbol{I}(m,n) \boldsymbol{P}(m,n) \right| \\
&= \left| \sum_m \sum_n \left[\sum_i c_i \boldsymbol{B}_i(m,n) \right] \left[\sum_j \hat{c}_j \boldsymbol{B}_j(m,n) \right] \right| \\
&= \left| \sum_i \sum_j c_i \hat{c}_j \left[\sum_m \sum_n \boldsymbol{B}_i(m,n) \boldsymbol{B}_j(m,n) \right] \right|
\end{aligned}
\tag{3.4}
$$

其中 (m, n) 为空域二维坐标。将傅里叶基的正交性

$$f(x) = \begin{cases} \sum\limits_m \sum\limits_n \boldsymbol{B}_i(m, n) \boldsymbol{B}_j(m, n) = 0, & i \neq j \\ \sum\limits_m \sum\limits_n \boldsymbol{B}_i(m, n) \boldsymbol{B}_j(m, n) = 1, & i = j \end{cases} \tag{3.5}$$

融入上述等式，可以得到

$$s = \left| \sum_j c_j \hat{c}_j \right| \tag{3.6}$$

其中，$\{\hat{c}_j\}$ 可以理解为一个频谱采样向量，作为采样系数对目标场景的空间频谱信息进行采集。因此，可以将 $\{\hat{c}_j\}$ 设置为一个冲击函数（向量中只有一个元素值为 1，其余元素值为 0），从而直接得到对应空间频率的傅里叶系数。需要注意的是，此设置下对应的空域光照编码为复数。

然而，现实中的硬件设备只能编码实数域的正弦照明，因此每个正弦编码在其傅里叶域空间频谱中含有 3 个非零系数——2 个中心对称共轭的非零频率系数和 1 个零频率的系数。令 $c_1 = a_0 + jb_0$、$c_2 = a_0 - jb_0$ 以及 $c_3 = d_0$（j 为虚数单位）表示目标场景 I 在傅里叶域的 3 个非零频谱系数，$\hat{c}_1 = a_1 + jb_1$、$\hat{c}_2 = a_1 - jb_1$ 以及 $\hat{c}_3 = d_1$ 表示正弦编码 $\boldsymbol{P}$ 的对应系数，可以得到

$$\begin{aligned} s &= |c_1 \hat{c}_1 + c_2 \hat{c}_2 + c_3 \hat{c}_3| \\ &= |(a_0 + jb_0)(a_1 + jb_1) + (a_0 - jb_0)(a_1 - jb_1) + d_0 d_1| \\ &= 2(a_0 a_1 - b_0 b_1) + d_0 d_1 \end{aligned} \tag{3.7}$$

图 3.8 为上述模型的形象化展示。需要注意的是，如果图像的像素数是偶数，根据离散傅里叶变换的对称性，则最高空间频率不存在相应的中心对称性质，即最高频率不能形成共轭频率对。

基于上述推导，获取空间频谱系数就转化为了计算 a_0 和 b_0，其中已知 s、a_1、b_1 和 d_1。为了实现这个目标，需将 3 种编码照明依次投射到目标场景上。第一种是均一灰度调制，其照明强度恒定等于 $\boldsymbol{P}$ 的平均像素值，对应的测量值为 $d_0 d_1$；另外两种编码照明为正弦调制，其傅里叶系数分别为 $\{a_1 = 1/2, b_1 = 0, d_1 = 1\}$ 和 $\{a_1 = 0, b_1 = 0.5, d_1 = 1\}$。为了得到 a_0 和 b_0，只需从对应的测量值中减去 $d_0 d_1$ 即可。

按照上述方法，通过顺序地投影相应频率的正弦图案（对于所有频率仅需一次均匀调制照明），可得到所需频带的所有空间频谱系数。然后，通过对得到的空间频谱进行傅里叶逆变换，即可恢复重建目标场景。

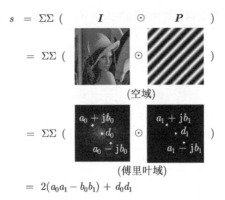

$$s = \Sigma\Sigma(\quad I \quad \odot \quad P \quad)$$

（空域）

（傅里叶域）

$$= 2(a_0a_1 - b_0b_1) + d_0d_1$$

图 3.8　正弦编码照明下单像素测量值中的编码信息示意图

3. 实验验证

接下来，分别进行仿真实验和真实实验，以验证 eSPI 技术的有效性，并比较其与传统 SPI 的成像性能。在仿真实验中，分别使用 128×128 像素和 256×256 像素的 Lena 图像作为目标场景图像，并根据式（3.4）模拟合成采集数据。频谱保留比例分别设为 0.1 和 0.3（相应的采集频带展示于图 3.7（b）中的第 4 张和第 5 张子图）。重建算法运行在一台配置为 Intel Core i7 处理器（3.6GHz）、16GB 内存和 64 位 Windows 7 系统的计算机上。用于对比重建性能的重建算法包括基于线性相关的重建算法 [18,19] 和基于压缩感知技术 [15] 的重建算法。重建结果展示在图 3.9 和表 3.3 中。在图 3.9 中，R、R_s、S、Linear 以及 CS 分别表示随机编码、与 eSPI 最高空间频率相同的随机编码、正弦编码、线性相关重建算法以及压缩感知重建算法。需要注意的是，图表中没有展示"S+Linear"的结果，这是因为 eSPI 重建（即傅里叶逆变换）本质上是傅里叶基的线性组合，这和采用正弦编码照明时的线性相关重建本质上是相同的。在表 3.3 中，符号"×"表示该算法的计算超出内存，无法进行重建。

图 3.9　不同 SPI 算法的重建结果对比

表 3.3　不同频谱保留比例和图像大小下的不同 SPI 算法的定量比较

像素	算法组合	频谱保留 10%		频谱保留 30%	
		RMSE	时间	RMSE	时间
128×128	R+Linear	0.215	2s	0.191	6s
	R+CS	0.115	68min	0.042	92min
	R_s+Linear	0.203	2s	0.187	6s
	R_s+CS	0.075	68min	0.041	91min
	S+CS	0.066	67min	**0.037**	92min
	eSPI	**0.061**	**1s**	0.044	**3s**
256×256	R+Linear	0.211	9s	0.188	26s
	R+CS	×	×	×	×
	R_s+Linear	0.205	9s	0.186	25s
	R_s+CS	×	×	×	×
	S+CS	×	×	×	×
	eSPI	**0.035**	**3s**	**0.014**	**8s**

　　分析视觉和定量两方面结果，eSPI 在不同频谱保留比例和不同图像大小下均可重建得到优于传统方法的场景图像，且所需计算资源最少。因此可以得出结论：eSPI 在采集效率和重建质量方面优于传统 SPI 技术。这些优势来自于 eSPI 中的重要性稀疏信息编码方法。对于传统 SPI 技术，随机编码的空间频谱也是随机的，对场景的所有频谱信息不加区分地进行随机采样和复用。因此，传统的 SPI 技术无法采用重要性采样策略，需要较多的照明编码来进行信息复用和重建。不同的是，eSPI 中的每个正弦编码只编码目标场景的空间频谱的单一空间频谱系数对。基于此，eSPI 只采样信息量最高的频带，因此效率更高。需要注意的是，虽然压缩感知 CS 方法在使用正弦编码时能够得到和 eSPI 相同的高质量重建结果，但它需要消耗更多的运行时间和内存。特别是当图像尺寸非常大时，CS 方法不再有效。这是因为 CS 方法将单像素重建建模为一个病态重建问题，需要在迭代优化框架下消耗大量内存和时间进行计算。而 eSPI 是基于线性相关的重建，不包含复杂的计算，因此重建速度更快，更加节省内存。

　　eSPI 原型采集系统结构设计如图 3.10（a）所示。该系统主要由可编码照明模块和数据采集模块两部分组成。编码照明部分包括光源和 DMD（Texas Instrument DLP Discovery 4100 Development Kit .7XGA）。照明编码使用 DMD 的 8 位模式生成，帧率设为 30Hz，每个照明编码具有 128×128 像素。目标场景使用一个打印的透射胶片（34mm×34mm）。数据采集模块包含一个 14 位采集板（ART PCI8514）和一个光电转换器（Thorlabs DET100 硅光电二极管，340 ~ 1100nm）。

采样率设置为 10kHz。照明编码和数据采集使用索津莉等人 [63] 提出的自同步技术来同步。对于每个照明编码，将其所有稳定测量值进行平均，作为该照明编码的单像素测量值。采集频带的频谱保留比例设为 10%，共计 1635 个照明编码。

　　两个不同目标场景的重建结果如图 3.10（b）所示。可以看到，10% 的频谱保留比例已经足够得出高质量的重建结果。和英国格拉斯哥大学的孙宝清博士等人在文献 [26] 中的采集数据量对比，其所需的照明编码个数为像素数量的 20 倍，而 eSPI 可以将照明编码减少两个数量级。需要注意的是，图 3.10（b）所示的重建图像中存在一些畸变伪影。这可能是由多种因素引起的，包括胶片反光、光强抖动（电压不稳）、环境光、DMD 调制偏差、探测器的热噪声等。未来需要进一步通过改进实验环境和成像元件来解决上述问题，并实现对噪声鲁棒的重建技术。

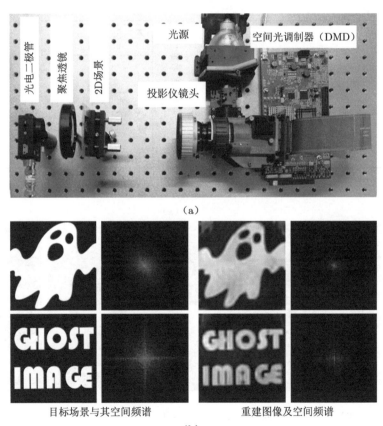

（a）

（b）

图 3.10　eSPI 原型采集系统及真实实验结果

（a）eSPI 原型采集系统　　（b）eSPI 真实实验结果

由于采用了重要性采样策略，eSPI 在高分辨率成像应用中拥有更多优势，因为高分辨率图像在傅里叶域的空间频谱更加稀疏。为了证明这一点，我们将 Barcelona Calibrated 图像数据库[306] 中的所有 322 张自然图像（每幅图像包含 2268×1512 像素）下采样到不同的图像尺寸，并在不同的频谱保留比例下对其空间频谱进行采样。然后，将采样后的空间频谱通过傅里叶变换转换到空域，并使用 RMSE 和 SSIM[172] 对重建质量进行量化分析。SSIM 测量两张图像之间的结构相似性，并综合了强度、对比度的比较，值域范围为 $0 \sim 1$，数值越大意味着两张图像的强度、对比度和结构越相似。如图 3.11（a）所示，对于相同的重建质量，所需照明编码数量的增长速度慢于像素数量的增长速度。这意味着对于高分辨率成像，线性增长的照明编码数量是不必要的。具体而言，大约 10^5 个照明编码就足以重建具有较好视觉质量的百万像素级图像，如图 3.11（b）所示。

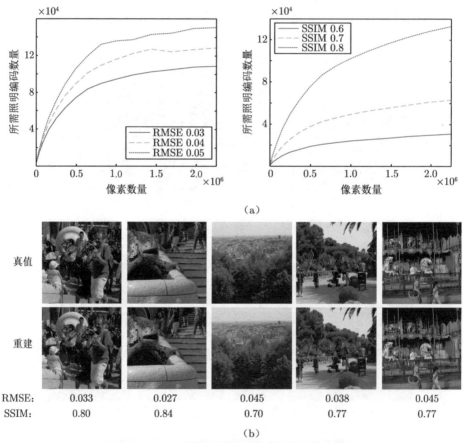

图 3.11　eSPI 在高分辨率成像方面的优势示意图
（a）在重建质量相同的前提下，不同图像尺寸所需的照明编码数量
（b）使用 10^5 个采集值的百万像素级重建图像示例

4. 总结与讨论

eSPI 可以进行广泛的扩展。由于 SPI 的数据生成模型 [式（3.4）] 是线性的，可以引入复用方法 [108] 来进一步减少采集数据以及提高重建图像的信噪比。此外，可以引入 AFP[307] 方法中的内容自适应采样策略来进一步提高采样效率。另外，除了傅里叶变换，还存在许多其他的图像表示方法，例如离散余弦变换等。可以将这些生成方法应用于 eSPI 采样框架，研究各种生成方法的优点和缺点。更重要的是，由于所需的照明编码数量大大减少，eSPI 为实时 SPI 提供了有前景的可能性。

3.2.2　阵列探测

傅里叶叠层成像 [11,308]（Fourier Ptychography，FP）是由加州理工学院的郑国安博士等人在 2013 年提出的一种高分辨率成像技术。该技术使用阵列探测顺序采集目标场景的不同子频谱信息，并进一步将其拼接重建，从而获得更大范围的空间频谱，用于提升成像分辨率。该方法的主要步骤如下。

（1）采用不同入射角度的平行单色空间相干光照射观测场景，并分别采集对应角度下的场景图像。这些不同入射角度下的低分辨率图像对应于场景在空间频域不同坐标的频谱信息。

（2）利用相位恢复（Phase Retrieval，PR）方法将这些低分辨率图像在空间频域拼接在一起，并恢复相位信息，得到高分辨率的场景空间频谱信息。

（3）对重建的空间频谱做傅里叶逆变换，即可得到高分辨率图像。

该方法不需要机械部件移动，因此系统实现较为简单，并且可以提供比结构光照明显微成像（Structured Illumination Microscopy，SIM）更高倍率的分辨率提升。其缺点是需要采集多张图像，因此成像速度较慢，难以实现动态成像观测。

为了提高 FP 的图像采集效率，本小节基于自然图像空间频谱的稀疏性、径向连续性以及方向性的分布规律，介绍一种场景内容自适应稀疏采样的计算光照方法，称为自适应光照傅里叶叠层成像（Adaptive Fourier Ptychography，AFP）。该方法将自适应照明应用于采集样本空间频谱中信息量较大的部分，利用高维数据的统计稀疏特性，减少冗余信息的采集，从而实现减少采集图像数量的目的。实验结果表明，AFP 方法可以有效地将传统 FP 的数据采集量减少约 60%。

将公开的自然图片数据集（包括宏观图片数据集 USC-SIPI common miscellaneous[61]，以及显微图片数据集肺部切片和血细胞 [309]）中的图片变换到傅里叶域，用于统计研究自然图片在傅里叶域的空间频谱稀疏性 [305]。对变换得到的空间频谱进行幅值阈值化，将幅值低于所设阈值的频率点系数设为 0。最后将阈值化后的空间频谱变换到空域，并计算恢复得到的图片和原图片之间的 RMSE。

傅里叶域空间频谱的保留比例和空域重建误差的统计关系以曲线的形式展示在图 3.12 中，其中左图列出了 3 张示例图片，分别为 USC-SIPI 图像集中的 Lena 图片、肺组织图片以及血细胞图片；右图展示了这 3 张图片在傅里叶域空间频谱的保留比例和空域重建均方根误差的统计关系。同时，Lena 图片在不同空间频谱保留比例下的重建误差图片也展示在右图中。从图中结果可以看到：

（1）自然图像在傅里叶域的空间频谱是稀疏的，信息相对集中在低频（空间频谱中心）区域，保留约 20% 的空间频谱即可得到 RMSE < 0.01 的高质量重建图片；

（2）自然图像除了显著的空间频谱稀疏性，也存在较强的频谱方向性及径向幅值单调递减特性（从低频区域到高频区域），且空间频谱方向性和空域的图像结构相关。

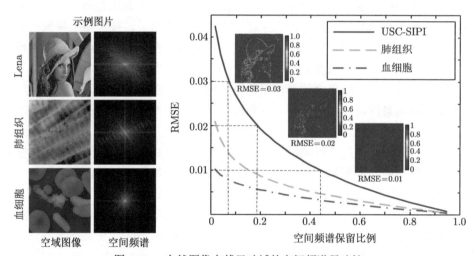

图 3.12　自然图像在傅里叶域的空间频谱稀疏性

AFP 方法的框架如图 3.13 所示，其中 $x-y$ 坐标系和 $u-v$ 坐标系分别描述图像的空域和傅里叶域。首先，对需要重建的高分辨率图片及其空间频谱进行初始化。在此，将其空间频谱初始化为垂直入射光照射下采集到的低分辨率图片的空间频谱（高频补零），并将其变换到空域，得到初始化的高分辨率图片。然后，以环形的方式，从低频区域到高频区域依次对相应的各个子频谱进行是否采集及更新的判断。图 3.13 中的黄色圆环表示本轮需处理的多个子频谱区域，根据已有的部分频谱系数的幅值大小确定是否采集相应区域的图片；红色圆环表示该子频谱区域的部分已有系数幅值大于阈值，因此本子频谱对应的光照角度下的图片需要采集，并用其来迭代更新此子频谱区域。最终，使用通过上述内容自适应的采集方法采集得到的小数量低分辨率图片，迭代重建得到高质量的高分辨率图片。为了提高重建精度，上述重建过程可重复多次（实验结果表明约 3 轮迭代即可得到收敛结果），如图 3.13 中蓝色箭头所示。需要注意的是，确定是否采集子频谱只在第一轮迭代中进行判断。

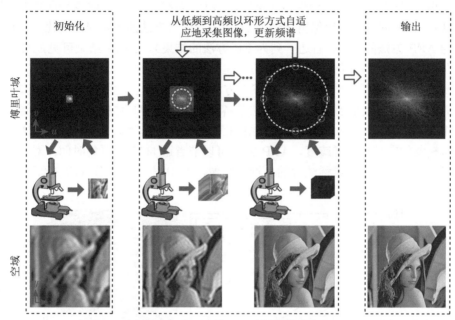

图 3.13　自适应傅里叶域拼接技术流程

设探测器的像素数为 d，满足奈奎斯特采样定律 $d \leqslant \lambda/2\mathrm{NA}$[11]（$\lambda$ 为入射光波长，NA 为显微物镜的数值孔径），子频谱位置及其对应的光照角度之间的关系为 [10]

$$\Delta u = \frac{dM}{\lambda}\sin(\theta_x) \quad \Delta v = \frac{dN}{\lambda}\sin(\theta_y) \tag{3.8}$$

其中，Δu 和 Δv 分别为子频谱相对于中心零频的偏移，M 和 N 为采集到的低分辨率图片的两个维度的像素数，θ_x 和 θ_y 为入射光相对于样本平面的入射角度。子频谱的大小为一个半径为 $(\mathrm{NA} \times 2\pi)/\lambda$ 的圆。

为了定量比较 AFP 方法和传统 FP 方法的优劣，分别将这两种方法应用于仿真数据上。仿真数据通过以下步骤进行合成：

（1）对已有高分辨率图片进行傅里叶变换，得到其傅里叶域的空间频谱；

（2）根据对应的光照角度，通过标准的圆形光阑函数选取高分辨率空间频谱中的子频谱区域；

（3）将子频谱区域移至中心低频位置，并对其做傅里叶逆变换，去除相位信息，得到仿真的低分辨率拍摄图片。

在仿真实验中，低分辨率图片的像素数设为高分辨率图片的 1/10，子频谱之间的重叠比例为 65%[11]，重建迭代次数设为 5，空间频域保留比例从 5% 到 70% 逐步递增。两种方法的重建结果展示于图 3.14 中，图 3.14（a）展示在不同场景（不同颜色曲线）、不同频谱保留比例下，AFP（实线）和 FP（虚线）的重建误差；图 3.14（b）展示在频谱保留比例为 25% 时，两种方法的重建误差对比（左边一列为 AFP 方法的结果，右边一列为 FP 方法的结果）。由图中结果可见，AFP 方法在相同频谱保留比例下具有更小的重建误差。即在相同重建精度下，AFP 方法需要更少的采集图片数量，说明 AFP 方法可以保留更多的图像细节以及具有更少的噪声。需要指出的是，AFP 方法节省的采集时间和具体样本的空间频谱稀疏度相关。对于图中所示的 Lena 和肺组织图像，因其具有相对复杂的图像结构，即相对较低的空间频谱稀疏度，AFP 方法可以节省逾 50% 的采集时间；对于图中所示具有较高空间频谱稀疏度的血细胞图像，AFP 方法可以节省约 30% 的采集时间。

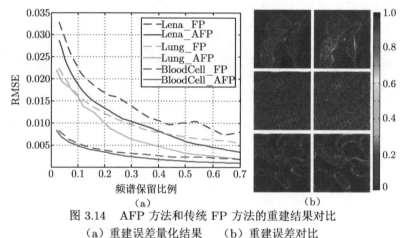

图 3.14　AFP 方法和传统 FP 方法的重建结果对比
（a）重建误差量化结果　　（b）重建误差对比

为了通过真实实验验证 AFP 方法的有效性，我们搭建了 AFP 计算成像系统，用于采集真实实验数据，如图 3.15（a）所示。该系统以一台 Olympus BX43 型显微镜为基础搭建而成，其光源被替换为 15×15 的 LED 阵列，以提供不同方向光照明。该系统的硬件参数类似于郑国安等人的实验[11]，使用放大倍数为 2 倍的物镜（NA=0.08），LED 阵列置于样本下方约 8cm 处，相邻 LED 横向间距为 4mm，使得空间频谱相邻子区域重叠部分为 65%，LED 中心波长 λ 为 632nm，采集到的低分辨率图片的像素大小为 $5.8/2 = 2.9\mu m$，小于所要求的奈奎斯特最大采样间隔 $\lambda/(2NA) = 3.95\mu m$。在每种光照角度下，分别采集不同曝光时间（0.005s、0.05s 和 0.5s）下的图片，并将它们融合成一张高动态范围图片，用于后续高分辨率重建。重建迭代次数设为 5。

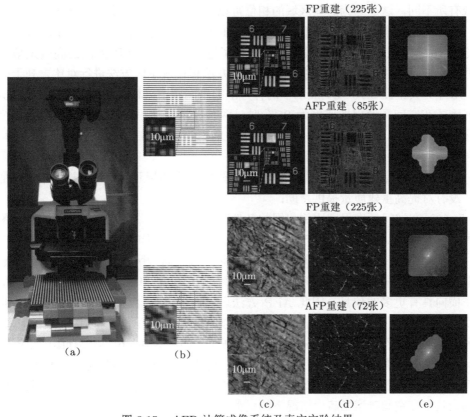

图 3.15　AFP 计算成像系统及真实实验结果
（a）采集系统　（b）采集数据　（c）重建幅值　（d）重建相位　（e）重建频谱

　　为了验证 AFP 方法对目标场景信息采集的准确性，实验选取内容细节较丰富的 USAF 分辨率板和鼠脑切片作为观测样本，以展示不同方法的重建结果的分辨率差异以及对鼠脑丰富组织结构的解析能力。使用上述系统在垂直入射光下采集到的低分辨率图片如图 3.15（b）所示。传统 FP 方法和 AFP 方法重建得到的结果如图 3.15（c）（d）和（e）所示，包括重建幅值、重建相位和重建频谱。作为输入的低分辨率采集图像为 100×100 像素，高分辨率重建图片的像素数设为低分辨率的 100 倍，即 1000×1000 像素。传统 FP 方法使用所有光照角度下采集的 225 张低分辨率图片进行重建，AFP 方法在空间频谱系数阈值设为 1.5×10^{-3} 时，分别使用 85 张和 72 张图片重建 USAF 分辨率板及鼠脑切片。由结果可见，AFP 方法可以在保证重建精度的前提下，有效减少采集图像数量。USAF 分辨率板的重建结果显示，AFP 方法使用 85 张采集图片可达到和传统 FP 方法使用 225 张采集图片相同的重建精度（第 9 组，第 3 个元素），即 AFP 方法节省了约 60% 的采集数量及时间。需要注意的是，两种方法重建出的相位图在幅值近似为 0 的区域有所不同，这是因为这些区域的相位可以为任意值而不改变幅值重建的精度。

上述仿真实验及真实实验均验证了 AFP 方法的有效性。和传统 FP 方法相比，AFP 方法可大大缩短采集时间。为了进一步阐述 AFP 方法的高效采集原理，我们将其在傅里叶域的空间频谱采样方法和传统 FP 方法进行对比，列于图3.16 中，其中图 3.16（a）展示了两种方法的空间频谱采样策略，图 3.16（b）（c）展示了在空间频谱保留比例为 25% 时，两种方法在傅里叶域的空间频谱采集位置及重建结果。如图 3.16（a）所示，传统 FP 方法以行扫描方式顺序地采集空间频谱的所有子区域。这样会造成两个问题：

（1）一些信息量小的低频谱区域（如图中"1"所标示的区域）被采集，但是并没有对提高重建质量提供帮助；

（2）在空间频谱保留比例相同的条件下，一些信息量大的高频谱区域（如图中"2"所标示的区域）没有被采集，对重建精度造成影响。

不同的是，AFP 方法在傅里叶域从低频区域到高频区域以环形方式自适应地逐步确定是否采集各子空间频谱区域。如图 3.16（b）和（c）所示，由于该场景在横向具有更多的信息，因此 AFP 方法可以通过内容自适应的策略采集更多的横向高频信息，同时将信息量少的纵向高频区域确定为不采集，以提高成像效率。另外，在低频区域一些信息量小的子空间频谱（如图 3.16（b）第二行图中红框所标示）也会被确定为不采集。总而言之，在高效的自适应采集思想下，AFP 方法仅采集具有重要信息的子频谱区域，从而节省了大量采集时间。这种高效采集在场景具有高空间频谱稀疏度情况下的优势更为凸显。

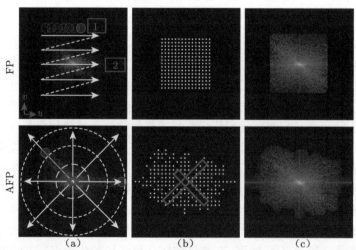

图 3.16　AFP 方法和传统 FP 方法在傅里叶域空间频谱采样的差异比较
（a）空间频谱采样策略　（b）空间频谱采集位置　（c）空间频谱重建结果

3.3 时域扩域

运动模糊图像可以看作曝光时间内多帧清晰图像在时间维度上的平均。由于现实中目标的运动状态较为复杂，从单张模糊图恢复多帧清晰图像是病态且困难的。本节介绍一种基于仿射运动模型的通用单曝光视频提取算法，能够处理多种复杂运动类型及其复合情况。该算法首先利用 alpha 分割技术分离运动目标与背景，得到模糊图的 alpha 通道分割图；然后，使用仿射模型对运动过程进行建模，在曝光时间内的各帧图像相当于参考清晰图像经过一系列仿射变换获得，同时引入 l_0 范数的 TV 正则化技术以消除伪影畸变。在优化求解过程中，该算法使用可微仿射变换算子实现仿射模型基于梯度下降方法的优化，并通过由粗略到精细的多分辨率优化策略进一步消除伪影畸变，提高图像重建精度。优化收敛后得到仿射运动参数和清晰的参考图像，最后即可重建多帧连续的清晰视频帧。该算法在原理上天然地规避了单曝光视频提取过程中可能会出现的时序混乱问题。在公开数据集和真实采集图像上的实验结果验证了该算法的有效性。

1. 技术背景

在采集图像和视频时，目标与相机之间的相对运动会造成运动模糊，使得图像质量下降 [310]。运动模糊图像是整个曝光时间内多帧清晰图在时间维度的平均 [311-313]，包含了目标纹理特征和运动信息。从一张运动模糊图恢复单张清晰图像（即去模糊）是一个病态问题 [310,314]。通常，去模糊算法将模糊图看作清晰图像与模糊核的卷积，并通过不同的方法恢复清晰图像与模糊核。近年来，基于深度学习的去模糊方法 [315] 能够提供更高的重建精度与更快的计算速度，然而现有大多数去模糊算法难以处理目标运动轨迹不在相机平面内的运动模糊问题 [316,317]。

运动模糊提供了运动目标在曝光时间内的运动信息，提取目标运动信息对于高速成像的许多应用场景是不可或缺的 [311-313,318]。因此，有必要找到一种方法从单张运动模糊图像中恢复清晰的视频序列，而非仅重建单张清晰图像。

从单张运动模糊图像提取清晰视频是一个挑战性难题，原因如下：

（1）单曝光视频提取所需要恢复的图像要比去模糊任务更多，病态性更强；

（2）视频帧之间可能存在时间次序混淆现象 [312]，任意顺序的多帧图像在时间维度上的平均都能生成相同的模糊图像；

（3）现实中存在多种运动状态，如旋转和深度方向的运动及其复合运动，这加大了恢复清晰图像的难度。

最近，部分研究试图解决此类单曝光视频提取问题 [311-313]，这些研究都基于深度学习方法，需要大规模运动数据集以训练深度神经网络。虽然基于深度学习的方法具有较高的推理效率，但是对不同类型运动的泛化性较弱。此外，还需要添加额外的约束以解决视频帧的时序混淆，这进一步增加了网络的复杂度。

本节介绍的基于仿射运动模型的通用单曝光视频提取算法，能够从单张运动模糊图像提取一系列清晰的视频帧，并能够处理多种类型的复杂运动。该算法的主要创新点如下。

（1）使用仿射变换对三维刚体运动进行建模，规避了传统卷积模型只能处理二维运动的限制。仿射运动模型不仅可以减少参数数量，还可以处理各种类型的复杂运动及其复合情况。

（2）引入了可求导仿射算子，以实现对仿射模型进行基于梯度下降的优化。此外，还使用了 l_0 范数 TV 正则化和从粗略到精细的增强策略来减少恢复图像中的伪影畸变并加速收敛。

（3）使用仿射运动参数对恢复的清晰参考图像进行逐步仿射变换，以生成清晰的视频帧。逐步仿射变换能够有效避免单曝光视频提取任务中遇到的帧时序混淆问题。

2. 相关工作

下面介绍盲去模糊、视频预测与单曝光视频提取 3 个方面的工作。

（1）盲去模糊

盲去模糊问题是过去几十年来受到广泛关注的研究重点，现有盲去模糊方法可以大致分为两类：贝叶斯方法[314]和深度学习方法[315]。贝叶斯方法通过建立模糊模型，利用图像的统计先验进行优化，包括高斯混合先验[319]、非信息统一先验[320]、超拉普拉斯先验[321]、非信息性的 Jefferys 先验[322]、暗通道先验[323]和三维模糊核先验[316]等。在所有的图像先验中，TV 是最常用来提高重建质量、消除伪影畸变的统计先验。金泰贤（Tae Hyun Kim）等人[324]利用 TV-l_1 正则化重建清晰图像和运动流，徐力等人[325]利用 l_0 范数的 TV 正则化进行去模糊，潘金山等人[326]提出了基于 l_0 范数的图像梯度先验，邵文泽等人[327]利用 l_0-l_2 范数联合正则化进一步提高了重建精度。

由于贝叶斯方法的运算速度较慢，基于深度学习的快速去模糊方法越来越受关注。使用大规模数据集训练神经网络得到的网络模型能够在维持较高推理效率的情况下得到更好的重建精度[328-331]。南盛俊（Seungjun Nah）等人[330]提出了一种多分辨率网络去除图像的动态模糊，李连汉（Lerenhan Li）等人[332]提出结合贝叶斯模型与深度图像先验以提高恢复图像质量和加快运算速度。另外，生成对抗网络被广泛应用在去模糊网络的训练中[328,329]。尽管上述深度学习方法具有很高的推理效率，但是对不同形式运动的泛化性较弱，实用性较差。

（2）视频预测

视频预测旨在由一帧或多帧图像推断更多的视频帧。尼蒂什·斯里瓦斯塔瓦（Nitish Srivastava）等人 [333] 提出了一种用于视频预测的无监督深度学习方法，引入基于长短时记忆（Long Short Term Memory，LSTM）的编解码器网络以生成未来帧。迈克尔·马修（Michael Mathieu）等人 [334] 根据多分辨率结构建立生成网络，利用生成对抗网络进行视频预测。维奥利卡·帕特劳科（Viorica Patraucean）等人 [335] 和切尔西·费恩（Chelsea Finn）等人 [336] 将空间变换器合并到网络中，使得网络能够处理逐像素变换而非全局一致变换。保林·卢克（Pauline Luc）等人 [337] 提出利用当前图像预测未来的语义分割图像。需要注意的是，单曝光视频提取不同于视频预测。尽管这两种任务的输出都是多张清晰视频帧，但是视频预测的输入是一帧或多帧清晰图像，而单曝光视频提取的输入是单张模糊图像。视频预测可以预测未来的图像，而单曝光视频提取则试图突破成像速度的限制以达到超快速成像。

（3）单曝光视频提取

金镁光等人 [312] 在 2018 年首次提出了单曝光视频提取任务，并训练了 4 个卷积神经网络，其中 1 个用于恢复中间帧，其余 3 个则用于重建时间维度对称的两帧，以此从单张模糊图像中恢复 7 帧清晰图像。库尔德普·普罗希特（Kuldeep Purohit）等人 [313] 通过将 LSTM 单元引入循环视频解码器中，由一个网络生成多张清晰视频帧，从而避免训练多个网络。古哈·巴拉克里希南（Guha Balakrishnan）等人 [311] 使用卷积网络首先获取先验运动特征，然后将其输入到解码网络中以恢复清晰的帧。尽管上述基于网络的方法具有较高的推理效率，但是它们对不同类型运动的泛化性较差。此外，还需要增加额外的正则化先验以解决时序混淆，这进一步增加了复杂度。

3. 技术原理

基于仿射变换运动模型的通用单曝光视频提取算法的流程如图 3.17 所示。对于单张输入模糊图像，该算法包含以下 4 个步骤来重建清晰的视频序列。

（1）图像软分割

考虑到一张图像中不同的目标物体可能具有不同的运动状态，该方法首先使用前景-背景分割方法将不同的运动对象与清晰的背景分离。分割后的图像可以表示为 $I = I_\alpha I_f + (1 - I_\alpha)I_b$，其中 I_α 为 alpha 通道图像，I_f 和 I_b 分别为前景图像和背景图像。软分割技术 [338] 的分割精度较高，并且对各种类型运动的泛化性较强，因此采用该算法进行分割，得到每个目标物体的 alpha 通道图像 I_α，其代表前景的透明度，取值范围为 $0 \sim 1$。

定义运动目标的二值掩模为 $M_i (i = 1 \rightarrow N)$，其中 N 是视频帧的数量。二值掩模确定了运动目标的形状和位置。alpha 通道图像可以看作所有二值掩模在时间维度上的平均，即 $I_\alpha = \frac{1}{N} \sum_1^N M_i$。在曝光时间内目标连续运动的假设下，中间帧的二值掩模可以通过直接对 alpha 通道图像进行二值化近似得到，而其他帧的二值掩模则可以通过对中间帧的二值掩模进行仿射变换得到。alpha 通道图像和二值掩模用于约束目标运动参数的求解，进而提高重建精度。

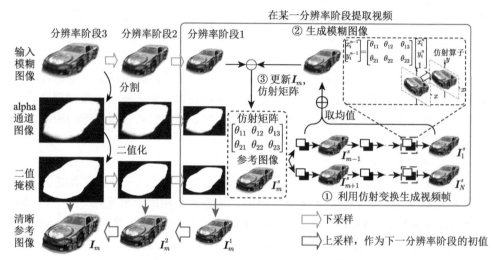

图 3.17　基于仿射变换运动模型的通用单曝光视频提取算法的流程

（2）仿射运动建模

传统去模糊方法一般将运动模糊表示为 $\boldsymbol{B} = \boldsymbol{K} \otimes \boldsymbol{I}$，其中 $\boldsymbol{B}$ 是模糊图像，$\boldsymbol{K}$ 是代表运动轨迹的模糊核，$\boldsymbol{I}$ 是清晰图像，$\otimes$ 代表卷积。虽然上述模型已经广泛应用于去模糊任务中，但该模型要求物体的运动轨迹必须平行于图像平面。当运动轨迹与图像平面存在一定夹角时，这种模型就无法正确地表述运动。研究显示，三维刚体运动在二维图像平面的投影可以近似为二维仿射变换[339]。基于此，基于仿射变换运动模型的通用单曝光视频提取算法采用仿射变换重新构建了图像的运动模糊模型。定义

$$\boldsymbol{A} = \begin{bmatrix} \theta_{11} & \theta_{12} & \theta_{13} \\ \theta_{21} & \theta_{22} & \theta_{23} \end{bmatrix} \tag{3.9}$$

为仿射参数矩阵。$\boldsymbol{A}$ 中的 6 个参数描述了目标的运动形式，设

$$\boldsymbol{A}_1 = \begin{bmatrix} \theta_{11} & \theta_{12} \\ \theta_{21} & \theta_{22} \end{bmatrix} \tag{3.10}$$

代表形状变化与旋转运动；并设 $\boldsymbol{A}_t = \begin{bmatrix} \theta_{13} & \theta_{23} \end{bmatrix}^T$，代表平移运动。基于此定义，

3 张连续帧（$\boldsymbol{I}_{n-1}$、$\boldsymbol{I}_n$ 和 $\boldsymbol{I}_{n+1}$）之间的关系为

$$\boldsymbol{I}_{n+1} = \text{affine}\,(\boldsymbol{I}_n, \boldsymbol{A}_{\text{l}}, \boldsymbol{A}_{\text{t}}) \tag{3.11}$$

$$\boldsymbol{I}_{n-1} = \text{affine}\,(\boldsymbol{I}_n, \boldsymbol{A}_{\text{l}}^{-1}, -\boldsymbol{A}_{\text{l}}^{-1}\boldsymbol{A}_{\text{t}}) \tag{3.12}$$

其中，affine 代表仿射变换。因此，模糊图像 $\boldsymbol{B}$ 可以表示为

$$\boldsymbol{B} = f(\boldsymbol{I}_m, \boldsymbol{A}) = \frac{1}{N}\sum_{i=1}^{N}\left(\boldsymbol{I}_m + \sum_{i \neq m} \text{affine}\,(\boldsymbol{I}_i, \boldsymbol{A})\right) \tag{3.13}$$

通过上述建模过程，将中间帧作为参考图像，可使变量空间从 N 张图像缩减到一张图像，有效降低了优化问题的病态性。

（3）优化目标函数构建

为了重建清晰参考图像与仿射参数，构建目标函数如下：

$$\min_{\boldsymbol{I}_m, \boldsymbol{A}} |f(\boldsymbol{I}_m, \boldsymbol{A}) - \boldsymbol{B}| + \omega_{\text{TV}}\text{TV}\,(\boldsymbol{I}_m) + p_{\boldsymbol{A}}(\boldsymbol{A}) \tag{3.14}$$

式（3.14）中，第一项是数据保真项，约束求解结果符合运动模糊模型；第二项中的 $\text{TV}\,(\boldsymbol{I}_m)$ 是 TV 约束项 [340]（ω_{TV} 是 TV 项的权重），根据自然图像的平滑先验，清晰图像应该符合 TV 稀疏原则。TV 约束能够有效消除重建结果的伪影畸变，提高重建精度。对于每个像素 p，TV 约束的定义为

$$\text{TV}\,(z) = \sum_p \phi\,(\partial_* z_p) \tag{3.15}$$

其中，∂_* 是梯度算子，$* \in \{h, v\}$ 分别代表横向与纵向。

我们对比了不同形式 TV 约束对重建结果的影响，包括 TV-l_0[325]、TV-l_1 和 TV-l_2。TV-l_0 约束由式（3.16）给出：

$$\phi\,(\partial_* z_i) = \begin{cases} \dfrac{1}{\varepsilon^2}\left|\partial_* z_i\right|^2 & |\partial_* z_i| \leqslant \varepsilon \\ 1 & \text{其他} \end{cases} \tag{3.16}$$

其中，松弛系数 ε 在迭代过程中逐渐从 1 变为 0。

不同 TV 约束下清晰参考帧的重建结果如图 3.18 所示，可见不施加 TV 约束的重建结果会出现较为严重的伪影畸变。在上述 3 种 TV 约束中，TV-l_0 的重建精度最高。因此，本节实验中都使用 TV-l_0 约束。

式（3.14）的第 3 项是 l_2 范数的仿射参数约束：

$$p_{\boldsymbol{A}}(\boldsymbol{A}) = \omega_{\text{l}}\|\boldsymbol{A}_{\text{l}} - \boldsymbol{E}\|_{l_2}^2 + \omega_{\text{t}}\|\boldsymbol{A}_{\text{t}}\|_{l_2}^2 + \omega_\alpha |f(M_m, \boldsymbol{A}) - \boldsymbol{I}_\alpha| \tag{3.17}$$

其中，$\boldsymbol{E}$ 是 2×2 单位矩阵。

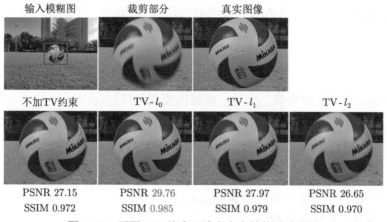

图 3.18　不同 TV 约束下清晰参考帧的重建结果

由于目标在两个连续帧之间的运动幅度较小，所以约束仿射矩阵 $[\boldsymbol{A}_1, \boldsymbol{A}_t]$ 接近 $[\boldsymbol{E}, \boldsymbol{0}]$[341]。式（3.14）的第 3 项（关于 alpha 通道图像的约束）能够有效提高仿射矩阵 $\boldsymbol{A}$ 的重建精度。图 3.19展示了施加 alpha 通道约束与不施加 alpha 通道约束的重建图像对比，可见不施加 alpha 通道约束的重建图像中仍存在一定的运动模糊，而施加 alpha 通道约束的重建图像更加清晰。

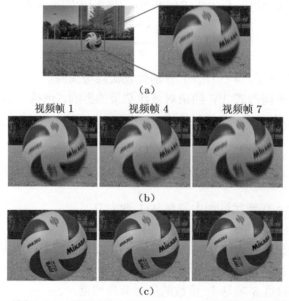

图 3.19　施加 alpha 通道约束与不施加 alpha 通道约束的重建图像对比
（a）输入的运动模糊图　　（b）不施加 alpha 约束重建的视频帧
（c）施加 alpha 约束重建的视频帧

（4）优化模型求解

求解上述目标函数可以解耦为求解关于 $\boldsymbol{I}_m$ 和 $\boldsymbol{A}$ 的两个子问题：

$$\min_{\boldsymbol{I}_m} |f(\boldsymbol{I}_m, \boldsymbol{A}) - \boldsymbol{B}| + \omega_{\text{TV}} \text{TV}(\boldsymbol{I}_m)，\text{固定}\,\boldsymbol{A} \tag{3.18}$$

$$\min_{\boldsymbol{A}} |f(\boldsymbol{I}_m, \boldsymbol{A}) - \boldsymbol{B}| + p_{\boldsymbol{A}}(\boldsymbol{A})，\text{固定}\,\boldsymbol{I}_m \tag{3.19}$$

由于仿射模型中涉及坐标变换，所以传统的优化算法不能处理仿射模型。受到空间变换网络 [342] 的启发，基于仿射变换运动模型的通用单曝光视频提取算法引入了可微仿射算子来实现仿射模型基于梯度的优化。可微仿射算子包含坐标生成器与坐标插值器，坐标生成器生成经过仿射变换后的图像坐标，坐标插值器根据生成坐标对原始图像进行可微仿射变换。假定输入图像坐标为 (x_t, y_t)，变换输出图像坐标为 (x_s, y_s)，逐点仿射变换可以定义为

$$\begin{pmatrix} x_s^i \\ y_s^i \end{pmatrix} = \boldsymbol{A} \begin{pmatrix} x_t^i \\ y_t^i \\ 1 \end{pmatrix} = \begin{bmatrix} \theta_{11} & \theta_{12} & \theta_{13} \\ \theta_{21} & \theta_{22} & \theta_{23} \end{bmatrix} \begin{pmatrix} x_t^i \\ y_t^i \\ 1 \end{pmatrix} \tag{3.20}$$

其中，$\boldsymbol{A}$ 是仿射参数矩阵，上标 i 表示像素点的位置。

在实际应用中，变换后的坐标不一定是整数。因此，需要引入坐标插值器生成变换图像 [342]。假定 I_s^{nm} 为输入图像在点 (n, m) 处的取值，变换输出图像在 i 点的像素值相当于输入图像像素值的加权平均：

$$I_t^i = \sum_n^H \sum_m^W I_s^{nm} \max\left(0, 1 - \left|x_s^i - m\right|\right) \max\left(0, 1 - \left|y_s^i - n\right|\right) \tag{3.21}$$

其中，H、W 分别是图像的高和宽。

式（3.21）描述了坐标插值器根据变换坐标进行双线性插值。根据上述公式，输出图像像素值关于输入图像像素值和变换坐标的导数如下：

$$\frac{\partial I_t^i}{\partial I_s^{nm}} = \sum_n^H \sum_m^W \max\left(0, 1 - \left|x_s^i - m\right|\right) \max\left(0, 1 - \left|y_s^i - n\right|\right) \tag{3.22}$$

$$\frac{\partial I_t^i}{\partial x_s^i} = \sum_n^H \sum_m^W I_s^{nm} \max\left(0, 1 - \left|y_s^i - n\right|\right) g(x_s^i, m) \tag{3.23}$$

其中

$$g(x_s^i, m) = \begin{cases} 0, & |m - x_s^i| \geqslant 1 \\ 1, & m \geqslant x_s^i \\ -1, & m < x_s^i \end{cases} \tag{3.24}$$

$\partial I_t^i / \partial y_s^i$ 的求解与式（3.23）类似。

基于上述可导变换，将式（3.22）代入目标函数式（3.18）中，能够实现参考图像 $\boldsymbol{I}_m$ 的优化迭代；同理，将式（3.23）代入目标函数式（3.19）中可以实现运动参数 $\boldsymbol{A}$ 基于梯度的优化。

（5）由粗到精的重建增强

近期研究表明，由粗到精的优化方式在去模糊问题中能够进一步消除伪影畸变 [343]。因此，该算法引入了由粗到精的优化策略，以进一步提高重建精度。如图 3.17 所示，由粗到精的优化分为 3 个分辨率阶段：在低分辨率阶段，该方法将模糊图像和 alpha 通道图像下采样到原始分辨率的一半，得到低分辨率的重建结果，然后利用双三次插值将低分辨重建结果上采样作为高分辨率初值，上采样率为 $\sqrt{2}$。由于仿射矩阵 $\boldsymbol{A}$ 中的参数都是根据图像尺寸归一化的，所以低分辨率阶段的 $\boldsymbol{A}$ 可以直接传递到更高分辨率进行进一步的优化。

图 3.20 为采用与不采用由粗到精优化策略的重建结果对比。可以看出，不采用由粗到精优化策略的重建视频帧较为模糊，而采用由粗到精优化策略恢复图像中的图案和纹理则更加清晰。此外，通过比较不同时刻的视频帧，可以清楚地看到恢复出的目标运动，这验证了由粗到精优化策略的有效性。

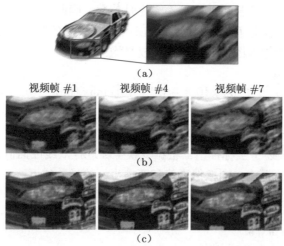

图 3.20　采用与不采用由粗到精优化策略的重建结果对比
（a）三维运动模糊图　　（b）不采用由粗到精优化策略得到的重建视频帧
（c）采用由粗到精优化策略得到的重建视频帧

综上所述，从单张模糊图提取视频的算法包括以下步骤：首先分割运动前景，得到 alpha 通道图及二值掩模。对于每个运动目标，构建仿射运动模糊模型，并建立包含 TV-l_0 和 alpha 通道先验的目标函数。为了实现基于梯度的优化，引入可微仿射算子，优化过程中使用式（3.18）和式（3.19）求解梯度，从而实现目标函数 [式（3.14）] 的梯度下降优化。进一步地，算法引入由粗到精的优化策略来消除伪影畸变，提高重建质量。随着迭代收敛，算法求解得到清晰的参考图像 I_m 和仿射矩阵 A。最后，其他时刻的清晰视频帧可以根据式（3.11）和式（3.12）方便地进行重建。上述算法流程总结在算法 3.2 中。

算法 3.2 基于仿射变换运动模型从单张模糊图的通用单曝光视频提取算法

输入： 单张运动模糊图 B、α 通道图像 I_α、视频帧数量 N、迭代次数 T。

过程：

1:　初始化：参考前景图像 $I_{\mathrm{fm}} = \mathbf{0}$，参考背景图像 $I_{\mathrm{bm}} = \mathbf{0}$，$A_1$ 初始化为随机的 2×2 矩阵，$A_{\mathrm{t}} = [0,0]^{\mathrm{T}}$，中间帧的二值化掩模 $M_m = \mathrm{round}(I_\alpha)$；

2:　**for** $s = 1 \to 3$ **do**

3:　　　$\mathrm{scale} = (\sqrt{2})^{s-3}$；

4:　　　$B^s = \mathrm{downsample}(B, \mathrm{scale}, '\mathrm{bicubic}')$；

5:　　　$I_\alpha^s = \mathrm{downsample}(I_\alpha, \mathrm{scale}, '\mathrm{bicubic}')$；

6:　　　$M_m^s = \mathrm{downsample}(M_m, \mathrm{scale}, '\mathrm{bicubic}')$；

7:　　　**if** $s > 1$ **then**

8:　　　　　$I_{\mathrm{f}}^s = \mathrm{upsample}(I_{\mathrm{f}}^{s-1}, \sqrt{2}, '\mathrm{bicubic}')$；

9:　　　　　$I_{\mathrm{b}}^s = \mathrm{upsample}(I_{\mathrm{b}}^{s-1}, \sqrt{2}, '\mathrm{bicubic}')$；

10:　　　**end if**

11:　　　**for** $t = 1 : T^s$ **do**

12:　　　　　根据式（3.18），固定 A 并更新 I_m^s；

13:　　　　　根据式（3.19），固定 I_m^s 并更新 A；

14:　　　**end for**

15:　**end for**

16:　根据式（3.11）和式（3.12），利用 I_m、A_1 和 A_{t} 重建视频帧 $I_1, I_2, \cdots, I_N$。

输出： 重建视频帧序列 $I_1, I_2, \cdots, I_N$。

4. 实验验证

接下来，通过一系列实验来验证本节介绍的算法的有效性。设置正则化系数 $\omega_{\mathrm{TV}} = 1 \times 10^{-9}$，$\omega_\alpha = 0.3$，$\omega_l = 10$，$\omega_{\mathrm{t}} = 1$；参考图像和运动参数的学习率分别设置为 0.02 与 0.01；由粗到精的 3 个分辨率阶段的迭代次数分别设为 50、100 和 150；式（3.16）中的松弛系数 $\varepsilon = 1$，并且每隔 50 次迭代变为原来的一半；视频帧分解数量 N 可以自由设置，理论上 N 与运动幅度相关，幅度越大的运动所需的 N 越大。实际应用中应该选择合适的 N 以保证两帧之间的运动幅度足够小。为了定量地评价重建质量，该实验采用两个定量指标，即 PSNR 和 SSIM。PSNR 用于评估两个图像之间的整体亮度差异，SSIM 则用于评估结构细节的相似性。由于金镁光等人提出的算法只能固定生成 7 帧视频图像，所以该实验设置 $N = 7$，以便与其进行对比。实验平台为 NVIDIA GTX-1060 GPU。

（1）清晰参考帧的重建结果对比

为了验证基于仿射变换运动模型的通用单曝光视频提取算法（以下简称基于仿射模型的算法）对不同类型运动的通用性，我们将算法应用于 3 种类型的运动，即平移、旋转和深度运动。输入的模糊图像在清晰图像上使用不同类型的运动模糊进行合成。实验将该算法和金镁光等人提出的算法进行了对比，同时与目前使用较为广泛的去模糊方法进行了去模糊效果对比，其中徐力[325] 和潘金山[323] 等人提出的方法是基于 TV-l_0 约束的最大似然概率算法（徐力等人的算法针对非全局一致的模糊，潘金山等人的算法面向全局一致的模糊）；孙健等人[331] 与俄瑞斯忒斯·库宾（Orest Kupyn）等人[329] 提出的方法是基于深度学习的算法，并且库宾等人提出的算法被认为是目前去模糊效果最优的算法。图 3.21分别展示了定性和定量的重建结果，另外还展示了每种方法所需的重建运行时间（在 256×256 像素的图像尺寸下进行测试）。由结果可见，基于仿射模型的算法针对不同类型的运动都有最高的重建精度；库宾等人提出的算法（Kupyn 2019）的去模糊效果最好，但其在深度运动情况下的重建结果与真实图像的形状、大小存在差异；金镁光等人提出的算法（Jin 2018）尽管推理速度较快，但其重建精度较差。

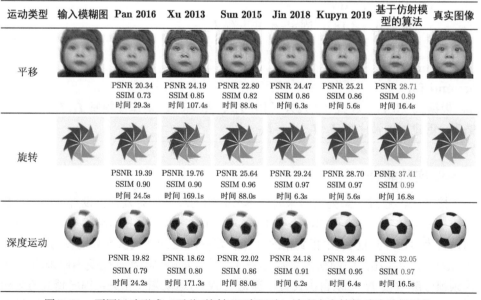

图 3.21　不同运动形式（平移/旋转/深度运动）清晰参考帧的重建结果对比

（2）公开数据集上的重建对比

为了进一步验证基于仿射模型的算法在不同场景下的有效性，我们在公开数据集上对其进行了大量测试，结果展示在图 3.22中，其中模糊图 1 和模糊图 2 来自南盛俊等人发布的具有全局运动模糊的数据集 [330]，模糊图 3 来自苏硕晨等人发布的具有局部的深度运动模糊数据集 [344]。由结果可见，对于模糊图 1 和模糊图 2，金镁光等人的算法产生了明显的伪影畸变和颜色误差，而基于仿射模型的算法的重建结果中伪影畸变更少，重建图像更清晰。对于模糊图 3，金镁光等人的算法基本无法重建图中车辆的运动，而基于仿射模型的算法能够有效恢复车辆的运动状态，图中车的尺度变化证实了该算法能够处理三维（深度方向）的运动。

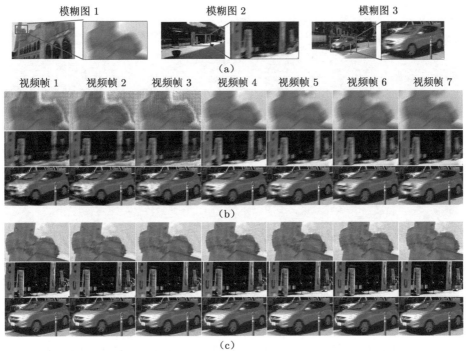

图 3.22　从南盛俊等人与苏硕晨等人提供的公开数据集中的模糊图提取的视频序列
（a）输入模糊图像　　（b）利用金镁光等人的算法生成的视频帧序列
（c）利用基于仿射模型的算法提取的视频帧序列

（3）真实数据实验

为了验证基于仿射模型的算法在实际应用中的有效性，我们使用一部手机（小米 10）实际拍摄了多张运动模糊图像（1280×720 像素），并使用基于仿射模型的算法进行视频重建。图 3.23展示了拍摄的模糊图与视频重建结果。基于不同的运动类型，模糊图 1 对应于平行于相机平面的平移运动，模糊图 2 对应于深度运动

（即驱动图中小车从左到右、从近到远运动），模糊图 3 对应于旋转运动（即风扇通电后扇叶旋转产生旋转模糊）。由结果可见，基于仿射模型的算法在模糊图 1 与模糊图 2 中都恢复出了清晰的字符，而金镁光等人的算法恢复的图像仍然存在模糊。对于模糊图 3，金镁光等人的算法无法重建出旋转运动的清晰图像，而基于仿射模型的算法恢复的视频帧中可以明显观察到叶片的旋转运动。这验证了该算法能够成功地恢复真实的三维运动。

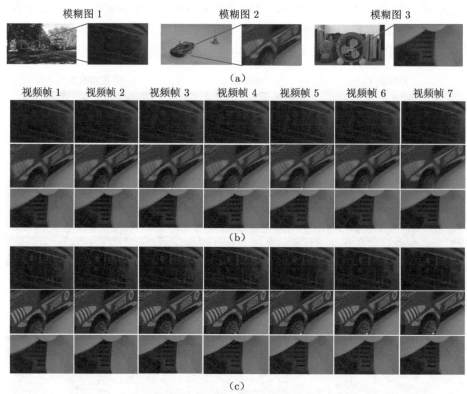

图 3.23　使用实拍模糊图像（平移/深度运动/旋转）的重建结果
（a）实际采集的模糊图像　（b）利用金镁光等人的算法重建的视频帧序列
（c）利用基于仿射模型的算法重建的视频帧序列

5. 总结与讨论

本节介绍了一种通用的基于仿射模型的优化方法，能够从单张模糊图像重建高速视频，其优势如下：首先，使用仿射运动模型进行优化建模。仿射运动模型可以有效减少变量空间的维度，并能够处理各种类型的复杂运动，例如旋转和深度运动。其次，通过软分割技术得到 alpha 通道图像，将模糊图像分解为不同运动状态的部分。每个部分单独进行计算，有效提高了不同目标的重建精度。此外，alpha 通道图像被用作先验信息加入优化约束，以更好地估计运动参数。第三，引入可微仿射变换算子实现仿射运动模型的梯度下降优化，并且遵循从粗到精的优化策略来消除伪影畸变。最后，通过恢复的清晰参考图像的逐步仿射变换来重建多张清晰视频帧，从而保持了视频帧之间的时序关系，避免时序混乱。在通用数据集和实拍数据上的实验验证了该算法在单曝光视频提取任务上的有效性和高性能。

该算法能够进一步拓展，包括：

（1）考虑到深度神经网络能够有效学习到清晰图像的统计特征，因此可以引入深度网络先验正则化来进一步提升图像重建效果，提高运动参数和重建图像的精确度 [345,346]；

（2）对于多个运动目标，在没有互相重叠的情况下，可以将其使用 GPU 并行运算以节省时间，提高重建效率；

（3）使用逐点的仿射变换代替整图像仿射变换，能够有效避免图像分割效果较差时对最终重建结果的负面影响，提高重建精度。

3.4　本章小结

本章针对受限带宽下高通量成像的难题，分别从空域、频域、时域 3 个维度介绍了国际前沿的计算成像理论、方法和技术。在空域，本章刻画了广域目标非均匀稀疏分布特性，介绍了空域多尺度目标自适应跟踪成像方法，构建了静态–动态协同探测架构，能够在实现宽视场高分辨率成像的同时有效减少数据量，可广泛应用于各类资源受限平台。在频域，本章揭示了空间频谱径向连续性和方向性分布规律，介绍了目标自适应的稀疏采样方法，并分别在单像素成像和阵列探测成像应用中进行了有效验证，实现了空间频谱的重要性采样，有效提升了分辨率并减少了 30% ～ 40% 的数据采集量。在时域，本章深入挖掘动态场景的时域冗余性，介绍了利用单张图像进行视频重建的新型计算方法，从而在低帧率传感器上实现了高速成像。

第 4 章 信息优化——"从浊到清"

成像过程中，透镜的畸变、光子的随机性、传感器的硬件不稳定性等多种因素均会导致采集数据与理论模型的不一致。实际应用中广泛存在测量噪声，这些噪声源于不同过程，会导致采集数据具有复杂的畸变，影响成像质量，从而造成细节"看不清"的问题。例如在动态成像中，系统的曝光时间较短，低曝光下到达探测器的光子数较少，会导致采集图像中存在较多的测量噪声，包括暗电流噪声等 [139]。即使利用高功率光源（如激光），采集图像中也会存在散斑噪声、泊松噪声等 [45]。另外，对于多帧采集成像系统（如空域叠层成像 [347]、傅里叶叠层成像 [11] 等），观测对象的实时运动会造成每帧场景内容的变化，从而在重建过程中引入畸变 [348]。

传统优化方法多以低维局部结构先验为主，难以表征空–时–谱–相高维信息的高冗余度，重建精度较差。如何从低维低质数据中高精度地反演真实信号，是高维高分辨率计算成像的难题。本章聚焦信号–噪声串扰导致成像质量下降的难题，围绕高度欠定的多维鲁棒反演，刻画了空–时–谱–相高维非局部自相似的低秩正则化表征，联合变换域稀疏特性构建了高维联合统计优化算子，有效降低了解空间维度；揭示了多类非高斯噪声耦合模型，介绍了噪声鲁棒的高维信息联合反演架构，推导了实数域重建和复数域重建算法，实现了从低维低秩的采集数据中解构并反演高维高精度信息。下面分别从实数域和复数域两个维度进行相关重建方法的详细介绍。

4.1 实数域优化

日常生活中常见的彩色成像、视频成像等输出的均为实数域信号，这些不同光谱通道、时间通道数据的子图结构往往具有较强的相似性，包含的信息具有较高的冗余度。这样的信息冗余特性为数据的优化重建提供了统计先验约束。本节具体介绍实数域图像信息的优化重建方法。

4.1.1 基于光谱通道冗余的优化重建

现有的图像去噪算法通常存在场景细节丢失或图像伪影畸变等问题。受到人类视觉系统对于自然图像细微结构和颜色畸变高度敏感的启发，基于光谱通道冗余的去噪算法使用泊松–高斯噪声模型，并引入两种视频先验约束，建立了视频去噪优化框架：

（1）假设经过运动补偿处理后的多帧图像组成的数据矩阵是低秩的，以便从高噪声的视频中提取出细微结构信息；

（2）利用交叉通道先验（即图像像素梯度在不同的颜色通道具有一致性），消除图像颜色边缘的伪影畸变。

基于光谱通道冗余的去噪算法是通过增广拉格朗日乘子法推导求解非凸的视频去噪优化问题。

1. 技术背景

由于低照度成像时光子数不足，采集的图像/视频（表示为 $\hat{V}$）通常存在较强的传感器噪声（或者光子散粒噪声），且噪声来源广泛。此时退化模型可以表示为加性模型 $\hat{V} = V + N$，其中 V 为待恢复的清晰图像/视频，N 为传感器噪声。所以，去除噪声在信号处理领域和计算机视觉领域是一个很大的挑战。从数学上来讲，去噪过程可以总结为求解一个病态问题，其通过引入合适的先验约束来分离噪声和待恢复信号。

和单幅图像的去噪相比，视频去噪的优势在于具有多帧图像，且这些帧在较短的时间内仅存在很小的强度变化。根据这个性质，马坦·普罗特（Matan Protter）等人 [349] 将视频用过完备的字典和相应的系数来表示，其中系数存在稀疏性，这也是待恢复视频去噪的一个重要先验。根据这个性质，阿尔贝托·罗萨莱斯（Alberto J. Rosales Silva）等人 [350] 提出从彩色视频已去除噪声的上一帧中提取出场景运动和噪声等级信息，对下一帧进行脉冲降噪，即通过提取的信息和模糊方向滤波对视频的下一帧进行去噪。马布布尔·拉赫曼（S. M. Mahbubur Rahman）[351]、吉耶什·瓦尔盖塞（Gijesh Varghese）[352] 和杨敬钰等人 [353] 提出采用稀疏的 3D 小波变换系数对视频的时空冗余度进行建模，并在小波域中进行视频去噪。还有一些通过运动补偿来求解相邻的视频帧的方法，例如在小波域 [354-356] 或空域 [357,358] 中使用特定的滤波器来抑制视频噪声。除此之外，戴晶晶等人 [359,360] 提出视频去噪时使用通道间相关的运动补偿比仅使用通道内的运动补偿性能更好。

除了局部相似性之外，非局部相似性也是视频去噪的一个重要先验 [361-363]。例如，安东尼·布阿德斯（Antoni Buades）等人 [364] 提出了一种通用的利用非局部相似性的视频去噪算法，并从统计学上证明了其优越性。在现有利用非局部相似性的视频去噪算法中，彩色视频三维块匹配（Video Block-matching and 3D Filtering，VBM3D）算法 [365] 的性能较优，它是在视频的能量谱中对非局部相似块进行三维分组，以便去除视频噪声。马特奥·马吉奥尼（Matteo Maggioni）等人后续提出了四维块匹配（Block-matching and 4D Filtering，BM4D）算法 [366]，该算法将数据从二维扩展为三维，也可用于视频的去噪。为了进一步提高视频去噪效果，视频四维块匹配（Video Block-matching and 4D Filtering，VBM4D）算法将 BM4D 算法中的数据替换为一系列跟随运动轨迹的视频块 [367]；彩色视频三维块匹配（Color Video Block-matching and 3D Filtering，CVBM3D）算法 [368] 利用视频颜色通道结构相同的特点，将输入的待去噪 RGB 视频转换到亮度–色彩空间，并以与 VBM3D 算法相似的方式不断采用运动估计和亮度分组对亮度和两个色度通道进行去噪，可以有效去除由于分别处理视频中不同颜色通道导致的视频伪影畸变。VBM3D 算法及其扩展算法虽然具有良好的去噪性能和效率 [369,370]，但其噪声模型为高斯白噪声，而非实际采集数据中的信号相关噪声 [371]。因此，这些算法在实际应用中的性能会存在一定退化。

　　无论是上述使用局部相似性还是非局部相似性的视频去噪算法，均基于滤波思想，所以在抑制噪声的同时会存在丢失视频细节信息的问题。为了解决此问题，有研究在优化中加入低秩先验来约束目标函数。研究表明，使用低秩先验可以有效地保留视频滤波后被平滑掉的图像细节 [139]。纪辉等人 [372,373] 提出将时空邻域内结构相似的图像块进行叠加，并认为待恢复无噪声分量为一个低秩矩阵。纳菲丝·巴齐格（Nafise Barzigar）等人 [374] 采用了基于矩阵分解的低秩矩阵补全算法来处理视频中复杂的噪声。然而，这些算法难以处理含有信号相关噪声的视频去噪问题。

　　实际采集数据中的测量噪声并不能等价于高斯白噪声，图像或视频中的非高斯测量噪声常用泊松–高斯模型 [371] 进行描述。基于该模型，亚历山德罗·福伊（Alessandro Foi）等人 [371,375] 对测量噪声的等级进行了有效的预测。为了去除这类噪声，阿拉姆·丹尼尔扬（Aram Danielyan）[376] 和贾科莫·博拉奇（Giacomo Boracchi）[377] 等人对图像子块集合进行频域变换，并通过约束其频谱系数的稀疏性进行去噪。根据待恢复信号和噪声的统计特性，张力等人 [378] 使用 PCA 和张量分析对多视点噪声图像进行去噪。平川庆子（Keigo Hirakawa）等人 [379] 将无噪声图像建模为相似含噪声子块的线性组合，并提出了一种基于概率模型的去噪方法。

2. 技术原理

　　相关实验研究表明，人类视觉系统对细微结构的退化（如模糊、振动、失真）和颜色畸变（如颜色边缘、污损）较为敏感 [380,381]，常用图像评价指标结构的相似性 [172] 也证明了这一结论。然而，目前的图像/视频去噪算法存在以下问题：

　　（1）场景细微结构和高频噪声一起被去除，得到的去噪质量较差；

　　（2）多数方法是针对彩色视频的 3 个颜色通道独立去噪，忽略了跨通道的色彩一致性，从而会在重建结果中产生颜色伪影畸变。

图 4.1（a）（b）展示了上述两个典型退化问题影响图像去噪质量的实例。其中，图 4.1（a）展示了细微结构丢失造成的图像模糊，图 4.1（b）展示了 3 个颜色通道之间结构不一致造成的色差（采用 VBM3D 算法 [365] 分别对 3 个通道独立去噪）。可见这些问题影响了恢复图像的视觉效果。针对上述不足，基于光谱通道冗余的去噪算法采用了以下两种优化策略。

（a）　　　　　　　　　　　　　　　　　　　（b）

图 4.1　　典型退化问题影响图像去噪质量的实例

（a）细微结构丢失造成图像模糊　　（b）3 个颜色通道之间结构不一致造成色差

（1）在时间维度进行低秩优化

视频帧存在时间冗余性，通过将视频相邻帧进行配准 [382-386] 并将其排列堆叠成一个本征低秩矩阵，可以建立视频的时间冗余模型。基于光谱通道冗余的去噪算法采用凸的核范数优化 [387] 表示视频的低秩约束，并将视频图像中遮挡区域内的像素视为缺失项进行恢复重建。虽然同样采用低秩先验来抑制视频噪声，但该算法与之前的去噪算法存在明显的不同，即该算法采用整帧而不是图像块形成一个低秩矩阵。因此，该算法具有两方面优势：由于全局光流场的约束，配准对噪声有较强的鲁棒性，不需要对视频块伪影进行额外的处理；利用了帧内先验，包括交叉通道先验和 TV 先验，因此与基于低秩先验的去噪算法相比需要的帧数更少。

（2）利用交叉通道先验进行优化

自然图像中不同颜色通道的结构存在较高的一致性 [125]。泰格桑丘（Taeg Sang Cho）等人 [388,389] 提出了一种反卷积去噪算法，采用不同颜色通道的梯度信息（交叉通道先验）进行高质量的视频去噪。尼尔·乔什（Neel Joshi）等人 [390] 提出了一种颜色梯度的计算方法，并将其应用于去噪和去模糊中。为了处理更复杂的大面积边缘问题，菲利克斯·海德（Felix Heide）等人 [125] 将不同通道间对应像素强度归一化成一阶像素梯度并进行匹配。此算法优于基于局部统计算法，抑制颜色边缘畸变的效果更好。弗雷德里克·吉夏尔（Frédéric Guichard）等人 [391] 定义了 3 个颜色通道的共享相似梯度。虽然上述研究探索了图像中不同颜色通道的结构一致性描述，但采用的描述符对不同颜色通道之间的强度差异较为敏感。基于此，基于光谱通道冗余的去噪算法采用了一种梯度定义来描述不同颜色通道的结构一致性，该定义不依赖于像素强度，具有比以往算法更优的交叉通道一致性。

结合上述两个先验，基于光谱通道冗余的去噪算法采用信号相关噪声的泊松–高斯模型[371]，其创新点包括：

（1）优化问题中去除的视频噪声为信号相关噪声，比常见算法中采用的高斯白噪声更符合实际情况；

（2）引入了全局低秩约束的时间帧对齐视频块，噪声抑制过程中，图像的细微结构信息得到保留；

（3）引入了一种新的梯度并定义为交叉通道先验，可以有效地规范视频不同颜色通道间的结构一致性；

（4）能够同时处理待求图像空时冗余和非线性噪声。

下面对该方法进行详细介绍。对相机实际拍摄的图像和视频进行测量噪声建模的研究结果表明[377,392]，对于一个特定的像素点 (i,j)，其包含的噪声 $\boldsymbol{N}(i,j)$ 是信号相关的，与待恢复信号 $\boldsymbol{V}(i,j)$ 非线性相关并服从以下泊松–高斯分布：

$$\boldsymbol{N}(i,j) \sim \mathscr{N}(0,1) \cdot \mathscr{N}\left(\boldsymbol{V}(i,j), \sigma_{\boldsymbol{N}(i,j)}^2\right) \tag{4.1}$$

其中，$\mathscr{N}$ 为高斯分布，$\sigma_{\boldsymbol{N}(i,j)}^2$ 可表示为

$$\sigma_{\boldsymbol{N}(i,j)}^2 = \alpha \boldsymbol{V}(i,j) + \beta \tag{4.2}$$

其中，参数 α 和 β 表征了探测器的光子转移曲线。

为了验证测量噪声为信号相关噪声，我们采用一个标准色板作为目标场景，使用 Point Grey Research Flea2 彩色相机（FL-08S2C）拍摄了包含 500 帧的视频。在拍摄过程中，选择相对较短的曝光时间，以避免曝光过度和高光散粒噪声。为了分离噪声和信号，首先将 500 帧视频图像进行配准对齐，并计算其平均值作为信号真值，然后从采集视频帧中减去信号真值作为测量噪声。如图 4.2 所示，3 条实线是各通道噪声方差的线性拟合结果。可以看出，视频的噪声和信号相关，并且与式（4.2）中的数学模型一致。

根据概率论中的 3σ 定律[393]，一个随机变量的几乎所有（99.73%）采样值都在其平均值正负 3 个标准差的范围内。因此，上述噪声约束可近似为

$$|\boldsymbol{N}| < 3\sqrt{\alpha \boldsymbol{V} + \beta} \tag{4.3}$$

通过引入一个非负松弛变量 $\boldsymbol{\varepsilon}$，上述不等式约束可表示为等式约束：

$$\boldsymbol{N} \odot \boldsymbol{N} - 9(\alpha \boldsymbol{V} + \beta) + \boldsymbol{\varepsilon} = 0 \tag{4.4}$$

其中，$\odot$ 为任意矩阵 $\boldsymbol{A}$ 和 $\boldsymbol{B}$ 之间的对应元素相乘，即 $(\boldsymbol{A} \odot \boldsymbol{B})_{ij} = \boldsymbol{A}_{ij}\boldsymbol{B}_{ij}$。

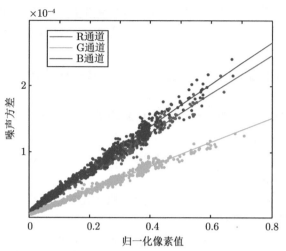

图 4.2　测量噪声和信号相关噪声模型之间的一致性

为了在优化中采用上述噪声模型，考虑到托马斯·布罗克斯（Thomas Brox）等人提出的光流算法 [382] 的高效性能 [139,383]，首先采用该光流算法将相邻的视频帧组成视频块，进行空域配准后，使用 $\hat{\boldsymbol{L}}$ 和 $\boldsymbol{L}$ 代表有噪声和无噪声的视频块，则其数学关系可表示为

$$\hat{\boldsymbol{L}}_c = \boldsymbol{L}_c + \boldsymbol{N}_c \tag{4.5}$$

其中，$\boldsymbol{L}_c$ 是低秩的，c 表示不同的颜色通道。

假设每个像素都能在相邻帧中找到对应的像素值，则去噪过程可表示为

$$\boldsymbol{N}_c \odot \boldsymbol{N}_c - 9\left(\alpha \boldsymbol{L}_c + \beta\right) + \boldsymbol{\varepsilon}_c = 0 \tag{4.6}$$

运动补偿帧 $\boldsymbol{L}_c$ 的低秩性可作为一种强去噪先验，但实际拍摄运动场景时总会存在一些局部遮挡情况使得其不成立。主要存在两种遮挡情况影响对准精度，如图 4.3 所示。对于区域 1，参考帧 t 中的部分像素被第 $t-2$ 帧和第 $t-1$ 帧遮挡，相邻区域不存在颜色相近的像素（图中为红色）。在这种情况下，这些位置上的分量将不符合低秩先验假设。通过计算两幅图像之间的残差，可以较为容易地检测出这种遮挡。具体来说，对于任意一个像素 I_{mn}^t [位于第 t 帧，坐标为 (m,n)]，可以通过光流算法在参考系中找到其对应的位于 (p,q) 的像素 I_{pq}^{ref}。若 $|I_{mn}^t - I_{pq}^{\mathrm{ref}}| > \delta$（$\delta$ 为阈值），那么可以判定在 $\hat{\boldsymbol{L}}$ 中对应的 I_{mn}^t 为遮挡像素。

对于图 4.3 中区域 2 的遮挡情况，该区域的第 t 帧中的五角星形状的像素在连续的两帧中都找不到对应的像素。由于颜色和强度相似，光流算法可能会将绿色椭圆错误地映射到五角星处。此时，对齐帧仍然是低秩的，残差 $|I_{mn}^t - I_{pq}^{\mathrm{ref}}|$ 接近 0，因此难以正确标记遮挡像素。为了解决这个问题，基于光谱通道冗余的去

噪算法采用双向映射的一致性对这类遮挡进行判定标注:将第 $t-1$ 帧中的一个像素映射到参考帧 t,然后将对应像素映射回第 $t+1$ 帧。如果位置的偏离超出了预先定义的阈值,则将其标记为遮挡区域。

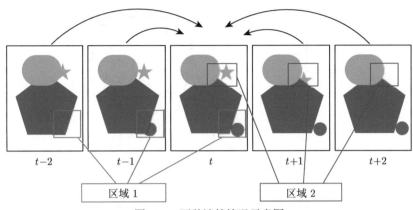

图 4.3 两种遮挡情况示意图

通过引入一个指示矩阵 $\boldsymbol{\pi_\Omega}$ 来标记遮挡区域 [394],其中 $\boldsymbol{\Omega}$ 表示未遮挡区域,则测量生成模型变为

$$\boldsymbol{\pi_\Omega}\left(\hat{\boldsymbol{L}}\right) = \boldsymbol{\pi_\Omega}\left(\boldsymbol{L}\right) + \boldsymbol{\pi_\Omega}\left(\boldsymbol{N}\right) \tag{4.7}$$

其中

$$\left[\boldsymbol{\pi_\Omega}\left(\boldsymbol{X}\right)\right]_{ij} = \begin{cases} X_{ij}, & (i,j) \in \boldsymbol{\Omega} \\ 0, & \text{其他} \end{cases} \tag{4.8}$$

研究统计结果表明,彩色图像中 3 个颜色通道的像素强度主要在相同位置发生变化 [125]。基于光谱通道冗余的去噪算法将一阶单步像素梯度 $\boldsymbol{\nabla}_1$(两个相邻像素之间的差异)与两步像素梯度 $\boldsymbol{\nabla}_2$(相隔一个像素的像素之间的差异)进行归一化,来反映上述统计性质。此归一化梯度描述了颜色通道 c_1 和 c_2 之间的结构相似性:

$$\frac{\boldsymbol{\nabla}_1\boldsymbol{L}_{c_1}}{\boldsymbol{\nabla}_2\boldsymbol{L}_{c_1}} \approx \frac{\boldsymbol{\nabla}_1\boldsymbol{L}_{c_2}}{\boldsymbol{\nabla}_2\boldsymbol{L}_{c_2}} \Leftrightarrow \boldsymbol{\nabla}_1\boldsymbol{L}_{c_1} \odot \boldsymbol{\nabla}_2\boldsymbol{L}_{c_2} \approx \boldsymbol{\nabla}_1\boldsymbol{L}_{c_2} \odot \boldsymbol{\nabla}_2\boldsymbol{L}_{c_1} \tag{4.9}$$

其中,$\boldsymbol{\nabla}_1$ 为水平方向卷积核 $\boldsymbol{h}_1 = [-1,1]$ 和垂直方向卷积核 $\boldsymbol{h}_2 = [-1;1]$ 对图像的卷积,$\boldsymbol{\nabla}_2$ 为 $\boldsymbol{g}_1 = [-1,0,1]$ 和 $\boldsymbol{g}_2 = [-1;0;1]$ 对图像的卷积。此约束同样适用于图像平坦区域。引入此交叉通道先验可以减少不同颜色通道因独立去噪而导致的颜色伪影畸变。

为了验证 $\boldsymbol{\nabla}_1\boldsymbol{L}/\boldsymbol{\nabla}_2\boldsymbol{L}$ 的交叉通道一致性,我们研究了其在 BSDS300 数据集 [395] 中自然无噪图像上的统计分布。图 4.4 为基于光谱通道冗余的去噪算法的

归一化梯度和其他 3 种梯度 ($\nabla_1 L, \nabla_2 L$ 和 $\nabla_1 L/L$) 的交叉通道差异分布。为了便于比较,我们将跨通道的差值范围归一化为 $[-1, 1]$。由结果可见,与其他 3 种梯度相比,上述归一化梯度具有更强的交叉通道一致性。

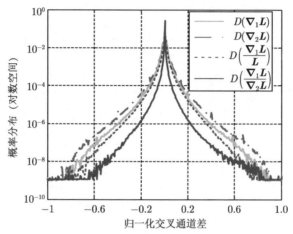

图 4.4   4 种梯度的交叉通道差异分布

为了方便计算,用 $h_{\{1,2\}}$ 和 $g_{\{1,2\}}$ 的对角矩阵 $H_{\{1,2\}}$ 和 $G_{\{1,2\}}$(下标中的 1 和 2 分别表示水平梯度和垂直梯度)将卷积运算替换为乘法运算。因此,式(4.9)可以改写为

$$H_a L_{c_1} \odot G_a L_{c_2} \approx H_a L_{c_2} \odot G_a L_{c_1}, \quad a = 1, 2 \tag{4.10}$$

基于上述定义,优化模型可以表示为

$$\{L^*, N^*\} = \arg\min \sum_{c=1}^{3} \left(\|L_c\|_* + \lambda_c \sum_{i=1}^{5} \|H_i L_c\|_{l_1} \right) \tag{4.11}$$

$$+ \sum_{c_1 \neq c_2} \gamma_{c_1 c_2} \sum_{a=1}^{2} \|H_a L_{c_1} \odot G_a L_{c_2} - H_a L_{c_2} \odot G_a L_{c_1}\|_{l_1}$$

$$\text{s.t.} \quad \pi(\hat{L}_{1\ldots3}) = \pi(L_{1\ldots3}) + \pi(N_{1\ldots3})$$

$$N_{1\ldots3} \odot N_{1\ldots3} - 9(\alpha L_{1\ldots3} + \beta) + \varepsilon_{1\ldots3} = 0$$

此优化模型包含了多个先验约束,包括时间先验、空间先验和交叉通道先验。其中,核范数 $\|\cdot\|_*$ 和 l_1 范数约束了待求配准视频块 L 的秩和每个配准帧内像素梯度的稀疏性。这两种正则化项分别利用视频时间和空间上的冗余度来减少噪声。第 3 项约束为基于光谱通道冗余的去噪算法里采用的归一化梯度约束,此约束增强了跨通道结构的一致性,优化了最终的视频去噪性能。式(4.11)中,λ_c 和

$\gamma_{c_1 c_2}$ 为平衡不同正则化项的加权参数；$H_{1,2}$ 和 $H_{3,4,5}$ 分别是一阶和二阶梯度算子 [125]，$h_{1\dots 5}$ 分别为 $[-1,1]$、$[-1;1]$、$[-1;2;-1]$、$[-1,2,-1]$ 和 $[-1,1;1,-1]$。

由于上述优化模型的非线性性质，各变量的闭式解难以直接求得。因此，该算法引入辅助变量 $S_{\{1\dots 6\}}$ 替换核范数或 l_1 范数最小化约束的变量，将 $\sum_{i=1}^{5}||H_i L_c||_{l_1}$ 代入 $||PL_c||_{l_1}$，其中 $P=[H_1;H_2;H_3;H_4;H_5]$。针对每个颜色通道，优化算法在固定其他两个通道不变的情况下交替优化式（4.11）。对于每个颜色通道，上述优化模型可改写为

$$\min \ ||S_{c1}||_* + \lambda_c ||S_{c2}||_{l_1} + \sum_{i=3}^{6} \gamma_i ||S_{ci}||_{l_1} \tag{4.12}$$

$$\text{s.t.} \quad g_1 = S_{c1} - L_c$$

$$g_2 = S_{c2} - PL_c$$

$$g_3 = S_{c3} - H_1 L_c \odot G_1 L_{c_{21}} - H_1 L_{c_{21}} \odot G_1 L_c$$

$$g_4 = S_{c4} - H_1 L_c \odot G_1 L_{c_{22}} - H_1 L_{c_{22}} \odot G_1 L_c$$

$$g_5 = S_{c5} - H_2 L_c \odot G_2 L_{c_{21}} - H_2 L_{c_{21}} \odot G_2 L_c$$

$$g_6 = S_{c6} - H_2 L_c \odot G_2 L_{c_{22}} - H_2 L_{c_{22}} \odot G_2 L_c$$

$$g_7 = \pi \left(\hat{L}_c - L_c + N_c \right)$$

$$g_8 = N_c \odot N_c - 9 \left(\alpha L_c + \beta \right) + \varepsilon_c$$

其中，$g_{1\dots 8}$ 为 0，$L_{c_{21}}$ 和 $L_{c_{22}}$ 为另外两个不同于 L_c 的通道。

采用增广拉格朗日求解方法，式（4.12）可推导为

$$f = ||S_{c1}||_* + \lambda_c ||S_{c2}||_{l_1} + \sum_{i=3}^{6} \gamma_i ||S_{ci}||_{l_1} \tag{4.13}$$

$$+ \sum_{j=1}^{8} \left(\langle Y_{cj}, g_j \rangle + \frac{\mu}{2} ||g_j||_{\mathrm{F}}^2 \right)$$

其中，$\langle \cdot, \cdot \rangle$ 为内积，Y 为拉格朗日乘数（矩阵形式），μ 是平衡方程约束的参数。

根据拉格朗日求解方法，S、L、N 和 ε 的更新规则推导如下。

消去与 S_{c1} 无关的项，目标函数变为

$$f(S_{c1}) = ||S_{c1}||_* + \langle Y_{c1}, g_1 \rangle + \frac{\mu}{2} ||g_1||_{\mathrm{F}}^2 \tag{4.14}$$

$$= ||S_{c1}||_* + \frac{\mu}{2} ||S_{c1} - (L_c^{(k)} - \mu^{-1} Y_{c1}^{(k)})||_{\mathrm{F}}^2$$

根据 ALM，$\boldsymbol{S}_{c1}$ 的更新方式为

$$\boldsymbol{S}_{c1}^{(k+1)} = U s_{\mu^{-1}} \boldsymbol{S}_{\text{temp}} \boldsymbol{V}^{\mathrm{T}} \tag{4.15}$$

其中，$U \boldsymbol{S}_{\text{temp}} \boldsymbol{V}^{\mathrm{T}}$ 为 $\boldsymbol{L}_c^{(k)} - \mu^{-1} \boldsymbol{Y}_{c1}^{(k)}$ 的奇异值分解（Singular Value Decomposition，SVD），且

$$s_{\mu^{-1}}(x) = \begin{cases} x - \mu^{-1}, & x > \mu^{-1} \\ x + \mu^{-1}, & x < -\mu^{-1} \\ 0, & \text{其他} \end{cases} \tag{4.16}$$

只保留 f 中与 $\boldsymbol{S}_{c2}$ 相关的项，目标函数变为

$$f(\boldsymbol{S}_{c2}) = \lambda_c \left(\|\boldsymbol{S}_{c2}\|_{l_1} + \frac{\mu}{2\lambda_c} \|\boldsymbol{S}_{c2} - (\boldsymbol{P} \boldsymbol{L}_c^{(k)} - \mu^{-1} \boldsymbol{Y}_{c2}^{(k)})\|_{\mathrm{F}}^2 \right) \tag{4.17}$$

$\boldsymbol{S}_{c2}$ 的更新方式为

$$\boldsymbol{S}_{c2}^{(k+1)} = s_{\frac{\lambda_c}{\mu}} (\boldsymbol{P} \boldsymbol{L}_c^{(k)} - \mu^{-1} \boldsymbol{Y}_{c2}^{(k)}) \tag{4.18}$$

$\boldsymbol{S}_{c3\cdots c6}$ 的更新方式为

$$\begin{aligned} \boldsymbol{S}_{c3\cdots c6}^{(k+1)} = s_{\frac{\gamma_3 \cdots \gamma_6}{\mu}} \big(&\boldsymbol{H}_{1,2} \boldsymbol{L}_c^{(k)} \odot \boldsymbol{G}_{1,2} \boldsymbol{L}_{c21,c22}^{(k)} \\ &- \boldsymbol{H}_{1,2} \boldsymbol{L}_{c21,c22}^{(k)} \odot \boldsymbol{G}_{1,2} \boldsymbol{L}_c^{(k)} - \mu^{-1} \boldsymbol{Y}_{c3\cdots c6}^{(k)} \big) \end{aligned} \tag{4.19}$$

只保留目标函数中与 $\boldsymbol{L}$ 有关的项，f 可简化为

$$f(\boldsymbol{L}_c) = \sum_{j=1}^{8} \left(\langle \boldsymbol{Y}_{cj}, \boldsymbol{g}_j \rangle + \frac{\mu}{2} \|\boldsymbol{g}_j\|_{\mathrm{F}}^2 \right) = \sum_{j=1}^{8} \frac{\mu}{2} \|\boldsymbol{g}_j + \mu^{-1} \boldsymbol{Y}_{cj}\|_{\mathrm{F}}^2 \tag{4.20}$$

对 $\boldsymbol{L}$ 求导可得

$$\begin{aligned} \frac{\partial f(\boldsymbol{L}_c)}{\partial \boldsymbol{L}_c} = &\frac{\partial \frac{\mu}{2} \|\mathbb{Z}_1\|_{\mathrm{F}}^2}{\partial \boldsymbol{L}_c} + \frac{\partial \frac{\mu}{2} \|\mathbb{Z}_2\|_{\mathrm{F}}^2}{\partial \boldsymbol{L}_c} + \frac{\partial \frac{\mu}{2} \|\mathbb{Z}_3\|_{\mathrm{F}}^2}{\partial \boldsymbol{L}_c} + \frac{\partial \frac{\mu}{2} \|\mathbb{Z}_4\|_{\mathrm{F}}^2}{\partial \boldsymbol{L}_c} \\ &+ \mu(\boldsymbol{L}_c - \boldsymbol{S}_{c1}^{(k)} - \mu^{-1} \boldsymbol{Y}_{c1}^{(k)}) \\ &+ \mu[\boldsymbol{P}^{\mathrm{T}} \boldsymbol{P} \boldsymbol{L}_c - \boldsymbol{P}^{\mathrm{T}} (\boldsymbol{S}_{c2}^{(k)} + \mu^{-1} \boldsymbol{Y}_{c2}^{(k)})] \\ &+ \mu\pi(\boldsymbol{L}_c - \hat{\boldsymbol{L}}_c + \boldsymbol{N}_c^{(k)} - \mu^{-1} \boldsymbol{Y}_{c7}^{(k)}) \\ &+ 9\mu\alpha(9\alpha\boldsymbol{L}_c + 9\beta - \boldsymbol{N}_c^{(k)} \odot \boldsymbol{N}_c^{(k)} - \boldsymbol{\varepsilon}_c^{(k)} - \mu^{-1} \boldsymbol{Y}_{c8}^{(k)}) \end{aligned} \tag{4.21}$$

其中，

$$\frac{\partial \frac{\mu}{2}\|\mathbb{Z}_1\|_{\mathrm{F}}^2}{\partial \boldsymbol{L}_c} = \boldsymbol{G}_1^{\mathrm{T}}\big[\boldsymbol{H}_1\boldsymbol{L}_{c21}^{(k)} \odot \big(\boldsymbol{H}_1\boldsymbol{L}_{c21}^{(k)} \odot \boldsymbol{G}_1\boldsymbol{L}_c - \boldsymbol{G}_1\boldsymbol{L}_{c21}^{(k)} \odot \boldsymbol{H}_1\boldsymbol{L}_c \quad (4.22)$$
$$+ \boldsymbol{S}_{c3}^{(k)} + \mu^{-1}\boldsymbol{Y}_{c3}^{(k)}\big)\big] - \boldsymbol{H}_1^{\mathrm{T}}\big[\boldsymbol{G}_1\boldsymbol{L}_{c21}^{(k)} \odot \big(\boldsymbol{H}_1\boldsymbol{L}_{c21}^{(k)} \odot \boldsymbol{G}_1\boldsymbol{L}_c$$
$$- \boldsymbol{G}_1\boldsymbol{L}_{c21}^{(k)} \odot \boldsymbol{H}_1\boldsymbol{L}_c + \boldsymbol{S}_{c3}^{(k)} + \mu^{-1}\boldsymbol{Y}_{c3}^{(k)}\big)\big]$$

$\partial \frac{\mu}{2}\|\mathbb{Z}_2\|_{\mathrm{F}}^2/\partial \boldsymbol{L}_c$、$\partial \frac{\mu}{2}\|\mathbb{Z}_3\|_{\mathrm{F}}^2/\partial \boldsymbol{L}_c$ 和 $\partial \frac{\mu}{2}\|\mathbb{Z}_4\|_{\mathrm{F}}^2/\partial \boldsymbol{L}_c$ 具有相似的形式。

由于 $\partial f(\boldsymbol{L}_c)/\partial \boldsymbol{L}_c = 0$ 的闭式解难以计算，采用梯度下降法近似地更新 $\boldsymbol{L}_c$：

$$\boldsymbol{L}_c^{(k+1)} = \boldsymbol{L}_c^{(k)} - \Delta \times \frac{\partial f(\boldsymbol{L}_c)}{\partial \boldsymbol{L}_c}\big|_{\boldsymbol{L}_c = \boldsymbol{L}_c^{(k)}} \quad (4.23)$$

其中，Δ 为学习率。

同样地，$\partial f(\boldsymbol{N}_c)/\partial \boldsymbol{N}_c = 0$ 和 $\partial f(\varepsilon_c)/\partial \varepsilon_c = 0$ 的封闭解也较难求得。因此，采用梯度下降的方法对其进行更新，其中 $\boldsymbol{N}$ 的更新方式为

$$\boldsymbol{N}_c^{(k+1)} = \boldsymbol{N}_c^{(k)} - \Delta \times \frac{\partial f(\boldsymbol{N}_c)}{\partial \boldsymbol{N}_c}\big|_{\boldsymbol{N}_c = \boldsymbol{N}_c^{(k)}} \quad (4.24)$$

其中，$\partial f(\boldsymbol{N}_c)/\partial \boldsymbol{N}_c$ 的偏导定义为

$$\frac{\partial f(\boldsymbol{N}_c)}{\partial \boldsymbol{N}_c} = \mu \pi \big(\boldsymbol{N}_c - \hat{\boldsymbol{L}}_c + \boldsymbol{L}_c^{(k)} - \mu^{-1}\boldsymbol{Y}_{c7}^{(k)}\big) \quad (4.25)$$
$$+ 2\mu\boldsymbol{N}_c \odot \big[\boldsymbol{N}_c \odot \boldsymbol{N}_c - 9\big(\alpha\boldsymbol{L}_c^{(k)} + \beta\big) + \varepsilon_c^{(k)} + \mu^{-1}\boldsymbol{Y}_{c8}^{(k)}\big]$$

目标函数 f 对 ε 求导可得

$$\frac{\partial f(\varepsilon_c)}{\partial \varepsilon_c} = \mu \big[\varepsilon_c + \boldsymbol{N}_c^{(k)} \odot \boldsymbol{N}_c^{(k)} - 9\big(\alpha\boldsymbol{L}_c^{(k)} + \beta\big) + \mu^{-1}\boldsymbol{Y}_{c8}^{(k)}\big] \quad (4.26)$$

由于 ε 非负，有

$$\varepsilon_c^{(k+1)} = \max\big(9\big(\alpha\boldsymbol{L}_c^{(k)} + \beta\big) - \boldsymbol{N}_c^{(k)} \odot \boldsymbol{N}_c^{(k)} - \mu^{-1}\boldsymbol{Y}_{c8}^{(k)}, 0\big) \quad (4.27)$$

其余参数设置为：$\lambda = 1$、$\gamma = 15$、$\mu^{(0)} = 1 \times 10^{-2}$、$\rho = 1.6$、$\mu_{\max} = 3 \times 10^{-1}$、$\Delta_L = 5 \times 10^{-4}$、$\Delta_N = 5 \times 10^{-3}$。这些参数设置是根据后续实验的经验得到的。优化算法总结如算法 4.1 所示。

算法 4.1 基于光谱通道冗余的去噪算法

输入: 噪声视频 $\hat{V}$, 噪声参数 (α, β)。

过程:

1: 将视频 $\hat{V}$ 帧配准对齐并得到图像块 $\hat{L}$;

2: $L^{(0)} = \bar{\hat{L}}$; $N^{(0)} = \hat{L} - L^{(0)}$;

3: $\varepsilon^{(0)} = 0$; $Y_{1\cdots8} = 0$;

4: **while** 不收敛 **do**

5:      **for** $c = 1$ to 3 **do**

6:          根据式 (4.15)、式 (4.18)、式 (4.19) 更新 $S_{c\{1\cdots6\}}^{(k+1)}$;

7:          根据式 (4.23) 更新 $L_c^{(k+1)}$;

8:          根据式 (4.24) 更新 $N_c^{(k+1)}$;

9:          根据式 (4.27) 更新变量 $\varepsilon_c^{(k+1)}$;

10:          $Y_{c\{1\cdots8\}}^{(k+1)} = Y_{c\{1\cdots8\}}^{(k)} + \mu^{-1}g_{\{1\cdots8\}}$;

11:      **end for**

12:      $\mu^{(k+1)} = \min\left(\rho\mu^{(k)}, \mu_{\max}\right)$;

13:      $k := k + 1$;

14: **end while**

15: 将得到的 $L^{(k)}$ 返回视频 V。

输出: 去噪视频 V。

3. 实验验证

(1) 收敛分析

如上所述,基于光谱通道冗余的去噪算法采用 ALM 框架来求解式 (4.13) 中的优化问题。研究表明 [396],ALM 的分布式优化策略在两个或更少的变量时能够保证整个优化目标收敛,但对于两个以上变量的优化,其收敛性仍有待证明。虽然目前还不能从理论上保证多变量时的优化目标收敛,但这并不妨碍分布式优化策略广泛应用于多个变量以上的优化问题求解 [397-399]。由于上述模型中迭代更新了 3 个主要的变量,所以本实验采用数值分析的方法来验证算法的收敛性。

随机选取一段清晰视频作为真值,通过添加信号相关噪声生成含有噪声的视频,如式 (4.2) 所示,噪声参数由 Flea2 FL208S2C 摄像机校准 [139],其中 $\alpha = 0.2^2$、$\beta = 6.4 \times 10^{-5}$。图 4.5 展示了不同的约束项和指标随迭代次数变化的曲线。由图 4.5 (a) ~ (c) 可以看出,L 的核范数、S_2 的 l_1 范数以及 $\sum_{i=3}^{6} \|S_i\|_{l_1}$ 均随着迭代进行而逐渐减小。同时,图 4.5 (d) 展示了优化收敛后分离的噪声与待恢复信号的对比,以及与噪声模型的一致性(用红色实线表示)。每次迭代后重构结果的

PSNR 和 SSIM 都在逐渐增大，如图 4.5（e）（f）所示。上述数值结果表明，基于光谱通道冗余的去噪算法具有良好的收敛性。

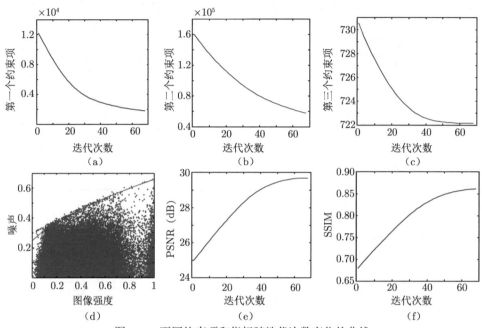

图 4.5 不同约束项和指标随迭代次数变化的曲线

（a）约束项 $\sum_{i=3}^{6} ||\boldsymbol{S}_i||_{l_1}$ 随迭代次数变化的曲线 （b）约束项 $||\boldsymbol{S}_2||_{l_1}$ 随迭代次数变化的曲线 （c）$||\boldsymbol{L}||_*$ 随着迭代的变化 （d）真实噪声和分离噪声 （e）PSNR 随迭代次数变化的曲线 （f）SSIM 随迭代次数变化的曲线

（2）不同噪声时的性能

设 $\beta = 0.0016\alpha$（由 Flea2 的 FL2-08S2C 摄像机校准），并且 α 和 β 从 $\{\alpha = 0.05^2, \beta = 4 \times 10^{-6}\}$ 逐渐增加到 $\{\alpha = 0.4^2, \beta = 2.56 \times 10^{-4}\}$。含噪视频的平均 PSNR 相应地从 29dB 下降到 13dB，SSIM 从 0.8 左右下降到 0.2。结果见表 4.1，更多数据信息可参考图 4.6。图 4.6 表示"Football"视频序列上的显示结果，点线和绿色实线分别表示输入视频的质量和重建结果的质量，图 4.6（a）（b）为 PSNR 和 SSIM 等定量的客观指标，图 4.6（c）为主观评价指标。

在不同噪声水平下得到的重建结果表明，该算法可以从受信号相关噪声影响的视频中恢复高质量的视频，并且随着噪声的增加，恢复性能并没有退化太多，即使对于 PSNR 为 $11 \sim 13$dB 的输入视频，该算法仍然可以获得较好的重建结果。上述结果是在 Intel Xeon 处理器（2.27GHz）中运行的 MATLAB 软件上实现，运行时间如图 4.7 所示。在噪声等级较高的情况下，该算法需要更多的迭代次数才能收敛。

表 4.1　基于光谱通道冗余的去噪算法在不同视频、不同噪声水平下的重建性能

噪声等级	评价指标	Bus		Mobile		Football	
		输入	输出	输入	输出	输入	输出
$\alpha=0.05^2$	SSIM	0.83	0.97	0.89	0.97	0.81	0.96
	PSNR（dB）	29.67	38.45	28.31	35.80	28.45	36.51
$\alpha=0.1^2$	SSIM	0.62	0.93	0.76	0.93	0.58	0.90
	PSNR（dB）	23.69	33.91	22.42	30.35	22.49	31.66
$\alpha=0.15^2$	SSIM	0.48	0.90	0.65	0.88	0.43	0.83
	PSNR（dB）	20.27	31.35	19.18	27.36	19.05	29.12
$\alpha=0.2^2$	SSIM	0.38	0.86	0.56	0.84	0.33	0.78
	PSNR（dB）	17.99	29.66	16.9	25.39	16.68	27.53
$\alpha=0.3^2$	SSIM	0.26	0.78	0.43	0.76	0.22	0.68
	PSNR（dB）	14.97	27.20	14.02	22.84	13.57	25.48
$\alpha=0.4^2$	SSIM	0.19	0.73	0.34	0.70	0.16	0.61
	PSNR（dB）	13.04	25.79	12.14	21.18	11.73	24.12

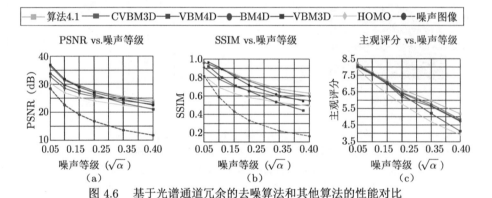

图 4.6　基于光谱通道冗余的去噪算法和其他算法的性能对比

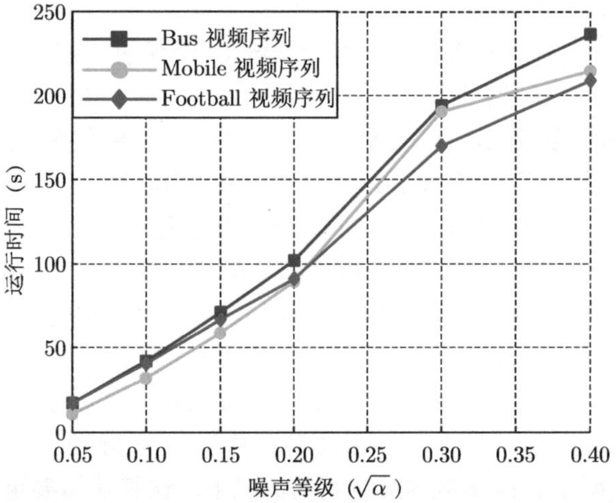

图 4.7　基于光谱通道冗余的去噪算法在不同噪声水平下的运行时间

（3）与其他算法对比

为了去除信号相关的测量噪声，亚历山德罗·福伊（Alessandro Foi）等人[400]使用同态变换和非剪切数据去噪算法来去除此类噪声，这种信号相关去噪算法称为 HOMO。此外，VBM3D、BM4D 和 VBM4D 是三维数据去噪的 3 种有效方法，而 CVBM3D 是在它们的基础上专门扩展的算法，用于彩色视频（四维数据）去噪[366,368-370]。为了说明基于光谱通道冗余的去噪算法的优势，将其与上述 5 种算法进行比较。值得注意的是，对于不适用于四维数据的 HOMO 和 VBM3D 算法，我们将它们分别应用于每个颜色通道，并将 3 个通道的定量评价取平均值作为最终的定量重建结果。

图 4.8 展示了其他 5 种算法和基于光谱通道冗余的去噪算法对"Football"视频片段进行去噪的视觉结果。图 4.6（a）（b）展示了相应的定量评价指标结果。仿真得到的视觉结果和定量评价指标结果都证实了基于光谱通道冗余的去噪算法优于其他算法，特别是在高噪声的情况下。需要注意的是，该算法优越的性能是以牺牲更多的运行时间为代价的。对于上述的其他算法，处理一帧视频图像平均需要不到 1min 的时间。相比之下，基于光谱通道冗余的去噪算法更费时（见图 4.7），特别是在噪声等级较高的情况下。

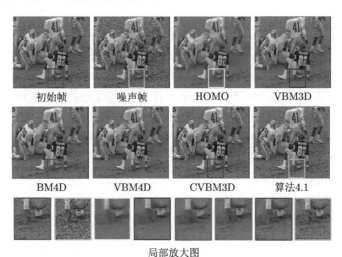

局部放大图

图 4.8　基于光谱通道冗余的去噪算法与其他算法去噪性能对比

下面进行一项主观评价实验，来评估不同算法的视觉结果。实验征集了 15 名志愿者，并向他们展示了无噪声的视频和通过上述 6 种方法去噪重建的视频。主观评价采用 1 ～ 10 的分数来衡量去噪质量，分数越高代表视频质量越好。图 4.6（c）展示了志愿者对这些算法重建结果的平均评估，从中可以看出基于光谱冗余的去噪算法具有比其他算法更为优异的视觉质量。

下面采用方差分析（Analysis of Variance，ANOVA）方法分别对主观和客观评估结果进行分析，研究噪声水平、去噪方法和视频序列 3 个因素对去噪的影响。结果见表 4.2。从表 4.2 中的定量分析结果可以清楚地看出，噪声水平和去噪方法对最终去噪性能有显著影响，这与图 4.6 中的结果一致。除此之外，最终的重建性能也与视频序列内容有一定的关系，如表 4.2 所示，即一些视频序列较容易恢复，而一些具有挑战性的视频序列的重建结果往往受限。需要注意的是，SSIM 的定量分析结果比 PSNR 更接近主观评价的结果，这说明 SSIM 的评价标准更接近人类视觉系统。

表 4.2　使用 ANOVA 方法对主观、客观评估结果的分析

影响因素	主观评价	客观评价	
		PSNR	SSIM
噪声水平	$F = 15.011$	$F = 150.896$	$F = 101.373$
	$p = 0.000$	$p = 0.000$	$p = 0.000$
去噪方法	$F = 15.011$	$F = 150.896$	$F = 101.373$
	$p = 0.000$	$p = 0.000$	$p = 0.000$
视频序列	$F = 3.481$	$F = 180.670$	$F = 45.938$
	$p = 0.031$	$p = 0.000$	$p = 0.000$

纪辉等人 [372] 也提出了一种利用低秩先验沿时间维度去噪的算法，并取得了较好的效果。该算法与基于光谱通道冗余的去噪算法的主要区别在于：首先，该算法将部分视频块（不是完整的视频帧）用于低秩约束；其次，该算法没有考虑空间梯度的交叉通道一致性和平滑性。由于只使用了时间冗余性质，该算法至少需要 $20 \sim 30$ 帧才能获得较优的重建结果。将两种算法应用于连续 25 帧的"Mobile"和"Bus"视频序列去噪，噪声参数 $\alpha = 0.2^2$，结果如图 4.9 所示。通过对比可以看出，基于光谱通道冗余的去噪算法优于纪辉等人提出的算法，保留了更多的场景细节并且残留噪声更少。

（4）遮挡情况下的重建性能

遮挡在视频中广泛存在，影响帧间的配准对齐。因此，对视频中遮挡区域的标记和缺失像素的处理至关重要。时间维度配准对齐帧的低秩假设在遮挡区域不成立，因此基于光谱通道冗余的去噪算法在遮挡区域对每一帧分别进行优化，而不是同时对整个视频块进行优化。如图 4.10 所示，对图 4.10（a）中含噪声的"Tennis"视频片段进行检测，得到的缺失像素如图 4.10（b）所示，缺失像素通常出现在深度突变位置和物体边缘位置。图 4.10（c）（d）比较了忽略遮挡和考虑遮挡情况下的重建结果。由结果可见，考虑遮挡情况下的重建可以较好地恢复遮挡区域的图像细节，而在不考虑遮挡情况时重建结果存在显著的伪影畸变。因此，对遮挡区域进行处理可以明显减少重建视频中的伪影畸变。但是由于在遮挡区域是每帧

单独恢复重建，因此算法的运行时间也会相应增加。例如，当目标场景包含大约 20% 的遮挡像素时，加入遮挡处理会使得算法运行时间从 370s 增加到 650s。

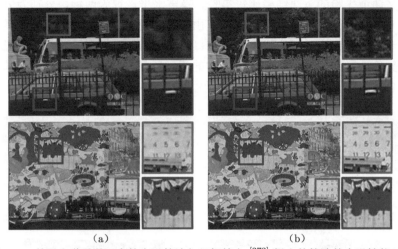

(a)   (b)

图 4.9　基于光谱通道冗余的去噪算法与纪辉等人[372] 提出的算法的去噪性能对比
（a）纪辉等人提出的算法的结果　　（b）基于光谱通道冗余的去噪算法的结果

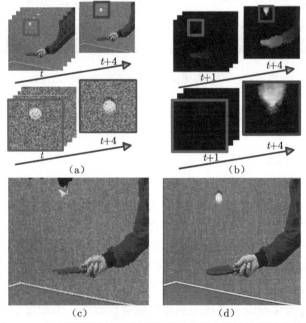

(a)   (b)

(c)   (d)

图 4.10　遮挡情况下基于光谱通道冗余的去噪算法的重建结果
（a）输入视频　（b）缺失像素　（c）忽略遮挡情况的重建结果
（d）考虑遮挡情况的重建结果

（5）比较有无交叉通道先验的影响

为了进一步评估交叉通道先验的有效性，下面在"Mobile"视频序列上进行有无交叉通道先验的重建结果比较实验。噪声水平设置为两种，分别为 $\alpha = 0.2^2$ 和 $\alpha = 0.3^2$。重建结果如图 4.11 所示，由结果可见，引入交叉通道先验具有更优的颜色一致性和更小的残余噪声。图 4.11（a）（c）中的平坦区域（如日历背景）都存在颜色伪影，而图 4.11（b）（d）中的视觉质量更优。此结果验证了基于光谱通道冗余的去噪算法的归一化交叉通道先验对最终去噪性能的有效贡献。

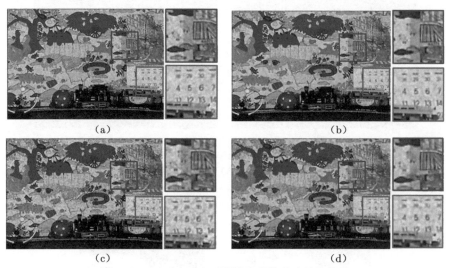

图 4.11　对于有无交叉通道先验的重建性能比较
（a）无交叉通道先验，$\alpha = 0.2^2$　　（b）有交叉通道先验，$\alpha = 0.2^2$
（c）无交叉通道先验，$\alpha = 0.3^2$　　（d）有交叉通道先验，$\alpha = 0.3^2$

4. 总结与讨论

本节介绍了一种基于光谱通道冗余的去噪算法，同时包含了时间冗余、交叉通道一致性和信号相关噪声约束。该算法受人类视觉系统对图像细微结构和交叉通道颜色一致性高度敏感的启发，能够有效去除信号相关的测量噪声，同时较好地保持了图像的细微结构，有效消除了彩色边缘伪影畸变，提高了重建视频的视觉质量。一系列实验验证了基于光谱通道冗余的去噪算法的优越性和鲁棒性。

截至本书成稿之日，该算法仍有以下进一步改进的空间。

（1）在快速变化的纹理区域的重建性能需要改进。例如可以对这种动态进行进一步的建模，而不仅仅是空间维度的图像块匹配。

（2）该算法所使用的光流配准算法在大噪声情况下的鲁棒性对最终去噪性能至关重要，所以可集成之前的鲁棒配准方法，从而获得更好的配准性能。

（3）对于动态范围较大的场景，该算法所使用的噪声模型在曝光不足的区域不成立。这些暗色区域的噪声明显大于模型的估计值，因此去噪结果中会残留一定的噪声。针对此问题，可以自适应地调整这些特定区域的噪声约束强度，以确保高质量的去噪。

4.1.2　基于时间通道冗余的优化重建

光学相干断层成像（Optical Coherence Tomography，OCT）是一种可用于医学诊断的干涉成像技术，可提供生物组织表面下显微结构的横截面图。为了解决高速 OCT 的成像质量受限于散斑噪声的问题，本小节介绍一种利用 OCT 数据帧内和帧间冗余先验的去噪算法，可对 OCT 数据组进行去噪。该算法模型在对数图像生成和非均匀噪声方差约束下，可使 OCT 数据块在时间维度上具有低秩的特性，在空间维度上具有梯度稀疏的特性。此外，利用 OCT 数据帧内和帧间冗余先验的去噪算法基于增广拉格朗日乘子法求解上述模型。结果表明，利用 OCT 数据帧内和帧间冗余先验的去噪算法在散斑噪声抑制和关键细节保留方面均优于其他算法。

1. 技术背景

OCT 起源于 1991 年 [401]，该技术可提供生物组织表面下显微结构的横截面图 [402,403]。受益于其非侵入特性，OCT 被广泛应用于医学诊断。例如，眼科利用 OCT 对视网膜进行成像，有助于诊断眼部疾病 [404]。与普通的 CCD 相机成像原理不同，OCT 是一种干涉成像技术，通常使用近红外激光穿透散射介质，然后获取后向散射的光波进行最终成像 [405]。随着超分辨率光学相干断层成像（Ultrahigh-resolution Optical Coherence Tomography，UHROCT）[406] 和傅里叶域光学相干断层成像（Fourier Domain Optical Coherence Tomography，FDOCT）[407,408] 的发展，生物细胞组织的可视化正在逐渐实现，在高灵敏度和高图像质量要求下成像深度可达表面以下近 1mm。此外，随着高速传感器和具有兆赫兹（MHz）级扫描速率的可调谐激光器的发展，OCT 系统的图像采集速度已显著提高，可实现对体内组织的实时成像 [408]。

限制高速 OCT 发展的主要因素是散斑噪声导致的图像退化。OCT 的图像生成机制决定了散斑噪声的属性不仅与激光源的相干性 [405] 有关，还与组织的结构属性相关 [409-411]，从而导致了整个图像区域的非均匀散斑噪声。医学诊断对于高精度的要求使得从 OCT 图像中去除散斑噪声来提高图像质量变得至关重要。

现有 OCT 图像去噪方法主要分为两类，即基于单帧的方法和基于多帧的方法。单帧方法通常假设待求信号和噪声符合先验模型（参数型或非参数型），然后从输入的单幅图像中确定性或概率性地去除噪声。艾多安·厄兹坎（Aydogan

Ozcan）等人 [412] 使用了各种数字滤波器对单幅 OCT 图像进行去噪，结果表明，非正交小波滤波器和自适应维纳滤波器可以有效降低散斑噪声。岳勇等人 [413] 基于小波滤波器，利用非线性扩散方法的边缘增强特性来改善去噪效果。拉普拉斯金字塔域中的非线性扩散方法也具有类似原理，已应用于 OCT 图像滤波 [414]。除了滤波方法外，还有正则化 [415] 和贝叶斯推断 [416,417] 等方法被用于 OCT 图像去噪，能够推断出更多细节以改善视觉效果。谢军等人 [418] 考虑图像内容，提出了一种结合自适应散斑抑制项的显著结构提取算法以增强超声图像。与上述滤波或统计方法不同，方乐缘等人 [419] 基于稀疏编码，从高信噪比图像中学习到一个过完备的字典，然后利用该字典来重建低信噪比的 OCT 图像，该方法实现了显著的噪声抑制。总之，在单幅 OCT 图像内利用固有冗余可以在一定程度上辅助去除噪声。

得益于高速 OCT 成像系统的发展，研究人员逐渐开始使用多帧 OCT 图像来去除散斑噪声，并提出了多种多帧去噪方法。这些方法可以分为硬件方法和算法方法。硬件方法的常见思想是通过更改 OCT 成像系统的参数实现不同帧具有不同性质的散斑噪声，然后将多帧图像配准后进行融合，最终获得无噪声的 OCT 图像。具体地，硬件系统参数包括入射光的角度 [410,420-422]、后向反射光的检测角度 [423,424]、激光束的频率 [425] 等。穆罕默德·阿瓦纳基（Mohammad R. Avanaki）等人 [426] 使用动态聚焦的 OCT 设备，比较了中值滤波、随机加权平均和随机像素选择等不同融合方法的性能，并展示了它们的优缺点。上述硬件方法的主要缺点是数据获取过程复杂，很大程度上增加了 OCT 成像系统的设计复杂度。此外，融合算法的性能也一定程度地受限。

利用 OCT 图像在变换域中的信息冗余性，研究人员提出了变换域中多帧 OCT 图像的去噪算法。简平忠等人 [427] 对数据集进行三维 Curvelet 变换，然后对频谱系数进行阈值化操作，最后进行三维 Curvelet 逆变换以实现噪声消除。类似地，马库斯·梅耶尔（Markus A. Mayer）等人 [404] 选择小波域进行频谱阈值化。尽管此类方法与上述硬件方法相比具有较好的性能，但存在因直接舍弃部分频谱而丢失重要图像细节的风险。

从统计的角度，单帧 OCT 图像类似于自然图像，并且其像素梯度图趋于稀疏。利用这个性质作为帧内先验，本小节介绍的利用 OCT 数据帧内和帧间冗余先验的去噪算法使用 TV 约束来避免重建伪影。另外，考虑低秩先验在矩阵补全 [394,428] 和图像重建 [139,372] 中出色的细节保留性能，该算法需要将多帧 OCT 图像进行帧间配准，然后利用其帧间冗余来形成低秩数据组。基于上述先验信息，该算法建立了服从成像模型和非均匀散斑噪声的非参数约束的非凸优化模型，该模型同时最小化配准 OCT 数据组的秩，以及每帧 OCT 图像的空间梯度稀疏性。为了求解上述模型，该算法首先对非凸目标函数进行一系列数学变换和近似，使其具有凸属性，然后利用增广拉格朗日乘数法[429]来求解上述约束优化问题[55]。在猪眼、人类视网膜和橙膜的 OCT 数据集上的实验表明，利用 OCT 数据帧内和帧间冗余先验的去噪算法可以有效地减少散斑噪声，同时保留丰富的目标场景细节，具有优于其他现有方法的性能。

2. 技术原理

如图 4.12 所示，该方法主要包括 3 个步骤：一是预处理，包括源数据取对数、帧间配准和噪声方差估计；二是建模；三是基于 ALM 的优化求解。首先，在对源数据取对数之后，每帧 OCT 图像都由对数空间中的一个列向量表示，如 $\lg M$。然后通过帧间配准和噪声方差估计，可以优化目标项 L 的低秩性和 ∇L 的稀疏性。最后，通过增广拉格朗日乘数法的凸优化算法迭代求解该模型，将 N 与 L 有效分离。下面详细介绍每个步骤的具体内容。

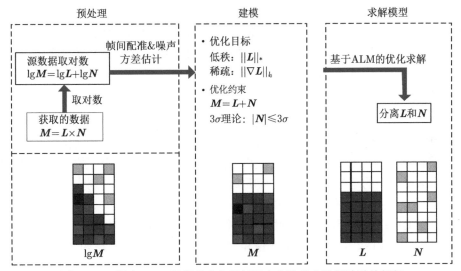

图 4.12　利用 OCT 数据帧内和帧间冗余先验的去噪算法结构框架

第一，该算法对采集的 OCT 源数据进行 3 个预处理操作，包括源数据取对数、帧间配准和噪声方差估计。由于 OCT 设备中参考光束和后向散射光束之间的干涉，OCT 图像中的散斑噪声是乘性的[405,409,410]，即

$$M(s) = L(s) \times N(s) \tag{4.28}$$

其中，$M(s)$ 表示在位置 s 采集的信号值，$L(s)$ 和 $N(s)$ 分别表示在同一位置的真实值和测量噪声。为了将 L 和 N 的乘性关系转化为加性关系，在式（4.28）两边取对数可得到

$$\lg M(s) = \lg L(s) + \lg N(s) \tag{4.29}$$

这里假设后续所有变量都进行了对数变换。

第二，对多帧 OCT 图像进行帧间配准。尽管 OCT 设备通常具有较快的采集速度，由于目标运动或其他系统因素，多帧图像之间仍会存在未对准情况。该算法采用 Powell 优化器[404] 来最小化多个配准图像之间的距离平方和（Sum of Squared Distance，SSD），从而实现将不同帧中相同组织位置的像素转换到相同的图像坐标。

第三，需要对散斑噪声的方差进行估计。考虑到中值绝对偏差（Median Absolute Deviation，MAD）方法对噪声估计的准确度较高[430]，该算法使用了 MAD 方法[417]。在实际应用中，相同邻域往往具有相似的组织特性，因此假设子图像块中每个像素的噪声变化是均匀的。在对数空间中计算像素 s 的邻域 $\mathbb{N}$ 内的 MAD：

$$\hat{\sigma}(s,\mathbb{N}) = 1.4826 \mathscr{M}_{\mathbb{N}(s)} \left(\left| \lg \boldsymbol{M}(s_i) - \mathscr{M}_{\mathbb{N}(s)}(\lg \boldsymbol{M}) \right| \right) \tag{4.30}$$

其中，$\mathscr{M}_{\mathbb{N}(s)}$ 表示 s 邻域 $\mathbb{N}(s)$ 的中值；$s_i \in \mathbb{N}$，是 s 的邻域里的第 i 个像素。

为了提高估计精度，选择较大的邻域 $\mathbb{N}_2(s)$，并计算它的子邻域 $\mathbb{N}_1(s)$ 的局部标准差 $\hat{\sigma}$，然后将 $\hat{\sigma}$ 作为像素 s 的初步噪声偏差：

$$\overline{\sigma}(s) = \mathrm{mode}_{\mathbb{N}_1(s) \in \mathbb{N}_2(s)}(\hat{\sigma}(s,\mathbb{N}_1)) \tag{4.31}$$

第四，为了使相邻像素之间的噪声方差平滑，该算法进行 3 次样条拟合处理来修正 $\overline{\sigma}$ 并获得 OCT 噪声的最终标准偏差估计值（可以将相应的噪声方差计算为估算标准偏差的平方）。根据已有研究[417]，当 $\mathbb{N}_1$ 和 $\mathbb{N}_2$ 分别为 9×9 像素和 15×15 像素时，噪声估计效果最佳。

假设 OCT 数据组中有 k 帧图像，并且每帧图像的像素数为 $m \times n$；配准后的含噪 OCT 图像、待求的清晰图像和测量噪声分别为 $\boldsymbol{M}$、$\boldsymbol{L}$ 和 $\boldsymbol{N}$，则成像模型可表述为

$$\boldsymbol{M} = \boldsymbol{L} + \boldsymbol{N} \tag{4.32}$$

通过将每帧图像表示为一个列向量，$\boldsymbol{M}$、$\boldsymbol{L}$ 和 $\boldsymbol{N}$ 的尺寸都是 $(m \times n) \times k$。在帧间配准后，理论上 $\boldsymbol{L}$ 的特定行中的元素应完全相同，如图 4.12 所示。此处将 $\boldsymbol{L}$ 视为低秩矩阵，并最小化它的核范数 $||\boldsymbol{L}||_*$（奇异值之和[55]），作为帧间先验约束。

根据统计研究[388,389]，自然图像中的相邻像素具有相似的强度。因此，自然图像的空间梯度具有稀疏的特性。尽管 OCT 成像与通常的 CCD 成像方法机制不同，但仍遵循相似的统计数据。因此，该算法将 OCT 图像的梯度稀疏性作为帧内先验约束。具体来说，该算法使用 l_0 范数描述空间梯度的稀疏度 $||\nabla \boldsymbol{L}||_{l_0}$，其中 ∇ 是梯

度计算运算符。使用矩阵乘法进行梯度计算[125]，即 $||\nabla L||_{l_0} = \sum_{a=1}^{2} ||H_a L||_{l_0}$，其中 H_1 和 H_2 分别是水平和垂直梯度算子，定义为对应的高通滤波器 $h_1 = [-1,1]$ 和 $h_2 = [-1;1]$ 的对角矩阵。

散斑噪声包括图像信息和零均值噪声。由于算法的目的是去除后一个分量，因此可将第一个分量视为待求的清晰图像的一部分，专注于去除零均值噪声。根据概率论中的 3σ 理论，随机变量的几乎所有实例（99.73%）与其平均值均在 3 倍标准差之内。基于此，可将噪声约束近似表示为

$$|N| \leqslant 3\sigma \tag{4.33}$$

通过引入非负矩阵变量 ε，可以将上述不等式约束转换为等式约束

$$N \odot N - 9\sigma \odot \sigma + \varepsilon = 0 \tag{4.34}$$

其中，$\odot$ 是哈达玛积，对于两个矩阵 X 和 Y，有 $(X \odot Y)_{ij} = X_{ij}Y_{ij}$。

基于以上表示，该去噪算法的优化模型为

$$\{L^*, N^*\} = \arg\min \ ||L||_* + \lambda \sum_{a=1}^{2} ||H_a L||_{l_0} \tag{4.35}$$
$$\text{s.t.} \quad M = L + N$$
$$N \odot N - 9\sigma \odot \sigma + \varepsilon = 0$$

其中，λ 是一个用于平衡不同正则项的加权参数。

下面基于 ALM 推导优化算法，对上述模型 [式 (4.35)] 进行求解。由于该模型是非凸的，因此需首先对模型进行凸化近似，使用 l_1 范数代替 l_0 范数[431,432]，即使用 $||H_a L||_{l_1}$ 代替 $||H_a L||_{l_0}$，其中 $||\cdot||_{l_1}$ 表示矩阵各项的绝对值之和。此外，可引入两个辅助变量 S_1 和 S_2 替换需要最小化核范数或 l_1 范数的变量，从而使问题可解。为了简单表达，将 $\sum_{a=1}^{2} ||H_a L||_{l_1}$ 改写为 $||PL||_{l_1}$，其中 $P = [H_1; H_2]$。基于上述近似，优化模型变为

$$\min \ ||S_1||_* + \lambda ||S_2||_{l_1} \tag{4.36}$$
$$\text{s.t.} \quad G_1 = S_1 - L$$
$$G_2 = S_2 - PL$$
$$G_3 = M - L + N$$
$$G_4 = N \odot N - 9\sigma \odot \sigma + \varepsilon$$

其中，$G_{1\ldots 4}$ 在理论上应该为 0。

ALM 采用迭代优化策略，并在每次迭代中顺序地更新每个变量。接下来推导每个变量的更新规则。目标函数式（4.36）的 ALM 函数为

$$f = ||S_1||_* + \lambda||S_2||_{l_1} + \sum_{j=1}^{4}\left(\langle Y_j, G_j\rangle + \frac{\theta}{2}||G_j||_{\mathrm{F}}^2\right) \tag{4.37}$$

其中，$\langle\cdot,\cdot\rangle$ 表示内积；Y 是拉格朗日乘数（矩阵形式）；$||\cdot||_{\mathrm{F}}$ 是 Frobenius 范数（计算矩阵中所有平方项之和的根）；θ 是一个平衡式（4.36）中 4 个约束的权重参数，遵循标准 ALM 更新规则，即 $\theta^{(k+1)} = \min\left(\rho\theta^{(k)}, \theta_{\max}\right)$，其中 ρ 和 $\theta_{\max}$ 是人为定义参数，k 是迭代索引。其余变量 S, L, N, ε 和 Y 的更新规则推导如下。

通过去除 f 中与 S_1 不相关的其余项，可以得到

$$f(S_1) = ||S_1||_* + \frac{\theta}{2}||S_1 - (L^{(k)} - \theta^{-1}Y_1^{(k)})||_{\mathrm{F}}^2 \tag{4.38}$$

根据 ALM，可以推导出 S_1 的更新规则为

$$S_1^{(k+1)} = U s_{\theta^{-1}}(S_{\mathrm{temp}})V^{\mathrm{T}} \tag{4.39}$$

其中，$US_{\mathrm{temp}}V^{\mathrm{T}}$ 是 $L^{(k)} - \theta^{-1}Y_1^{(k)}$ 的奇异值分解，且

$$s_{\theta^{-1}}(x) = \begin{cases} x - \theta^{-1}, & x > \theta^{-1} \\ x + \theta^{-1}, & x < -\theta^{-1} \\ 0, & 其他 \end{cases} \tag{4.40}$$

仅将与 S_2 相关的项保留在 f 中，得到

$$f(S_2) = \lambda\left(||S_2||_{l_1} + \frac{\theta}{2\lambda}||S_2 - (PL^{(k)} - \theta^{-1}Y_2^{(k)})||_{\mathrm{F}}^2\right)$$

从而可推导得到 S_2 的更新规则：

$$S_2^{(k+1)} = s_{\frac{\lambda}{\theta}}(PL^{(k)} - \theta^{-1}Y_2^{(k)}) \tag{4.41}$$

通过保留 L 的相关项，f 被简化为

$$f(L) = \frac{\theta}{2}\left\|S_1 - L + \theta^{-1}Y_1\right\|_{\mathrm{F}}^2 + \frac{\theta}{2}\left\|S_2 - PL + \theta^{-1}Y_2\right\|_{\mathrm{F}}^2 \tag{4.42}$$
$$+ \frac{\theta}{2}\left\|S_2 - PL + \theta^{-1}Y_2\right\|_{\mathrm{F}}^2 + \frac{\theta}{2}\left\|M - L - N + \theta^{-1}Y_3\right\|_{\mathrm{F}}^2$$

$f(L)$ 对 L 的偏导为

$$\frac{\partial f(L)}{\partial L} = \theta \left(L - S_1^{(k)} - \theta^{-1} Y_1^{(k)} \right) \tag{4.43}$$
$$+ \theta \left[P^{\mathrm{T}} P L - P^{\mathrm{T}} \left(S_2^{(k)} + \theta^{-1} Y_2^{(k)} \right) \right] + \theta \left(L - M + N^{(k)} - \theta^{-1} Y_3^{(k)} \right)$$

$f(N)$ 对 N 的偏导为

$$\frac{\partial f(N)}{\partial N} = \theta \left(N - M + L^{(k)} - \theta^{-1} Y_3^{(k)} \right) \tag{4.44}$$
$$+ \theta \left[N \odot N - 9\sigma \odot \sigma + \varepsilon^{(k)} + \theta^{-1} Y_4^{(k)} \right] \odot 2N$$

$\partial f(L)/\partial L = 0$ 或 $\partial f(N)/\partial N = 0$ 的闭式解难以直接得到，因此采用梯度下降法来近似更新这两个变量：

$$L^{(k+1)} = L^{(k)} - \Delta \times \frac{\partial f(L)}{\partial L}|_{L=L^{(k)}} \tag{4.45}$$

$$N^{(k+1)} = N^{(k)} - \Delta \times \frac{\partial f(N)}{\partial N}|_{N=N^{(k)}} \tag{4.46}$$

其中，Δ 表示学习率。

$f(\varepsilon)$ 对 ε 的偏导为

$$\frac{\partial f(\varepsilon)}{\partial \varepsilon} = \theta \left(\varepsilon + N^{(k)} \odot N^{(k)} - 9\sigma \odot \sigma + \theta^{-1} Y_4^{(k)} \right) \tag{4.47}$$

在 ε 非负假设下，可以得到它的更新规则为

$$\varepsilon^{(k+1)} = \max \left(9\sigma \odot \sigma - N^{(k)} \odot N^{(k)} - \theta^{-1} Y_4^{(k)}, 0 \right) \tag{4.48}$$

在接下来的实验中，将优化算法的参数设置为：$\lambda = 0.2$，$\theta^{(0)} = 0.01$，$\rho = 1.6$，$\theta_{\max} = 10$，$\Delta_L = 0.01$ 和 $\Delta_N = 0.05$。通过在一系列 OCT 数据上进行测试实验，可统计得到这些常数参数能够获得最佳的去噪性能和最短的运行时间的结论。另外，将输入的预配准帧的平均值作为待求清晰图像的初始值。基于上述推导，完整的利用 OCT 数据帧内和帧间冗余先验的去噪算法如算法 4.2 所示。

为了定量地评估不同算法的去噪性能，此处采用了 3 种被广泛使用的图像质量指标作为评估指标，即 PSNR、SSIM[172] 和品质因数（Figure of Merit，FOM）[413,433]。

算法 4.2 利用 OCT 数据帧内和帧间冗余先验的去噪算法

输入： 采集数据 M 和估计的噪声标准偏差 σ。

过程：

1: $L^{(0)} = \overline{M}$, $N^{(0)} = M - L^{(0)}$, $\varepsilon^{(0)} = 0$, $Y_{1\cdots4}^{[0]} = 0$；

2: **while** 不收敛 **do**

3:     根据式（4.39）和式（4.41）更新 $S_{\{1,2\}}^{(k+1)}$；

4:     根据式（4.45）更新 $L^{(k+1)}$；

5:     根据式（4.46）更新 $N^{(k+1)}$；

6:     根据式（4.48）更新松弛变量 $\varepsilon^{(k+1)}$；

7:     $Y_{\{1\cdots4\}}^{(k+1)} = Y_{\{1\cdots4\}}^{(k)} + \theta^{-1} G_{\{1\cdots4\}}$；

8:     $\theta^{(k+1)} = \min\left(\rho\theta^{(k)}, \theta_{\max}\right)$；

9:     $k := k + 1$

10: **end while**

输出： 去噪后的清晰图像 L 和分离出的噪声 N。

PSNR 已被广泛用于评估重建图像的质量 $L_{m\times n}$（利用真实值 $I_{m\times n}$），计算公式为

$$\text{PSNR} = 10 \times \lg\left(\frac{\text{MAX}^2}{\frac{1}{mn}\sum_{i=1}^{m}\sum_{j=1}^{n}[L(i,j) - I(i,j)]^2}\right) \tag{4.49}$$

其中，$\text{MAX} = 2^b - 1$，是 b 位图像的最大值。例如，对于广泛使用的 8 位图像，$\text{MAX} = 255$。

从式（4.49）中可以看到，PSNR 直观地描述了两幅图像之间的强度差。对于低质量的重建图像，PSNR 会更小。根据经验，视觉上期望的图像的典型 PSNR 为 25~40dB。

SSIM[172] 用于评估两幅图像之间的结构相似性。该指标分别从两个图像 L 和 I 中选择相应的图像块集 $p_L = \{p_L^k; k = 1, \cdots, K\}$ 和 $p_I = \{p_I^k; k = 1, \cdots, K\}$，其中 K 是图像块数。p_L^k 和 p_I^k 的 SSIM 计算公式为

$$\text{SSIM}(p_L^k, p_I^k) = \frac{(2\mu_L^k\mu_I^k + c_1)(2\sigma_{L,I}^k + c_2)}{[(\mu_L^k)^2 + (\mu_I^k)^2 + c_1][(\sigma_L^k)^2 + (\sigma_I^k)^2 + c_2]} \tag{4.50}$$

其中，μ_L^k 和 μ_I^k 分别是 p_L^k 和 p_I^k 的平均像素强度，σ_L^k 和 σ_I^k 是图像块的标准方差，$\sigma_{L,I}^k$ 是 p_L^k 和 p_I^k 之间的协方差。此外，c_1、c_2 是两个常数，有 $c_1 = (k_1\text{MAX})^2$、$c_2 = (k_2\text{MAX})^2$，其中 k_1 和 k_2 是人为定义的参数（默认值分别为 0.01 和 0.03）。

两幅图像之间的最终 SSIM 是所有块的 SSIM 的平均值。SSIM 值域为 0 ~ 1，在两幅图像拥有更多相似的结构信息时会更高。与仅显示两幅图像强度差异的传统度量标准（如 PSNR）相比，SSIM 反映了图像结构信息的相似性，因此更接近人类的视觉感知。

对去噪后的 OCT 图像进一步处理将涉及层的分割或特定图像特征的识别。因此，去噪 OCT 图像中边缘信息的保留非常重要。这里采用 FOM[413,433] 来估计图像边缘的保留性能。FOM 的定义为

$$\text{FOM} = \frac{1}{\max(n_L, n_I)} \sum_{i=1}^{n_L} \frac{1}{1 + \gamma d_i^2} \tag{4.51}$$

其中，n_L 和 n_I 分别是重建图像和真实图像中检测到的边缘像素的数量；d_i 是第 i 个检测到的真实边缘像素与最接近的真实边缘像素间的欧几里得距离；γ 是平衡模糊边缘和孤立边缘的权重参数 [434]，通常设置为 1/9。下面的实验中使用 MATLAB 中默认参数设置下的 Canny 边缘检测器。FOM 值的范围为 0 ~ 1，当重建图像拥有更清晰的边缘时，FOM 值会更高。

3. 实验验证

下面使用 3 种 OCT 图像集测试算法 4.2，并将去噪结果与现有算法进行对比。除了视觉比较，实验中还使用 PSNR、SSIM、FOM 和运行时间进行定量比较。

（1）猪眼数据测试结果和性能比较

该实验使用公开的猪眼 OCT 数据集 [435]。这个数据集中的数据是通过 Spectralis HRA& OCT（Heidelberg Engineering）对一只猪眼进行 768 次轴向扫描获得。数据集共有 455 幅图像（每幅为 768×496 像素），分为 35 组，每组记录同一位置的 13 幅图像。这 35 个位置分别对应于横向的 0.384mm 位移。对于每一幅图像，像素间距在轴向是 3.87μm，在横向是 14μm。为了评估重建图像的质量，将所有 455 幅预配准图像的平均作为无噪声的基准图像以供参考。

由于算法 4.2 是基于多帧的，因此首先研究最重要的参数——输入帧数对算法的影响。固定所有其他参数后，在配置了 4GB 内存和 Intel E7500 处理器（2.93GHz）的计算机上运行该算法的 MATLAB 程序，并比较不同数量输入帧（2 ~ 13 帧）的重建结果。图 4.13 展示了不同输入帧数对重建质量的影响，蓝色实线对应于左侧的轴，范围为 25 ~ 32dB；两条红色虚线对应于右侧的轴，范围为 0.3 ~ 1.0。从图 4.13 可以看出，算法 4.2 在输入 2 帧时仍可以有效重建，并且重建质量在 2 ~ 8 帧范围内随着帧数的增加而逐渐提高。超过 8 帧后重建精度的提升趋势就不再明显。基于此，后面的实验会使用 8 帧图像作为输入，将算法

4.2 与其他算法进行比较。需要注意的是，当帧数大于 8 时，重建质量会有稍许下降。这是因为较长的序列帧配准精度下降，对重构造成了一些影响。

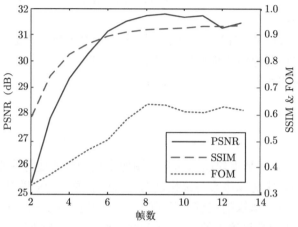

图 4.13　不同输入帧数对重建质量的影响

　　接下来，在 OCT 数据集上运行算法 4.2 和其他 4 种现有去噪算法，并进行比较。这 4 种算法包括复扩散方法 [436]、贝叶斯方法 [416]、非平稳散斑补偿（Non-stationary Speckle Compensation，NSC）法 [417] 和多帧小波 OCT 去噪方法（简称小波方法）[404]。为了验证算法的优越性，该实验在视觉和定量上比较了所有算法的性能。需要注意的是，复扩散方法、贝叶斯方法和非平稳散斑补偿法都是单帧方法，因此该实验将已配准输入帧的平均图像作为其单帧输入。此外，前两种方法均假设噪声参数（标准差）在空间上不变。因此，该实验使用估计偏差矩阵中的最大值作为噪声的输入标准差。通过随机选择，输入的 8 个连续帧的序列号为"35_6"到"35_13"。

　　重建图像展示在图 4.14 中，其中每种算法仅显示第一帧重建图像。每个分图右侧的两个图像块是子区域的放大特写。可以看到，复扩散方法、贝叶斯方法和非平稳散斑补偿法的恢复图像仍然包含噪声，降低了图像质量，使这 3 种算法与其他两种算法相比缺乏竞争力。总体而言，小波方法和算法 4.2 均优于上面的 3 种单帧算法。这种优势的根源在于多帧算法利用了帧间相关性和冗余性，提供了更多的场景信息。进一步比较这两种多帧算法可以看到，在平滑区域中，算法 4.2 比小波方法去除了更多的噪声。在纹理区域中，算法 4.2 的去噪结果保持了较高的对比度，每幅图像的子块特写中展示了更强烈的性能对比。例如，在绿色矩形区域中，小波方法几乎模糊了左侧白点的细节，而算法 4.2 仍然包含灰度值变化，这将为诊断提供重要信息。

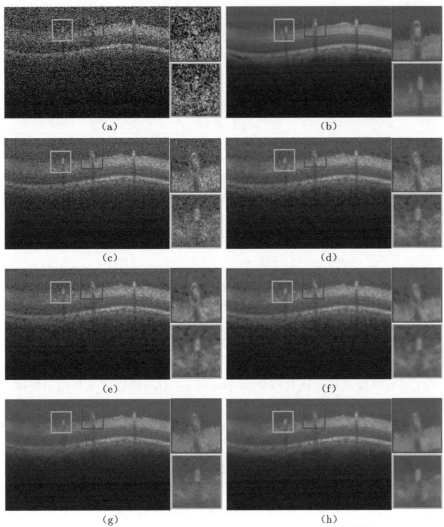

图 4.14　算法 4.2 与其他 4 种现有算法的重建图像
（a）对数转换后的输入图像　　（b）是 455 幅配准帧的平均图像　　（c）输入 8 帧的平均图像
（d）复扩散方法　　（e）贝叶斯方法　　（f）非平稳散斑补偿法　　（g）小波方法　　（h）算法 4.2

　　上述各去噪算法的定量比较见表 4.3。从表中可以看到，算法 4.2 将噪声图像的 PSNR 从 17.19dB 提高到 31.74dB，将 SSIM 从 0.12 提高到 0.91。在 PSNR、SSIM 和 FOM 这 3 个评估指标中，利用算法 4.2 始终优于其他算法。通过比较小波方法和算法 4.2 这两种多帧算法可以看到，算法 4.2 在 PSNR 和 SSIM 这两个指标分别具有 1dB 和 0.1 的优势。该算法的优越性能主要归因于两个方面：帧间和帧内先验的组合约束，以及优化算法良好的收敛性。通过比较两个选定区域的定量结果还可以看到，该算法比其他算法具有更明显的优势。此外，表 4.3 还展示了运行时间的比较（包括 4 种现有算法的噪声估计时间），可以看到算法 4.2 需要大约 36s 来处理一帧，其效率与贝叶斯方法相似，是除非平稳散斑补偿法之外效率较高的算法。

表 4.3　不同去噪算法的定量比较

计算区域	指标	输入	平均值	复扩散方法	贝叶斯方法	非平稳散斑补偿法*	小波方法	算法 4.2
完整图像	PSNR（dB）	17.19	24.56	29.14	28.38	29.82	30.75	**31.74**
	SSIM	0.12	0.45	0.73	0.70	0.81	0.86	**0.91**
	运行时间（s）	—	—	79	33	**2**	60	36
红色区域	PSNR（dB）	15.03	22.02	26.60	26.07	27.47	27.85	**28.92**
	SSIM	0.06	0.29	0.65	0.63	0.71	0.73	**0.81**
	FOM	0.43	0.46	0.51	0.57	0.60	0.61	**0.63**
绿色区域	PSNR（dB）	15.13	21.91	26.14	25.35	26.83	27.83	**28.75**
	SSIM	0.06	0.25	0.60	0.57	0.66	0.72	**0.80**
	FOM	0.48	0.49	0.51	0.53	0.58	0.58	**0.58**

﹡非平稳散斑补偿法的性能由其提出者在配置为 8GB 内存和 AMD Athlon X3 II 处理器的计算机上进行了测试，并使用 MATLAB 和 C++ 编程实现了较高的计算效率。

（2）人眼视网膜数据测试结果和性能比较

为了测试算法 4.2 的实际去噪效果，接下来在实采的人眼视网膜 OCT 图像[437]上进行去噪实验。该数据集由 Bioptigen Inc 的谱域光学相干断层成像 (Spectral Domain Optical Coherence Tomography，SD-OCT) 系统以 4.5μm 的轴向分辨率，轴向扫描 500 次和横向方位角重复 5 次扫描拍摄得到。首先参照 "技术原理" 中描述的处理过程，对多帧 OCT 图像进行配准，然后使用不同的方法对这些帧进行去噪。考虑到复扩散方法、贝叶斯方法和非平稳散斑补偿法在重建图像中保留了大量的噪声，因此与其他两种多帧算法相比，它们的竞争力很弱。这里仅给出小波方法和算法 4.2 的去噪结果，来进行更清晰的比较。

小波方法和算法 4.2 对人眼视网膜 OCT 图像的去噪结果展示在图 4.15 中，体现了与猪眼数据相似的性能排序。仔细比较小波方法和算法 4.2 的去噪结果可以看到，小波方法的结果包含一些边缘毛刺，而算法 4.2 的结果呈现出更清晰的层边界（如在选定区域两个层中的水平层边缘），这对去噪图像的后续分析（如 OCT 层分割和诊断）提供了更大的帮助。

（3）橙膜数据集测试结果和性能比较

为了进一步验证算法 4.2 在保留图像细节的同时消除噪声的优势，下面使用橙膜数据集[438]展开进一步的验证。该数据集是通过 SD-OCT 系统获取的，轴向分辨率为 4μm，横向分辨率为 12μm。该数据集包含 100 幅对齐的 OCT 图像，其中包含了许多对应于橘络的结构。与人眼视网膜实验类似，考虑到小波方法在噪声去除和细节保留方面都优于单帧方法，在此仅展示小波方法和算法 4.2 的去噪结果，如图 4.16 所示。

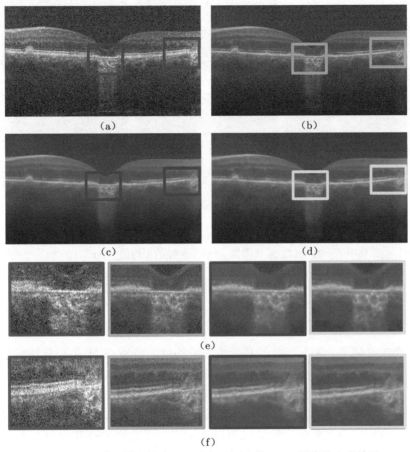

图 4.15　小波方法和算法 4.2 对人眼视网膜 OCT 图像的去噪结果
（a）一幅获取的图像　（b）5 幅图像的平均值　（c）小波方法的去噪结果
（d）算法 4.2 的去噪结果　（e）小波方法结果的特写　（f）算法 4.2 结果的特写

为了比较这两种算法的性能，将 100 帧的平均值（见图 4.16（c））作为真值基准。从图 4.16（d）可以清楚地看到，小波方法平滑了一些精细的结构细节，特别是在红色矩形突出显示的区域内。这是由于小波方法将输入图像的小波系数直接进行了阈值化处理以去除噪声，但同时一些精细结构的信息也被视为散斑噪声去除。相比之下，算法 4.2 在去除噪声的过程中可以很好地保留细节结构，如图 4.16(e) 所示。与图 4.16（c）中的结果进行比较，算法 4.2 在图像具有丰富细节的情况下更具竞争力。

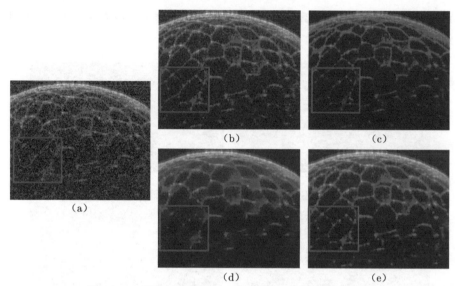

图 4.16 小波方法和算法 4.2 对橙膜数据集的去噪结果
（a）数据集中的一幅 OCT 采集图像 （b）8 帧的平均值 （c）100 帧的平均值
（d）小波方法的去噪结果 （e）算法 4.2 的去噪结果

4. 总结与讨论

本小节介绍了一种利用帧间和帧内先验约束的多帧 OCT 去噪算法。其中，帧间先验是指配准后的 OCT 图像数据具有低秩性，帧内先验是指每帧图像空间梯度的稀疏性。该算法通过合并非参数和非均匀噪声模型，利用 OCT 数据帧内和帧间冗余先验进行去噪，适用于不同的噪声模型。实验结果表明，利用 OCT 数据帧内和帧间冗余先验的去噪算法可以将 OCT 图像的 PSNR 从 17.19dB 提高到 31.74dB，将 SSIM 从 0.12 提高到 0.91。与其他现有算法的比较表明，该算法主要在两个方面具有优势：能够有效去除散斑噪声并保留关键的图像细节；重建效率与现有的最快算法相当。

由于目标函数中的低秩先验不适用于未对齐的帧集合，所以该去噪算法的性能取决于预处理中的配准精度。这对于其他多帧去噪算法也是一个挑战，需要通过噪声鲁棒的匹配技术来解决。较大的帧数有利于利用低秩先验的优势，因此在实际应用中，需要设置系统的帧频来平衡噪声水平和可用帧数。另外，该算法的帧内先验采用的是被广泛使用的各向异性 TV 约束，探索各向同性的帧内先验将是我们未来的研究内容之一。

截至本书成稿之日，该算法的运行时间仍有进一步缩短的空间。当前该算法中有两部分最耗时的计算——相对较多的迭代次数和 SVD。为了减少迭代次数，可以使用加速梯度下降法进行算法加速，例如可以使用自适应学习率而不是恒定的学习率。为了进行更快速的 SVD，可以将 MATLAB 中当前采用的默认算法替换为加速的 SVD 算法，例如块 Lanczos 算法 [439]。此外，还可以使用 C 或 C++ 实现这个算法，并使用 GPU 加速技术 [438,440] 进一步加快该算法的重建速度。

4.1.3 基于非局部冗余的优化重建

本书 4.1.1 节和 4.1.2 节中介绍的方法采用多通道间局部结构相似性提供的信息冗余进行重建优化。除了局部结构相似性之外，自然图像还具有非局部结构相似性，即在统计意义上来自不同邻域的子图像也具有信息冗余。基于此统计先验，本小节介绍非局部冗余的优化重建方法。

1. 技术背景

单传感器多光谱相机通过将多光谱滤波阵列（Multispectral Filter Array，MSFA）集成在传感器上，可以通过快照技术采集多光谱图像 [441]。它是传统 RGB 相机的一种扩展 [88]，但不同之处在于它具有多个光谱通道。与目前采用光谱分光/滤波器件的多光谱成像系统相比 [442]，基于 MSFA 的多光谱相机具有体积小、成本低、采集准确且速度快等优势 [441,443]，已在生物、农业和工业等各个领域 [89,91,444,445] 实现了商业化应用 [446,447]。最近，基于打印型 MSFA 的系统因其易于制备的特点而受到广泛关注 [103,448,449]。

MSFA 研究的一个重要任务是根据不同的应用选择不同通道数下适合的掩模排列方式，从而采集高质量的多光谱图像。因此，重建精度高且便于在不同 MSFA 上进行光谱重建的去马赛克算法成为迫切需求。虽然 RGB 相机的去马赛克问题是近四十年来研究的热点，但多光谱去马赛克问题仍然是一个困难的挑战，因为它比彩色去马赛克问题更加欠定 [450,451]。多光谱去马赛克与图像超分辨任务存在一定相似性 [452]，但不同之处在于多光谱去马赛克问题中存在多个相互关联的光谱通道，能够为高质量重建提供额外的先验信息 [444]。

现有的多光谱去马赛克算法可以分为 3 种类型，包括压缩感知算法 [453-456]、插值算法 [173,441,443,447,450,451,457-461] 和深度学习算法 [444,462,463]。这些算法都具有两个局限性。

（1）随着光谱通道数量的增加和测量噪声的加重，重建质量将严重下降。这是由于当前的重建算法很大程度上依赖于相邻像素的局部统计信息。当通道数较多且存在测量噪声时，这些局部统计信息就会丢失丰富的图像细节并引入偏差。

（2）现有的大多数算法是为特定的 MSFA 或固定的通道数量而专门设计的。但是，实际使用中不同的应用场景需要不同的通道数量和排列方式 [441]。例如，对打印型 MSFA 来说 [448]，由于喷墨打印精度低，因此每次打印都需要标定 MSFA，即打印的 MSFA 有可能不同于理论设计。在这种情况下，深度学习去马赛克算法需要为每个新的 MSFA 重新生成大规模训练数据集并重新训练高维网络模型。尽管可以将 MSFA 排布作为网络的附加输入进行整合，但这只能处理现有的 MSFA 排列（即已知的一组特定 MSFA），难以穷举不同通道数和排列方式下的所有 MSFA。

总而言之，当前多光谱去马赛克技术面临的挑战是难以处理多种 MSFA 并利用丰富的场景细节提高重建精度 [441]。

在近几年的研究中，非局部优化已被证明能够有效地提高图像重建质量 [464-467]，并已成功应用于图像去噪任务，进而诞生了著名的三维块匹配（Block-matching and 3D Filtering，BM3D）算法 [366,468]。基于自然图像中不同位置的图像块可能拥有相似结构这一统计特征，非局部优化利用了与传统局部优化方法不同的全局信息。这有助于利用和恢复在传统局部正则化中丢失的图像细节 [469]。因此，非局部正则化是解决多光谱去马赛克中退化问题和泛化问题的一种行之有效的方法。尽管已有部分研究将非局部相似性用于解决彩色图像的去马赛克问题 [470,471]，但这些方法均只在空域进行图像块匹配，且只简单地通过对匹配好的相似图像块进行线性平均来实现正则化，因此对噪声敏感并且无法充分利用高维度冗余信息的稀疏性。

本小节介绍的利用结构化自适应非局部优化的多光谱去马赛克算法，能够有效提高去马赛克的重建精度，并对不同的 MSFA 排列和通道数量具有通用性，从而为高效的 MSFA 选取提供了一种解决方案。该算法的新颖性有以下几点。

（1）引入了非局部低秩正则化来进行去马赛克，并在图像生成之前联合马赛克成像模型优化了图像块。与常规线性正则化相比，联合优化提高了重建精度和噪声鲁棒性。

（2）引入了原本用于重建质量评估的 SSIM，并将其从常规的空间维度扩展到空间–光谱–时间维度，进而彻底革新了图像块匹配操作。这有助于进一步挖掘并利用图像的非局部相似性。

（3）通过将块匹配频率与两次连续迭代之间的重构差异相关联，该算法提出了一种自适应迭代策略，有效提高了运行效率。

（4）我们搭建了一个原型样机系统来采集多光谱马赛克图像，并利用该算法来完成不同 MSFA 的高效对比和选取。实验结果表明，针对不同通道数量，二叉树排列 [441] 的多光谱去马赛克重建精度高于随机排列和均匀排列。

在上述现有的多光谱去马赛克算法中，插值算法使用相邻像素的加权求和来估计像素值。这类算法建立在两个统计先验的基础上：一是自然图像具有稀疏梯度，这意味着相邻像素通常具有相似的值，即空间相关性；二是不同的光谱通道在相同的空间位置具有相似的结构，即谱间相关性。插值算法中常用的策略是首先重建像素保留最多的通道的全分辨率图像，然后将其用作引导图像，使用边缘感知 [441,443,458]、线性 [173,447,460] 和残差等方法 [461] 对其他通道的光谱图像进行插值。与上述在空域插值技术不同的是，王兴波等人 [457] 和苏尼尔·贾斯瓦尔（Sunil P. Jaiswal）等人 [460] 在小波域和傅里叶域中进行多光谱插值。尽管这些算法计算复杂度较低，但它们仅对特定通道数量的特定 MSFA 有效，因此针对不同应用场景的通用性较差。此外，插值操作对测量噪声和畸变较为敏感，尤其在光谱通道数量增加时会产生严重的伪影。

为了提高去马赛克算法对不同 MSFA 的通用性并增强噪声鲁棒性，赫曼特·阿加瓦尔（Hemant K. Aggarwal）等人 [453] 引入了压缩感知技术 [472] 来解决多光谱去马赛克这一欠定问题。在此类算法中，MSFA 被当作压缩感知中的测量矩阵，并在离散余弦域 [453] 和小波域 [454] 中通过对其进行稀疏正则化来重建多光谱图像。与插值算法相比，赫曼特·阿加瓦尔等人的算法适用于不同的 MSFA。但是，由于变换域中的稀疏表达会丢失高频细节 [444]，因此这些算法难以恢复精细的空间结构信息。格里戈里奥斯·茨卡塔基斯（Grigorios Tsagkatakis）等人将全分辨率重建问题用公式表示为低秩矩阵填充问题，并引入了非负性 [455] 和图约束 [456] 来提高重建质量。尽管压缩感知框架提高了对 MSFA 的泛化性，但是在便于制备的规律型 MSFA 上，此类算法的重建精度有所下降 [450]。这是因为压缩感知理论要求测量矩阵服从随机分布，从而使得采样相关性较小 [472]。

新兴的深度学习技术通过训练大规模的网络来解决多光谱去马赛克算法的重建问题。贝尔纳多·亨茨（Bernardo Henz）等人使用卷积自编码网络来同时优化 MSFA（4×4）和多光谱重建，从而使两种优化设计紧密结合 [462]。瓦努阿图·肖波夫斯卡（Vana Shopovska）等人受残差网络的启发，在 2×2 RGB-NIR MSFA 上利用残差 U-Net 结构提高去马赛克算法的重建精度 [463]。克拉斯·迪克斯特拉（Klaas Dijkstra）等人则利用结构相似性作为目标函数来重建更多的图像细节 [444]。尽管大规模的网络训练提高了重建精度并节省了重建时所用的迭代次数，但庞大的训练数据集和复杂的网络使其难以高效地应用于新的 MSFA 设计。此外，当光谱通道数量增加时，神经网络难以充分利用多个光谱通道之间强大的光谱相关性来辅助恢复大量丢失的像素 [473]。同时，深度学习前向传播的质量会受到测量噪声和畸变的影响而降低，从而导致重建图像的细节较少且重建质量较差。

综上所述，现有的多光谱去马赛克算法存在重建精度低或在不同 MSFA 上泛化性能不佳的问题。接下来介绍的利用结构化自适应非局部优化的多光谱去马赛克算法能够充分利用光谱通道和时间通道提供的丰富场景信息，从而提高去马赛克算法的重建质量和泛化能力。

2. 技术原理

利用结构化自适应非局部优化的多光谱去马赛克算法的架构如图 4.17 所示。首先，使用高效的广义交替投影 TV 正则化方法 [474] 计算每个光谱通道中的光谱图像初始值。然后，重建步骤进入非局部优化迭代过程。这个过程由 3 个阶段组成，包括多维度结构相似图像块匹配、联合低秩优化和自适应迭代。

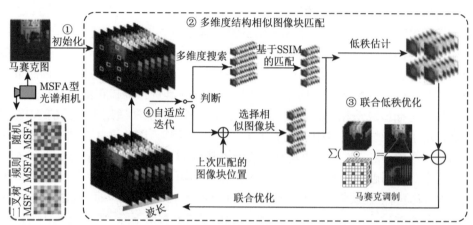

图 4.17 利用结构化自适应非局部优化的多光谱去马赛克算法的架构

（1）多维度结构相似图像块匹配

该算法首先按指定像素间隔选择多个样例图像块，然后进行相似图像块匹配操作，以此搜索大量与样例块结构相似的图像块。与采用欧几里得距离来匹配图像块的常规方法不同，该算法使用 SSIM[172] 作为匹配指标来更好地度量图像块之间的结构相似性。SSIM 不仅考虑了亮度差异，还结合了对比度和结构差异来定义总体指标。这不仅与生物视觉更加相似，而且更符合后续低秩正则化操作对图像块高结构相似度的要求。因此，它有助于更好地利用非局部相似性来提高去马赛克算法的重建精度（详见下文表 4.4 和表 4.5 中的实验结果）。

此外，得益于 MSFA 成像机制具有保持多个光谱通道和传感器全帧率的特点，该算法将相似图像块搜索范围从传统的空间维度扩展到空间–光谱–时间维度（即对于每个二维样例图像块，在多个光谱通道和时间帧中搜索与其相似的图像块）。扩展搜索范围能够进一步深度挖掘冗余信息来提高去马赛克算法的重建精度。如图 4.18 所示，多维度结构相似图像块匹配方法有助于提高匹配精度并搜索到结构上更相似的图像块。这些图像块被输入到后续的低秩优化中，以实现更高精度的去马赛克。

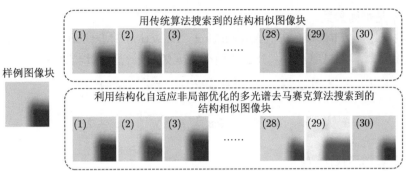

图 4.18 传统算法和利用结构化自适应非局部优化的多光谱去马赛克算法搜索到的匹配图像块的对比

（2）联合低秩优化

现有的非局部彩色去马赛克算法[470,471]对匹配得到的相似图像块集合直接做线性平均以进行图像重建，然而平均操作会丢失结构细节并降低重建精度[465]。而对于由一系列相似图像块构成的图像块矩阵，利用结构化自适应非局部优化的多光谱去马赛克算法，通过最小化它的秩来完成图像重建，该非线性优化能够挖掘更多潜在的图像信息[465-467]。

定义需要重建的多光谱数据为 $\boldsymbol{x}$，同时使用 $\widetilde{\boldsymbol{R}}_i$ 来表示第 i 次块匹配操作。块匹配操作得到的一组相似块表示为 $\widetilde{\boldsymbol{R}}_i\boldsymbol{x}$。基于上述定义，低秩优化可以表示为

$$\boldsymbol{x} = \arg\min_{\boldsymbol{x}} \sum_i \mathrm{rank}\left(\widetilde{\boldsymbol{R}}_i\boldsymbol{x}\right) \quad \text{s.t.} \quad \boldsymbol{y} = \boldsymbol{\Phi}\boldsymbol{x} \tag{4.52}$$

其中，$\boldsymbol{y}$ 是测量值，$\boldsymbol{\Phi}$ 表示马赛克成像模型的下采样操作。

为了解决式（4.52）中的 NP 难问题，引入加权核范数 $\|\cdot\|_{\omega,*}$（矩阵奇异值相加）来代替秩运算[466]。通过最小化加权核范数，式（4.52）可转化为

$$\boldsymbol{x} = \arg\min_{\boldsymbol{x}} \left(\|\boldsymbol{y} - \boldsymbol{\Phi}\boldsymbol{x}\|_{l_2}^2 + \lambda \sum_i \left\|\widetilde{\boldsymbol{R}}_i\boldsymbol{x}\right\|_{\omega,*} \right) \tag{4.53}$$

其中，λ 是平衡两个正则项的权重参数。

为了求解上述模型，引入附加变量 $\boldsymbol{L}_i$ 表示块匹配后生成的图像块矩阵 $\widetilde{\boldsymbol{R}}_i\boldsymbol{x}$，并将式（4.53）重写为

$$(\boldsymbol{x}, \boldsymbol{L}_i) = \arg\min_{\boldsymbol{x}, \boldsymbol{L}_i} \left\{ \|\boldsymbol{y} - \boldsymbol{\Phi}\boldsymbol{x}\|_{l_2}^2 \right. \tag{4.54}$$
$$\left. + \lambda \sum_i \left(\|\widetilde{\boldsymbol{R}}_i\boldsymbol{x} - \boldsymbol{L}_i\|_{\mathrm{F}}^2 + \eta \|\boldsymbol{L}_i\|_{\omega,*} \right) \right\}$$

其中，η 是平衡参数。

根据交替方向乘子法（Alternating Direction Method of Multipliers，ADMM）[396]，将式（4.54）分解成两个一元函数进行高效地求解：

$$L_i^{(k)} = \arg\min_{L_i} \left\| \widetilde{R}_i x^{(k-1)} - L \right\|_F^2 + \eta \left\| L_i \right\|_{\omega,*} \tag{4.55}$$

$$x^{(k)} = \arg\min_{x} \left\| y - \Phi x \right\|_{l_2}^2 + \lambda \sum_i \left\| \widetilde{R}_i x - L_i^{(k)} \right\|_F^2 \tag{4.56}$$

其中，k 表示迭代次数。

式（4.55）是一个典型的低秩优化模型，可以通过加权奇异值阈值法 [475] 对其求解得到低秩矩阵 L_i。随后将 L_i 输入式（4.56）进行联合优化，即可求解 x。由于大型矩阵的求逆运算复杂度较高，因此这里不直接求解式（4.56）的闭式解，而是采用共轭梯度算法 [466] 进行求解。通过交替求解两个一元方程，就可以完成多光谱图像的重建过程。

上述优化方法与直接融合低秩正则化结果作为输出的解压缩快照成像（Decompress Snapshot Compressive Imaging，DeSCI）方法不同 [467]。与之相反，上述方法在融合之前加入了马赛克成像模型以形成联合优化 [见式（4.56）]。尽管 DeSCI 方法也考虑了马赛克成像模型，但正如下文实验所证实的，仅当 DeSCI 方法满足大数定律时才接近上述联合优化，因此这就需要成像系统具有较多的光谱通道。这就是 DeSCI 方法在大多数实验中通道数都在 8 个及以上的原因。在通道数较少的情况下，上述方法在泛化性和重建精度方面都优于 DeSCI 方法。

（3）自适应迭代

上述联合低秩优化过程需要在多个维度上进行全局的结构相似图像块匹配，因此非局部优化方法将受制于较高的计算复杂度 [467]。另外，与传统的欧几里得距离相比，利用结构化自适应非局部优化的多光谱去马赛克算法所采用的 SSIM 度量标准需要更大的计算量。为了缩短运行时间并提高重建效率，该算法还使用了一种自适应迭代策略，其原理是随着迭代的进行，重建图像将逐渐接近真值，因此前后两次的块匹配结果有很大概率保持相似或相同。在此前提下，该算法不同于传统固定迭代块匹配，而是将其与两次相继迭代之间的重建差异相关联。假设已经在当前第 k_m 次迭代中实施了块匹配，则下一次实施块匹配的迭代为

$$k_m' = k_m + \left[\frac{\mu}{\text{average}\left(\left| x^{(k_m)} - x^{(k_m-1)} \right| \right)} \right] \tag{4.57}$$

其中，μ 是一个预设参数，$[\cdot]$ 表示取整运算。

两次相继迭代之间的微小差距将降低块匹配的频率。调整参数 μ 可以改变块匹配周期的变化率。这种自适应迭代策略有助于消除不必要的计算并提高重建效率。

基于以上推导,利用结构化自适应非局部优化的多光谱去马赛克算法见算法 4.3。

算法 4.3 利用结构化自适应非局部优化的通用多光谱去马赛克算法

输入: 采集的马赛克图像 $\boldsymbol{y}$,多光谱滤波阵列 $\boldsymbol{\Phi}$。

过程:

1: 初始化:$\boldsymbol{x}^{(0)}$(GAP-TV);

2: **while** $||\boldsymbol{x}^{(k_m)} - \boldsymbol{x}^{(k_m-1)}|| > t_{\mathrm{converge}}$ **do**

3: 　　**if** $k = k_m + \left\lceil \dfrac{\mu}{||\boldsymbol{x}^{(k_m)} - \boldsymbol{x}^{(k_m-1)}||} \right\rceil$ **then**

4: 　　　　对每个样例图像块 $\boldsymbol{x}_i$ 在图像中匹配相似块 $\boldsymbol{x}^{(k-1)}$,然后更新 $\widetilde{\boldsymbol{R}}_i$;

5: 　　　　$k_m = k$;

6: 　　**end if**

7: 　　利用式(4.55)优化每个数据矩阵 $\widetilde{\boldsymbol{R}}_i \boldsymbol{x}^{(k-1)}$ 的低秩矩阵 $\boldsymbol{L}_i^{(k)}$;

8: 　　通过式(4.56)重建多光谱图像 $\boldsymbol{x}^{(k)}$;

9: **end while**

输出: 多光谱图像 $\boldsymbol{x}$。

3. 实验验证

为了验证算法 4.3 的有效性,首先将 CAVE 多光谱数据集[173]和 Monno 多光谱数据集[458]中的多光谱图像合成为采集的马赛克图像,然后用算法 4.3 进行多光谱去马赛克实验。为了研究在不同 MSFA 上的泛化性能,实验引入了 3 种常见的 MSFA 设计方式,如图 4.17所示,包括随机排列[453]、规则排列[476]和二叉树排列[441]。这 3 种排列涵盖了大多数的 MSFA 排列方式。此外,我们使用不同的光谱通道数(4~9)进行了实验。所有实验都使用 MATLAB 计算完成,计算平台配置有 Intel Core i7 处理器(3.6GHz)和 64GB 内存。

为了展示算法 4.3 相对于传统非局部算法的优势,实验中将算法 4.3 分解为 3 个版本:"Single" 算法表示在每个单通道中进行非局部优化,"Multi" 算法表示将块匹配范围扩展到多个维度,而 "Multi+SSIM" 算法表示进一步将结构相似性指数应用于块匹配操作。该实验同时运行了其他 4 种去马赛克算法作为比较,包括基于插值的二叉树边缘感知(Binary Tree Edge Sensing, BTES)算法[441]、基于离散余弦变换的压缩感知(DCT)算法[453]、基于广义交替投影的 TV 最小化(GAP-TV)算法[474]和解压缩快照成像(DeSCI)算法[467]。尽管 GAP-TV 算法和 DeSCI 算法应用于快照压缩成像系统而不是 MSFA 多光谱相机,但它们可以通过在光谱维度上分解马赛克掩模来生成每个通道中的调制掩模,从而应用到去马赛克任务中。这些算法的所有参数均已通过调试调整至最优。算法 4.3 的参数设置为：$\lambda = 0.01$，$\eta = 0.1$，$\mu = 0.1$，图像块大小为 8×8 像素，并为每个样例图像块寻找 36 个匹配的图像块。

（1）整体评估

表 4.4 中汇总了各个算法定量比较的结果，其中每个指标值都是在不同测试图像上的平均值。由结果可见，在不同的 MSFA 排列和通道数下，算法 4.3 可以有效提高去马赛克算法的重建精度。总的来说，非局部优化算法要优于局部优化算法，而多通道优化则因为受益于多维信息冗余而优于单通道优化。与 DeSCI 算法相比，算法 4.3 在较少的通道上更具优势，这得益于其联合优化的策略。仅当 DeSCI 算法满足大通道数量情况下的大数定律时，它才近似于算法 4.3 的联合优化。此外，与传统算法（Multi）相比，算法 4.3 的结构块匹配策略（Multi+SSIM）也进一步提高了去马赛克算法的重建精度。

表 4.4　在仿真数据上定量比较各个算法在不同 MSFA 排列和通道数量下的去马赛克结果

多光谱滤波阵列	算法	4 通道		5 通道		6 通道		7 通道		8 通道		9 通道	
		PSNR (dB)	SSIM	PSNR (dB)	SSIM	PSNR (dB)	SSIM	PSNR (dB)	SSIM	PSNR (dB)	SSIM	PSNR (dB)	SSIM
随机排列	BTES	13.45	0.5290	12.91	0.4844	12.43	0.4680	12.13	0.4394	11.97	0.4256	11.66	0.3827
	DCT	22.67	0.8450	24.41	0.8399	22.16	0.7956	23.08	0.7837	21.91	0.7568	20.65	0.7316
	GAP-TV	29.81	0.9409	28.77	0.9263	27.60	0.9074	26.79	0.8919	26.39	0.8806	25.85	0.8665
	DeSCI	31.91	0.9657	30.47	0.9517	28.86	0.9343	27.74	0.9184	27.17	0.9038	26.53	0.8910
	Single	31.46	0.9536	30.19	0.9401	28.56	0.9211	27.71	0.9085	27.02	0.8938	26.18	0.8764
	Multi	32.31	0.9664	30.90	0.9535	29.40	0.9396	28.18	0.9248	27.67	0.9122	26.84	0.8993
	Multi+SSIM	**34.14**	**0.9753**	**31.17**	**0.9636**	**30.52**	**0.9535**	**29.37**	**0.9407**	**28.72**	**0.9292**	**27.80**	**0.9175**
规则排列	BTES	20.35	0.6187	13.28	0.5126	12.53	0.4731	12.33	0.4525	11.99	0.4367	11.72	0.3940
	DCT	12.07	0.4997	12.39	0.5044	12.07	0.5045	11.93	0.5053	11.71	0.5066	11.51	0.4733
	GAP-TV	31.36	0.9582	30.40	0.9480	28.07	0.9162	27.84	0.9104	27.19	0.8999	26.97	0.8932
	DeSCI	31.98	0.9541	31.44	0.9478	28.33	0.9120	28.22	0.9077	27.43	0.8969	27.19	0.8913
	Single	32.11	**0.9592**	30.69	0.9471	28.15	0.9151	27.81	0.9081	27.20	0.8992	26.99	0.8912
	Multi	32.06	**0.9592**	31.46	0.9542	28.40	0.9176	28.28	0.9119	27.45	0.9012	27.20	0.8946
	Multi+SSIM	**32.42**	0.9560	**32.82**	**0.9641**	**28.75**	**0.9249**	**28.66**	**0.9217**	**27.67**	**0.9083**	**27.33**	**0.9020**
二叉树排列	BTES	29.47	0.9458	28.85	0.9343	28.07	0.9213	27.68	0.9133	27.34	0.9071	26.56	0.8907
	DCT	12.07	0.4995	11.97	0.4994	11.80	0.4985	11.82	0.4953	11.70	0.4987	11.54	0.4806
	GAP-TV	31.35	0.9582	30.35	0.9467	29.49	0.9339	28.98	0.9261	28.58	0.9200	27.80	0.9046
	DeSCI	31.97	0.9539	31.15	0.9450	30.37	0.9361	29.93	0.9307	29.54	0.9259	28.61	0.9114
	Single	32.00	0.9584	31.02	0.9493	30.16	0.9390	29.67	0.9318	29.26	0.9265	27.81	0.9038
	Multi	32.05	0.9599	31.25	0.9523	30.44	0.9413	29.95	0.9355	29.58	0.9305	28.63	0.9152
	Multi+SSIM	**32.58**	**0.9674**	**32.22**	**0.9606**	**31.31**	**0.9526**	**30.65**	**0.9465**	**30.29**	**0.9424**	**29.14**	**0.9269**

由于神经网络在各种升维任务中的卓越性能 [477]，实验采用了 U-Net 模

型 [463] 和 TENet 模型 [478] 作为深度学习算法与算法 4.3 进行比较。网络在 CAVE
数据集和 Monno 数据集上进行训练，训练集总共包含 14,284 个样本（128×128 像
素）。考虑到深度学习技术在不同 MSFA 上的通用性较差，因此此实验中将 MSFA
固定为二叉树排列。实验所采用的光谱通道数量包括 4、6 和 9，并在 NVIDIA
GeForce GTX 1060 6GB 上训练这些通道数量不同的去马赛克神经网络，训练
时间需要一周左右。测试结果如图 4.19 所示。由结果可见，尽管深度学习算法

通道数量	算法	CAVE		Monno	
		PSNR（dB）	SSIM	PSNR（dB）	SSIM
4	U-Net	30.74	0.9370	33.09	0.9752
	TENet	33.82	**0.9607**	38.03	0.9897
	算法4.3	**34.07**	0.9554	**39.61**	**0.9929**
6	U-Net	30.39	0.9102	30.88	0.9258
	TENet	31.27	0.9411	32.49	0.9761
	算法4.3	**32.91**	**0.9430**	**37.47**	**0.9898**
9	U-Net	26.29	0.8995	25.68	0.9375
	TENet	29.04	0.9226	33.07	0.9733
	算法4.3	**30.62**	**0.9369**	**34.13**	**0.9755**

（a）

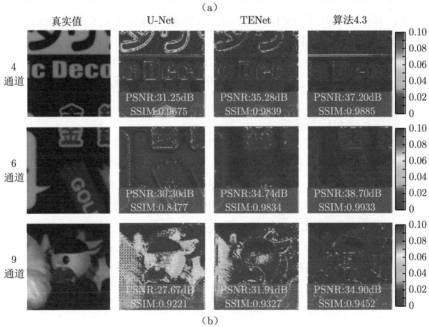

（b）

图 4.19　U-Net、TENet 和算法 4.3 之间的对比

（a）在不同光谱通道数量下的定量比较　（b）对应误差图

在 RGB 去马赛克任务中较大幅度地提高了重建精度，但是当通道数量和细微结构增加时，深度学习算法的重建精度并无较大提升。相比之下，算法 4.3 可以重建更多的微小结构。此外，神经网络对测量噪声并不鲁棒。尽管噪声正则化或额外加入含噪声训练数据集可能有助于提高噪声鲁棒性，但是也进一步提升了复杂度。总而言之，上述定量和定性比较均表明了算法 4.3 在多光谱去马赛克任务中的优势。

（2）在不同 MSFA 上的泛化性

BTES 算法仅适用于特殊设计的二叉树排列掩模。这是因为该算法利用了二叉树排列的结构特性来设计重建算法，因此不适用于其他排列方式。同样有类似问题的是基于压缩感知的 DCT 算法，它仅对随机排列掩模有效，但对规则排列和二叉树排列的掩模均会在重建结果中产生比较严重的伪影畸变。这是因为压缩感知原理要求测量矩阵是随机的，以确保测量值之间的不相关性 [472]。然而在工业生产中，为了确保制造的实用性和便利性，MSFA 通常是通过重复基本排列的方式设计的 [450]，例如规则排列和二叉树排列。相比之下，得益于联合低秩优化和结构化块匹配策略，算法 4.3 能够在不同的 MSFA 排列和通道数量下实现最优的多光谱去马赛克重建。图 4.20 展示了在不同马赛克排列和通道数量下不同算法的重建图像对比。每幅图像的右侧均展示了局部特写和相应的误差图。与其他算法相比，算法 4.3 能够实现更高保真度的细节重建，输出结构具有更少的伪影畸变。同时，算法 4.3 在不同的掩模排列方式和通道数量下均能够保持最优的重建效果。由结果可见，二叉树排列能够实现比随机排列和规则排列更高质量的重建，尤其是在光谱通道数量较大的情况下。因此，考虑到其出色的去马赛克性能和制造便利性，可以得出结论：实际应用中 MSFA 设计的较优选择是使用二叉树排列方式。

（3）对测量噪声的鲁棒性

上面的仿真实验都假定没有测量噪声，但是在实际应用中，采集数据中通常会由于暗电流和热噪声之类的各种原因出现测量噪声 [366,468]。为了研究上述算法的噪声鲁棒性，实验进一步在合成的马赛克图像中加入不同级别的高斯白噪声。噪声级别定义为噪声的标准差与马赛克图像的最大像素值之比。定量比较结果见表 4.5。图 4.21 中还展示了 6 通道二叉树排列掩模下的去马赛克重建图像，局部特写和相应的误差图展示在每幅图像的右边。结果表明，算法 4.3 对测量噪声具有较强的鲁棒性，并且在结构细节的重建上优于其他算法。这得益于其多维度联合的低秩优化。

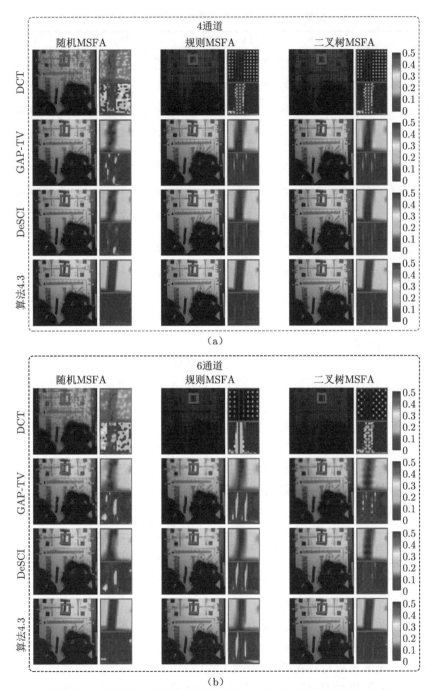

图 4.20　不同马赛克排列和通道数量下不同算法的重建图像对比
（a）4 通道下的重建图像对比　（b）6 通道下的重建图像对比

表 4.5　定量比较不同算法在不同噪声等级下的去马赛克结果

MSFA	噪声等级	BTES		GAP-TV		DeSCI		Single		Multi		Multi+SSIM	
		PSNR	SSIM	PSNR	SSIM	PSNR	SSIM	PSNR	SSIM	PSNR	SSIM	PSNR	SSIM
随机排列	1×10^{-5}	8.76	0.2620	22.19	0.8446	23.36	0.8924	24.04	0.8968	24.03	0.9038	**24.71**	**0.9177**
	1×10^{-4}	8.76	0.2558	22.13	0.8289	23.20	0.8772	23.52	0.8757	23.82	0.8915	**24.29**	**0.9047**
	1×10^{-3}	8.75	0.2464	21.72	0.7403	22.52	0.8039	22.59	0.7797	22.93	0.8064	**23.37**	**0.8137**
规则排列	1×10^{-5}	8.82	0.2629	22.97	0.8662	23.28	0.8739	23.12	0.8725	23.37	0.8831	**23.48**	**0.8890**
	1×10^{-4}	8.82	0.2591	22.91	0.8496	23.21	0.8632	23.04	0.8564	23.28	0.8657	**23.37**	**0.8730**
	1×10^{-3}	8.81	0.2510	22.39	0.7590	**22.62**	**0.7963**	22.37	0.7746	22.59	0.7944	22.58	0.7935
二叉树排列	1×10^{-5}	22.94	0.8681	24.62	0.8955	25.33	0.9062	25.30	0.9118	25.52	0.9170	**26.20**	**0.9245**
	1×10^{-4}	22.89	0.8555	24.53	0.8787	25.19	0.8951	25.05	0.8922	25.37	0.8986	**25.94**	**0.9070**
	1×10^{-3}	22.45	0.7828	23.76	0.7876	24.23	0.8249	23.91	0.8084	24.28	0.8280	**24.50**	**0.8290**

（4）运行效率

如前文所述，算法 4.3 中使用了一种自适应迭代策略来提高运行效率。不同于传统算法以固定周期实施块匹配操作，算法 4.3 的块匹配频率与两次相继迭代的重建差异相关联，并以自适应的方式自动调整。为了验证其有效性，实验统计了使用和不使用自适应迭代策略的算法运行时间，结果见表 4.6。由结果可见，与使用传统迭代策略的算法相比，采用自适应迭代策略的算法可节省约 97% 的运行时间。需要注意的是，算法 4.3 的运行时间仍比 DeSCI 算法的运行时间长，这是因为其块匹配操作使用了更复杂的 SSIM 指标。

表 4.6　不同算法在 6 通道二叉树 MSFA 下完成多光谱去马赛克所需的运行时间比较

算法	BTES	DCT	GAP-TV	DeSCI	结构化自适应非局部优化（每次进行图像块匹配操作）	结构化自适应非局部优化（自适应图像块匹配策略）
时间（min）	0.16	22.55	0.08	11.01	976.64	26.78

（5）在真实采集图像上的实验

以上实验均是在仿真合成的数据上进行的，以此研究在不同采集环境下各种算法的去马赛克性能。为了验证算法 4.3 在实际应用中的有效性，我们搭建了一套原型样机系统来采集马赛克图像，如图 4.22（a）所示。首先，使用相机镜头将来自目标场景的光场聚焦到 DMD（Texas Instrument DLP Discovery 4100 Development Kit.7XGA）上。DMD 控制着被反射到传感器（Sony FCB-EV7520A）上的像素值。在 DMD 和传感器之间放置了一个可调带通滤光片（Thorlabs Kurios-VB1/M），从而实现在特定波长下控制通过的光场。可调带通滤光片的半高宽为 18nm。在单次曝光期间，DMD 和可调带通滤光片按照 MSFA 设置同时更改调制模式和调制波长。每个波长的持续时间通过可调滤波器的峰值透射率进行归一化，以确保不同通道的透射强度一致。DMD 和可调滤波器的组合实现了像素级的 MSFA 调制。实验中，使用该系统在 6 通道二叉树排列掩模下采集马赛克图像，并使用算法 4.3 进行多光谱去马赛克操作。此外，该系统能够将所有 DMD 单元设置为反射状态来采集多光谱真值图像，用于量化不同算法的去马赛克精度。为了进行比较，用单帧块匹配策略下的重建和空间-光谱-时间匹配策略（实验中使用 2 帧）表示算法的两种策略。结果展示在 4.22（b）中，这与上述仿真结果一致，即算法 4.3 优于其他算法，能够以较高的保真度重建场景的结构细节。

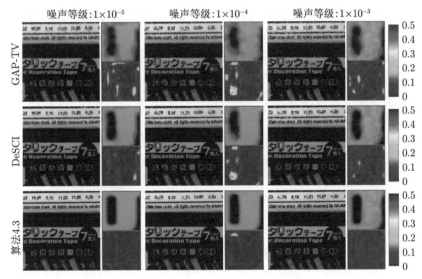

图 4.21　在不同噪声等级下的重建图像

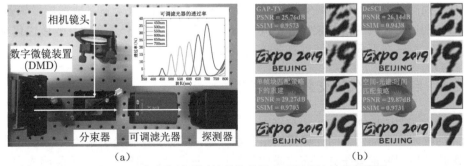

（a）　　　　　　　　　　　　　　　　（b）

图 4.22　真实实验所用的采集装置和不同算法的重建结果

（a）采集马赛克图像所用的原型样机系统　（b）在 6 通道二叉树排列的 MSFA 下重建结果

4. 总结与讨论

本小节介绍了一种利用结构化自适应非局部优化的多光谱去马赛克算法。在此算法中，相似图像块匹配被扩展到了空间–光谱–时间维度，从而能够充分利用多光谱图像的冗余信息。传统算法用于比较图像块相似度的欧几里得距离指标被 SSIM 替代，从而更符合人类视觉和低秩正则化的要求。匹配后的图像块集合会在输出重建图像前联合非局部低秩约束和马赛克调制模型约束进行优化。为了提高运行效率，该算法使用了一种自适应迭代策略，可以自动调整图像块匹配周期，从而能够在不牺牲重建质量的情况下去除不必要的计算。我们搭建了一个原型样机系统来采集马赛克图像。在合成数据和实际采集数据上的实验验证了利用结构化自适应非局部优化的多光谱去马赛克算法优异的多光谱去马赛克性能和泛化性能。实验还使用该算法比较了不同的 MSFA 设计，得出的结论为二叉树排列设计在不同通道数下比随机排列和规则排列更有利于去马赛克重建。

在实际应用中，尽管自适应迭代策略可以有效缩短运行时间，但未来使用下述方法仍有进一步改进的空间。首先，可以通过深度学习技术进一步改进图像块相似性度量方法，从而通过大规模训练提高匹配精度，并通过低计算复杂度的正向传播提高匹配效率 [345]。其次，还可以引入深度学习技术来代替低秩正则化，这有望降低计算复杂度 [479]。以上两种基于深度学习的策略不限于特定的 MSFA，因此与现有的深度学习去马赛克技术相比具有较好的泛化性能。

4.2　复数域优化

如本书 2.3 节所述，复数域成像与实数域成像不同，它既提供了目标场景的强度信息，同时也提供了目标场景的相位信息，在光学、材料、地球和生命科学等众多领域具有广泛应用。与实数域成像类似，复数域成像在数据采集过程中同样会受到测量噪声、物理畸变等影响，导致采集数据信噪比下降，成像质量较差。本节分别针对不同的重建架构和不同的测量噪声来源介绍一系列的复数域优化重建方法，能够在不同应用场景有效提高复数域成像质量。

4.2.1　自适应迭代的交替投影重建

编码照明成像能够在光学系统中提高成像分辨率和提取高维信息。该技术将光照的编码和目标图像的计算重构结合在一起，有助于克服光学系统的硬件限制。实际成像应用要求系统具有高信噪比和低计算复杂度，但现有的编码照明成像重建方法往往在这两者之间存在折中。本小节针对编码照明成像介绍一种同时具有噪声鲁棒性和低复杂度的重建算法——自适应迭代的交替投影重建算法。该算法以迭代方式运行,每轮迭代由以下两个步骤组成。首先,将采集数据输入到一个非均一和自适应的加权求解器中,该求解器的权重在每次迭代中均进行更新。这将由粗略到细致地有效识别和抑制不同的测量噪声。然后,将计算出的潜在信息输入交替投影优化框架,通过施加约束来重建目标图像,无须矩阵升维。作者团队已经成功地将该算法应用于结构光照明(Structured Illumination,SI)成像和FP 技术。仿真结果和实验结果均表明,该算法鲁棒性强、计算复杂度低、收敛速度快,可用于各种非相干和相干的编码照明成像模型。

1. 技术背景

编码照明成像可有效提高光学系统的成像分辨率 [11,480] 和提取高维信息,已被应用到定量相位成像 [481]、多模态成像 [482] 和三维成像 [483] 等领域。该技术将光学照明编码和目标图像的计算重构结合在一起,以克服例如光衍射和纯强度传感 [11,15,197,480] 的限制。通过改变照明的编码掩模,通常可以采集多组测量值来提取目标场景的更多信息。根据光的相干状态,编码照明成像可分为相干和非相干两种类型。诸如 FP[11] 和相干衍射成像 [197] 等相干成像系统使用相干光作为光源并进行波前调制。而 SI[480] 和 SPI[15] 等系统属于非相干成像,因为它们使用非相干光照明并对其强度进行编码。

非相干编码照明成像的数学模型是在实数域中进行描述的,基于 LS[484] 和基于 CS[49,51] 的算法通常被用于从测量数据中重建目标图像。LS 算法通过最小化测量值和对应的仿真估计值之间的差异来重建目标。CS 算法通过解决一个优化问题来重建目标图像,该优化问题的前提是自然图像可以用过完备基稀疏表示。CS 算法比 LS 算法对测量噪声鲁棒性更强,但是计算复杂度更高。

相干编码照明成像的重建过程可以在数学上描述为相位恢复过程 [185],其在已知测量强度和线性变换的情况下重建复函数。现有的相位恢复算法可分为 3 类,包括 AP 算法 [485-490]、WF 算法 [491,492] 和半定规划(Semidefinite Programming,SDP)算法 [493,494]。AP 算法通过在目标平面和测量平面上交替地施加约束来重建要恢复的目标信号 [48],属于基于幅度的最小二乘优化 [64],同样适用于非相干成像 [67,480,495]。AP 算法的计算复杂度低,但由于测量值是作为约束直接施加在变量上的,因此其对测量噪声较为敏感 [185],会引入重建误差。WF 算法是基于强度的最小二乘优化,通过使用 Wirtinger 导数的梯度下降框架 [491] 达到全局最优,但比 AP 算法 [64] 更耗时。SDP 算法也是基于强度的最小二乘优化,但是它进行了矩阵升维,将传统的二次相位恢复模型转换成更高维度的线性模型 [496],并且利用半定松弛约束来搜索具有高信噪比的全局最优。由于需要矩阵升维,该算法比前两种算法的计算要求更高 [64,185]。上述算法在高信噪比和低计算复杂度之间均存在折中,难以应用于同时要求高信噪比和低计算复杂度的实际成像应用中。

本小节介绍的同时具有噪声鲁棒性和低计算复杂度的编码照明成像重建算法——自适应迭代的交替投影重建算法，可同时适用于非相干和相干成像模型。该算法与 AP 算法框架类似，通过在不同域交替施加约束来迭代地更新变量，但区别在于不直接将测量值作为优化约束。具体地，每轮迭代由两个步骤组成。首先，将采集数据输入到一个自适应的加权求解器中，通过识别噪声点来计算潜在的真值信息。求解器的权重随每次迭代更新以接近目标场景信息并提高重构质量。然后，使用计算出的潜在真值信息通过反向重建过程来更新目标图像。作者团队已经将该算法应用到了非相干 SI 成像和相干 FP 技术中。仿真结果和实验结果均表明，该算法的优点在于以下 3 个方面。

（1）鲁棒性强：非均一和自适应加权解算器能够从粗略到细致地有效识别和抑制不同的测量噪声，有效提取目标细节的潜在真值信息。

（2）计算复杂度低：基于 AP 的优化通过在不同域中施加约束来更新变量，无须矩阵升维。与传统的基于 CS 和基于 SDP 的算法相比，计算成本大大降低。

（3）收敛速度快：联合的迭代框架将噪声衰减和 AP 重建结合在一起，防止了迭代误差传入后续优化，从而确保目标函数单调最小化和快速收敛。

2. 技术原理

编码照明成像过程可表示为

$$I = |\mathcal{T}(P \odot O)|^2 \tag{4.58}$$

其中，I 表示采集图像，P 表示光照的编码掩模，O 表示目标图像，$\odot$ 表示点积运算，$\mathcal{T}$ 表示目标平面和测量平面上的信号之间的线性变换。

非相干成像系统使用非相干光照明，式（4.58）的所有变量都在实数域中。SI 成像 [480] 是一种典型的非相干编码照明成像方法，其利用空间域中的正弦掩模对非相干光的强度进行调制。通过这种方式，由于光衍射而被滤除的高频信息被平移到了低频区域，并且可以通过解相关算法来重建，从而提高分辨率。SI 成像过程如图 4.23（a）所示，其中，$O \in \mathbb{R}^{n \times n}$，表示真实的目标图像；$P \in \mathbb{R}^{n \times n}$，表示正弦照明掩模；$I \in \mathbb{R}^{n \times n}$，表示采集的图像，$\mathcal{T}$ 表示低通滤波，$\mathcal{T}^{-1}$ 表示在 SI 成像情况下反卷积。

相干成像系统使用相干光照射目标。在这种情况下，光学编码函数和目标函数都属于复数域。以 FP[11] 为例，其成像模型如图 4.23（b）所示。FP 对光的入射角度进行调制，使目标的频谱发生了平移，平移后的频谱可表示为 $O \in \mathbb{C}^{n \times n}$。经过光瞳函数 $P \in \mathbb{C}^{n \times n}$ 滤波以及傅里叶逆变换后，波前到达探测器平面，由探测器采集到纯强度图像 $I \in \mathbb{R}^{n \times n}$。因此，$\mathcal{T} = \mathscr{F}^{-1}$ 表示 FP 模型的傅里叶逆变换，$\mathcal{T}^{-1}$ 表示傅里叶变换。利用相位恢复重建方法，可以将不同入射角度下的图像在傅里叶域中拼接在一起，获得高分辨率的目标幅度和相位信息。

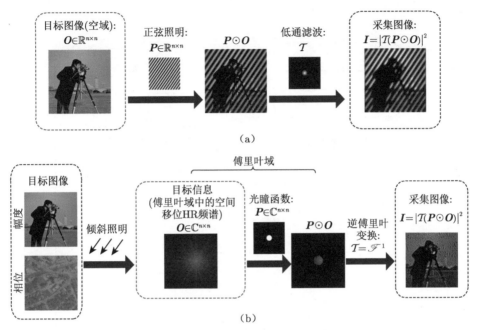

(a)

(b)

图 4.23　编码照明成像的两个示例成像模型

（a）SI 成像的模型　（b）FP 的成像模型

编码照明成像重建的目的是从采集数据 I 和光照编码函数 P 中恢复目标信息 O。为便于算法推导，引入中间变量 $\Psi = P \odot O$（目标平面上的光照编码）及 $\Phi = \mathcal{T}(\Psi)$（成像系统的光学变换），并将成像模型改写为

$$I = |\Phi|^2$$
$$\Phi = \mathcal{T}(\Psi) \tag{4.59}$$
$$\Psi = P \odot O$$

重建过程是：首先初始化目标信息 O_0，然后进行迭代优化。迭代流程如图 4.24 所示，其由两个步骤组成，即从测量值中提取潜在幅度真值信息 $|\Phi|$ 和对目标更新施加约束。

（1）从测量值中提取潜在幅度信息 $|\Phi|$

利用上一次迭代更新的目标图像 O_n 和光照编码掩模 P，目标平面的光场可以表示为 $\Psi_n = P \odot O_n$，测量平面的波前为 $\Phi_n = \mathcal{T}(\Psi_n)$。在没有噪声的理想情况下，$I = |\Phi|^2$，因此可以用 $\sqrt{I}$ 替换 Φ_n 的幅度来实现测量平面的一致性约束，

即 $\Phi_{n+1} = \sqrt{I}\Phi_n/|\Phi_n|$。这就是传统 AP 算法的实现方式。但在实际应用中，由于曝光时间的限制和系统误差，测量噪声普遍存在，这将给后续迭代带来畸变，降低重建质量。

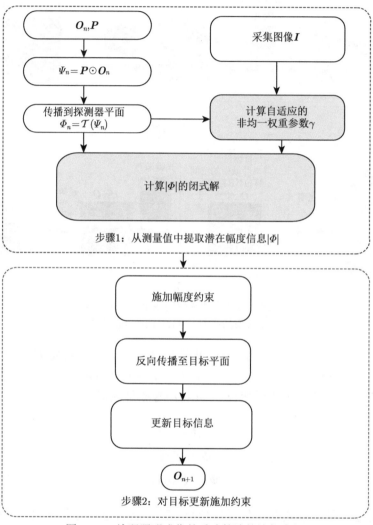

图 4.24　编码照明成像的重建算法的迭代流程

为了消除测量噪声的负面影响，自适应迭代的交替投影重建算法中使用泊松分布 [124] 来描述光子到达测量平面的统计特性：

$$I \sim \text{Poisson}\left(|\Phi|^2\right) \tag{4.60}$$

其中信号的概率分布函数为 $\exp\left(-\left|\Phi\right|^2\right)\cdot\left(\left|\Phi\right|^2\right)^{\boldsymbol{I}}/\boldsymbol{I}!$，其中 e 为欧拉数，$\boldsymbol{I}!$ 是 $\boldsymbol{I}$ 的阶乘。$\boldsymbol{I}$、$\left|\Phi\right|^2$ 和对应的计算都是逐像素的。根据最大似然估计理论[497]，潜在的幅度真值信息 $\left|\Phi\right|$ 可以通过以下概率最大化优化进行提取：

$$\arg\max_{\left|\Phi\right|}\ \lg\frac{\mathrm{e}^{-\left(\left|\Phi\right|^2\right)}\left(\left|\Phi\right|^2\right)^{\boldsymbol{I}}}{\boldsymbol{I}!}\quad\Longleftrightarrow\quad\arg\max_{\left|\Phi\right|}\ -\left|\Phi\right|^2+\boldsymbol{I}\lg\left|\Phi\right|^2 \tag{4.61}$$

由于幅度信息应该符合测量模型，这里引入二次正则化项来约束 Φ 和它的前向估计 $\mathcal{T}\left(\Psi_n\right)=\mathcal{T}\left(\boldsymbol{P}\odot\boldsymbol{O}_n\right)$ 的幅度一致，得到重建幅度信息 $\left|\Phi\right|$ 的优化目标函数：

$$\min\ L\left(\left|\Phi\right|\right)=\left|\Phi\right|^2-\boldsymbol{I}\lg\left|\Phi\right|^2+\frac{1}{\gamma}\left(\left|\Phi\right|-\left|\mathcal{T}\left(\boldsymbol{P}\odot\boldsymbol{O}_n\right)\right|\right)^2 \tag{4.62}$$

其中，γ 是一个用于平衡泊松项和正则化项的权重参数。

值得注意的是，该目标函数没有假设任何噪声模型，因此适用于各种测量噪声模型[45]。后续的仿真实验结果也验证了这一点。

式（4.62）中的 $L\left(\left|\Phi\right|\right)$ 对 $\left|\Phi\right|$ 的求导为

$$\frac{\partial L}{\partial\left|\Phi\right|}=2\left|\Phi\right|-\frac{2\boldsymbol{I}}{\left|\Phi\right|}+\frac{2}{\gamma}\left(\left|\Phi\right|-\left|\mathcal{T}\left(\boldsymbol{P}\odot\boldsymbol{O}_n\right)\right|\right) \tag{4.63}$$

令导数为 0，可得

$$\left(1+\frac{1}{\gamma}\right)\left|\Phi\right|^2-\frac{1}{\gamma}\left|\mathcal{T}\left(\boldsymbol{P}\odot\boldsymbol{O}_n\right)\right|\left|\Phi\right|-\boldsymbol{I}=0 \tag{4.64}$$

因此，$\left|\Phi\right|$ 的闭式解为

$$\left|\Phi_{n+1}\right|=\frac{\dfrac{1}{\gamma}\left|\mathcal{T}\left(\boldsymbol{P}\odot\boldsymbol{O}_n\right)\right|+\sqrt{\left(\dfrac{1}{\gamma}\left|\mathcal{T}\left(\boldsymbol{P}\odot\boldsymbol{O}_n\right)\right|\right)^2+4\left(1+\dfrac{1}{\gamma}\right)\boldsymbol{I}}}{2\left(1+\dfrac{1}{\gamma}\right)} \tag{4.65}$$

如前文所述，γ 是一个平衡泊松项和正则化项的权重参数。对于噪声较大的像素点，γ 值应该设置为较小的数值，以此来减小正则化项的权重，从而防止测量噪声传递到后续的迭代中。如果测量值准确无噪声，γ 值应该设置为较大的数值，以此来保证 $\boldsymbol{I}$ 中的信息成功地传给后续迭代。基于上述分析，自适应迭代的交替投影重建算法采用了一种自适应的非均一 γ 权重函数：

$$\gamma=\frac{1}{\lg_k\left(1+\left|\boldsymbol{I}-\left|\mathcal{T}\left(\boldsymbol{P}\odot\boldsymbol{O}_n\right)\right|^2\right|\right)} \tag{4.66}$$

该算法用测量值 I 和它的前向估计 $\left|\mathcal{T}\left(\boldsymbol{P}\odot\boldsymbol{O}_n\right)\right|^2$ 之间的差异来估计每个像素点的噪声水平。与上述分析一致，差异越大时，噪声水平就越高，对应 γ 值越小。当没有噪声的时候，$\gamma\to+\infty$，式（4.65）中的 $\left|\Phi_{n+1}\right|$ 近似于 $\sqrt{I}$，意味着在这种情况下测量值在 $\left|\Phi_n\right|$ 的更新中起着主导作用。当噪声非常大时，$\gamma\to0$，$\left|\Phi_{n+1}\right|\to\left|\mathcal{T}\left(\boldsymbol{P}\odot\boldsymbol{O}_n\right)\right|$，这表明幅度信息主要保留其仿真估计值以避免噪声干扰。

参数 k 是由用户预先设定的，其作用为调整 γ 的变化率。不同 k 值下的权重函数及其在不同噪声水平下的相应重建图像如图 4.25 所示。可以看到，当 k 很小时（如 $k=1.01$），权重曲线较为陡峭。在这种情况下，测量噪声得到了有效的抑制，但同时潜在目标信息的细节也丢失较多，导致分辨率较低。当 k 值很大时（如 $k=1000$），曲线变化平缓，I 中的更多信息被保留并传递到重建过程，因此在低噪声水平下可以获得高分辨率。在实际应用中，对于不同的系统，k 需要根据不同的噪声水平进行调整，才能获得较好的重建效果。

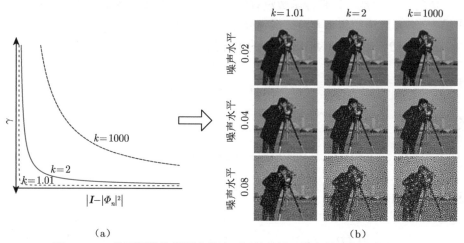

图 4.25　k 的不同数值设置会导致不同的权重函数和不同的重建效果

（a）权重函数曲线　　（b）重建效果

（2）对目标更新施加约束

用提取的幅度真值信息 $\left|\Phi_{n+1}\right|$ 在测量平面对波前施加幅度约束得到：

$$\Phi_{n+1}=\left|\Phi_{n+1}\right|\frac{\Phi_n}{\left|\Phi_n\right|} \tag{4.67}$$

对更新后的波前进行反向传播来更新目标图像[498]。在目标平面 $\varPsi$ 的波前更新为

$$\varPsi_{n+1}=\varPsi_n+\mathcal{T}^{-1}\left(\Phi_{n+1}-\mathcal{T}\left(\varPsi_n\right)\right) \tag{4.68}$$

目标信息的更新规则为

$$O_{n+1} = O_n + \alpha \frac{\boldsymbol{P}^*}{|\boldsymbol{P}|_{\max}^2} (\varPsi_{n+1} - \varPsi_n) \tag{4.69}$$

其中，α 为学习率。

上述第 n 次迭代过程得到的 $\boldsymbol{O}_{n+1}$ 为下一次（第 $n+1$ 次）迭代的输入。整个优化过程对所有采集数据（SI 成像中不同照明掩模下的图像和 FP 中不同光照角度下的图像）依次重复上述迭代过程直到收敛。

3. 实验验证

下面分别通过仿真实验和真实实验来验证自适应迭代的交替投影重建算法的噪声鲁棒性和低计算复杂度。对于非相干的 SI 成像和相干的 FP 模型，该实验均利用传统 AP 算法和本算法进行重建。为了证明自适应迭代的交替投影重建算法能够抑制各种测量噪声，该实验使用高斯噪声和散斑噪声这两种常见的噪声模型进行了仿真。

为了定量地评价重建质量，该实验采用 PSNR 和 SSIM[172] 作为评价指标。PSNR 基于对应像素点间的误差来衡量整体重建精度，SSIM 衡量重建图像和真实图像之间的结构相似性，取值范围为 $0 \sim 1$。

（1）SI 成像仿真

SI 成像的仿真实验使用 "cameraman" 图像（256×256 像素）作为真实目标图像。像素值归一化到 $[0,1]$。成像系统的 NA 为 0.1，与光照的 NA 相同。具体来说，该仿真实验一共使用了 4 个正弦照明掩模，包括在一个正弦方向上的两个互补掩模（正弦相位为 0 和 π）和在另外两个正弦方向上的两个掩模（正弦相位为 0），相应得到 4 幅仿真的采集图像。在仿真的采集图像上分别添加不同级别的高斯噪声和散斑噪声，噪声水平用其标准差表示。在重建过程中，当连续两次迭代重建目标图像的差小于 10^{-8} 时，迭代停止。

图 4.26 给出了定性和定量的重建结果。图 4.26（a）为在均匀和结构光照明下的采集图像示例，图 4.26（b）（c）给出了在不同高斯噪声和散斑噪声条件下，自适应迭代的交替投影重建算法和传统 AP 算法的重建结果对比。结果表明，与传统 AP 算法相比，自适应迭代的交替投影重建算法的重建结果噪声较小。从定量分析结果可以看出，随着噪声水平的提高，传统 AP 算法的 PSNR 下降速度要比自适应迭代的交替投影重建算法（图中简称实验算法）快得多。当高斯噪声水平为 0.06 时，自适应迭代的交替投影重建算法的 PSNR 比传统 AP 算法提高了近 6dB。另外，当散斑噪声水平为 0.5 时，自适应迭代的交替投影重建算法的 PSNR 比传统 AP 算法提高了近 9dB。SSIM 的对比也得到了相似的结果，验证了自适应迭代的交替投影重建算法对高斯噪声和散斑测量噪声的鲁棒性。

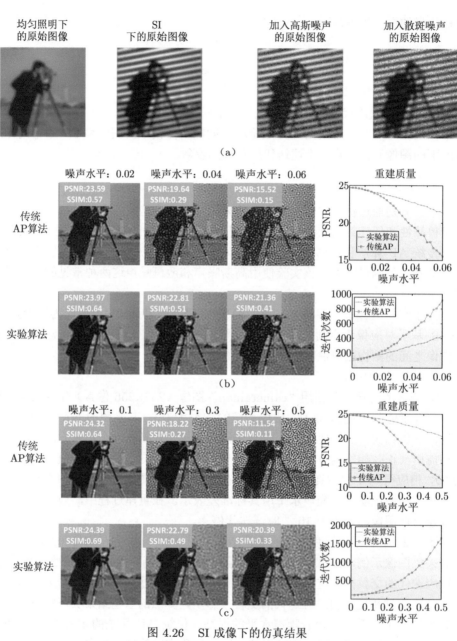

图 4.26　SI 成像下的仿真结果

（a）采集图像示例　　（b）在不同高斯噪声水平下的重建结果对比

（c）不同散斑噪声水平下的重建结果对比

　　图 4.26 还展示了两种算法的收敛性对比。结果表明，随着噪声水平的提高，自适应迭代的交替投影重建算法比传统 AP 算法需要更少的迭代次数。该

算法的优势是结合了自适应噪声抑制和交替投影优化的联合优化框架。在传统的 AP 重构中，测量噪声在每次迭代中都传递到后续更新过程。因此，传统 AP 算法需要很多次迭代才能搜索到一个趋于平衡的解。与之不同的是，自适应迭代的交替投影重建算法能够自适应地识别噪声并防止它们进入重建过程，从而保证了每次迭代中信息的正确重建，使得最终收敛所需要的迭代次数更少。

综上所述，自适应迭代的交替投影重建算法对两种测量噪声都具有较强的鲁棒性，收敛速度快。

（2）FP 仿真

如图 4.27（a）所示，FP 仿真实验使用 "cameraman" 图像和 "westconcor-dorthophoto" 图像（512×512 像素）作为目标场景的幅度和相位图像。光学采集系统的 NA 设置为 0.08，使用 15 × 15 个 LED 进行倾斜照明，照明 NA 为 0.5（这是由 LED 光源的最大照度角决定的）。该仿真实验在不同的入射角度下共拍摄了 225 幅低分辨率图像，然后在采集图像中加入了不同程度的高斯噪声和散斑噪声。图 4.27（b）展示了加入高斯噪声和散斑噪声的采集图像示例。实验采用传统的 AP 算法和自适应迭代的交替投影重建算法对 FP 进行了重构。收敛准则与上述 SI 成像仿真相同，即相邻两次迭代重建目标图像的差值小于 10^{-8}。

图 4.27（c）（d）分别展示了两种算法在不同高斯噪声和散斑噪声水平下的重建结果。我们利用幅值图像计算 PSNR 和 SSIM。结果表明，随着噪声水平的提高，传统 AP 算法恢复的图像越来越模糊和失真，而自适应迭代的交替投影重建算法（图中简称实验算法）产生的噪声更小、图像细节更多。具体来说，当噪声水平较高时（高斯噪声为 0.06 和 0.08，散斑噪声为 1.8 和 2.7），传统 AP 算法无法重建定量的相位，而自适应迭代的交替投影重建算法仍然有效。两种算法的收敛性对比也展示在图 4.27 中。可以看出，随着噪声水平的提高，自适应迭代的交替投影重建算法需要的迭代次数更少。当高斯噪声水平为 0.08 时，自适应迭代的交替投影重建算法的迭代次数仅为传统 AP 算法迭代次数的 68%。当散斑噪声水平为 2.7 时，这个比例就会变成约 56%。因此可以得出结论，自适应迭代的交替投影重建算法具有更好的收敛性。

（3）真实实验

为了进一步验证自适应迭代的交替投影重建方法的鲁棒性，接下来进行真实实验，并利用该算法对 SI 成像和 FP 实验数据进行重建。

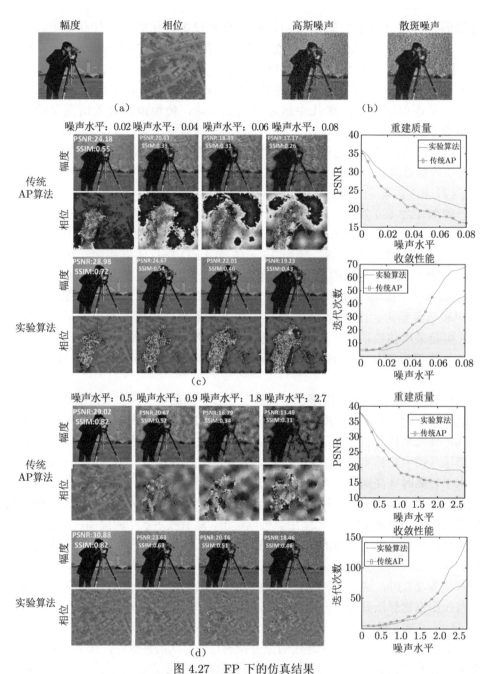

图 4.27　FP 下的仿真结果

（a）真实幅度和相位图像　　（b）加入高斯噪声和散斑噪声的采集图像示例

（c）在不同高斯噪声水平下的重建结果对比　　（d）不同散斑噪声水平下的重建结果对比

　　SI 成像真实实验使用荧光小球（直径为 20nm）作为拍摄对象。光学采集系统的 NA 为 1.49，光照波长为 620nm。照明方案与上述仿真相同。实验采用不同曝光时间下采集的图像作为不同噪声水平的图像。曝光时间越短，测量噪声越大。图 4.28（a）为均匀照明下的采集图像，图 4.28（b）（c）给出了不同曝光时间下两种算法的重建结果。结果表明，当曝光时间较长（20ms）时，两种算法的重建质量都较高。随着曝光时间的缩短，传统 AP 算法重建结果的信噪比降低、畸变增大；当曝光时间小于等于 1ms 时，图像对比度严重降低。相比之下，自适应迭代的交替投影重建算法即使在高噪声水平情况下也能获得更低的噪声、更平滑的背景和更高的图像对比度。

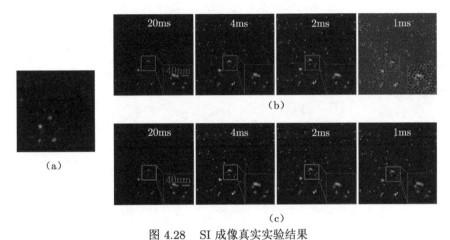

图 4.28　SI 成像真实实验结果
（a）均匀照明下的采集图像　　（b）不同曝光时间下传统 AP 算法的重建结果
（c）不同曝光时间下自适应迭代的交替投影重建算法的重建结果

　　FP 实验以血涂片样本为拍摄对象，在含 15×15 个 LED 的阵列照明下采集了 225 幅低分辨率图像。光学采集系统的 NA 为 0.1，入射光的中心波长为 632nm[124]。两种算法的重建结果如图 4.29所示。垂直入射时的采集图像如图 4.29（a）所示，图 4.29（b）（c）为不同曝光时间下两种算法的重建结果。结果表明，随着曝光时间的缩短，传统 AP 算法的重建效果会大幅下降，而自适应迭代的交替投影重建算法可以重建出更多的目标细节、更平滑的背景和更高的图像对比度。

4. 总结与讨论

　　本小节介绍了一种噪声鲁棒性较强、计算复杂度较低且收敛速度较快的重建算法——自适应迭代的交替投影算法，它适用于非相干和相干编码照明成像，有助于节省曝光时间和重建时间。较强的噪声鲁棒性来源于算法中的非均匀和自适应的加权求解器，它能够有效地抑制噪声，并从粗略到细致地提取潜在真值信息；低计算复杂度来源于交替投影优化框架，其不需要矩阵升维。实验结果表明，与传统 AP 算法相比，该算法所需的收敛次数较少，其受益于融合了噪声抑制和交替投影重构的联合迭代优化框架。

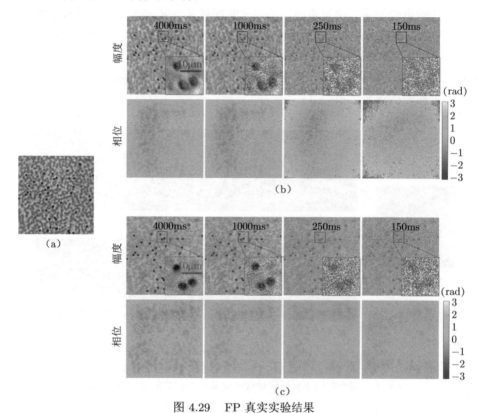

图 4.29　FP 真实实验结果
（a）垂直入射时的采集图像　（b）不同曝光时间下传统 AP 算法的重建结果
（c）不同曝光时间下自适应迭代的交替投影重建算法的重建结果

该算法可以进一步拓展。首先，通过对不同的光学调制相应地改变式（4.58）中的线性变换 $\mathcal{T}$，自适应迭代的交替投影重建算法可以应用于各种成像模型。其次，可以将动量优化方法 [216] 引入该优化框架，以进一步提高收敛速度。最后，压缩感知理论 [49,51] 中自然图像的稀疏表示先验也可以引入到该算法的求解器中，这样可以提取更多的目标细节，从而进一步提高重构质量。

4.2.2　复数域 Wirtinger 联合优化重建

交替投影重建算法对测量噪声和物理畸变较为敏感 [185]，因此 FP 需要长时间曝光以采集到高信噪比的图像。郑国安等人的 FPM 成像系统需要 3min 才能够采集 137 幅高信噪比的图像作为 AP 算法的高信噪比输入 [11]，从而重建得到高分辨率的亿级像素图像。为了将 FP 应用于动态成像，需要缩短曝光时间。但是短曝光会在采集图像中引入测量噪声，从而降低重建质量，限制了 FP 技术在动态成像的广泛应用。为了去除重建中的测量噪声，本小节介绍一种复数域联合优化重建算法 [124]，称为 Wirtinger 傅里叶叠层成像（Wirtinger Fourier Ptychography，WFP）重建算法。该算法对其进行阈值约束建模，将相位恢复和噪声松弛约束统一在一个优化框架下，实现了 FP 在短曝光、低信噪比图像输入下的高质量重建。

1. 技术背景

传统的相位恢复算法可分为两类：AP 算法和 SDP 算法 [185]。AP 算法可以交替地在空域和傅里叶域进行变量更新，并加入对应域的约束条件。这些约束条件包括采集强度图像 [485]、幅值非负性 [486]、信号范围约束 [48] 等。这类算法具有较高的重建效率，但是对噪声敏感，易不收敛或收敛至局部最优 [185]。SDP 算法是将变量升维，从而将二次等式约束转化为一个高维度的线性等式约束 [499]。典型的 SDP 算法包括 PhaseLift 算法 [493,496] 和 PhaseCut 算法 [494]。其中，PhaseLift 算法已成功用于编码衍射模式（Coded Diffraction Pattern，CDP）成像中的相位恢复重建 [500]。这类算法通过一系列的凸松弛将重建问题转化为凸问题，从而保证收敛至全局最优。然而，由于这类算法需要引入高维表示和计算，因此计算复杂度较高、运算时间长且所需资源多，使得它们的重建效率较低。

基于复数域的 Wirtinger 梯度算子 [501,502]，斯坦福大学的坎迪斯（E. J. Candes）教授课题组在 2015 年提出了 Wirtinger 流（WF）算法 [491]，可以高效解决相位恢复问题。虽然该算法中的二次模型是非凸的，但是在给定较为准确的初始值时，WF 算法可以使用几乎理论最少的测量值严格收敛至全局最优解 [491]。作者团队构建了噪声松弛约束和复数域 Wirtinger 梯度算子，应用于 WFP 算法中。对比已有的其他算法，WFP 算法具有以下 3 个方面的优势：

（1）与传统的 AP 算法相比，WFP 算法能够在重建中有效去除测量噪声，从而缩短了系统的曝光时间，提高了采集速度；

（2）与 SDP 算法（如 PhaseLift 算法和 PhaseCut 算法）相比，WFP 算法不需要变量的高维表示和计算，从而可降低计算功耗、节省计算资源；

（3）WFP 算法是一种通用的优化框架，可在其模型中加入其他图像先验及约束来提高重建精度和效率。

2. 技术原理

WF 算法的目标为从一系列的无相位采样信号 $b \in \mathbb{R}^m$（如光线强度）中重建复信号 $x \in \mathbb{C}^n$（如光场）。采样模型可数学化表示为 $b = |Ax|^2 = (Ax)^* \odot Ax$，其中 $A \in \mathbb{C}^{m \times n}$ 为线性采样矩阵，$\odot$ 为点乘运算符，$(Ax)^*$ 是 (Ax) 的共轭。

基于二次损失函数（Quadratic Loss Function，QLF），WF 算法将上述标准相位恢复问题转化为一个最小化问题：

$$\min \ f(x) = \frac{1}{2}\|(Ax)^* \odot Ax - b\|_{l_2}^2, \quad x \in \mathbb{C}^n \tag{4.70}$$

其中，$\|\cdot\|_{l_2}$ 代表 l_2 范数，即 $\|x\|_{l_2} = \sqrt{\sum_{i,j} x_{ij}^2}$。

上述优化模型可以采用梯度下降的方法来进行迭代求解。该方法需要在每次迭代中求解式（4.70）中的二次损失函数对 x^*（x 的共轭）在复数域的偏导 [501,502]，即 $\partial f / \partial x^*$，用来更新 x。$\partial f / \partial x^*$ 可以根据 Wirtinger 求导法则计算：

$$\begin{aligned}
\frac{\partial f}{\partial x^*} &= \frac{\partial \frac{1}{2}\|(Ax)^* \odot Ax - b\|_{l_2}^2}{\partial x^*} \\
&= A^{\mathrm{H}}\left[(|Ax|^2 - b) \odot (Ax)\right]
\end{aligned} \tag{4.71}$$

采用梯度下降的方法在每次迭代中更新 x [491]：

$$x^{(k+1)} = x^{(k)} - \Delta \frac{\partial f}{\partial x^*}\Big|_{x=x^{(k)}} \tag{4.72}$$

其中，Δ 为用户设定的梯度下降步长。

根据上述推导可总结出 WF 算法，如算法 4.4 所示。

算法 4.4 WF 算法

输入： 采样矩阵 $A \in \mathbb{C}^{m \times n}$，测量值向量 $b \in \mathbb{R}^m$，初始值 $x^{(0)} \in \mathbb{C}^n$。

过程：

1: $x = x^{(0)}$，$k = 0$；

2: **while** 不收敛 **do**

3:     根据式（4.71）和式（4.72）更新 $x^{(k+1)}$；

4:     $k := k + 1$；

5: **end while**

输出： 重建的复数信号 $x \in \mathbb{C}^n$。

下面，将 WF 算法应用于 FP 的重建中。对于 FP，重建目标为从一系列低分辨率的实数域图像中重建高分辨率的空间频谱。首先，简要地回顾一下 FP 的成像原理：

（1）不同角度的平行入射光导致在光阑面上的场景高分辨率空间频谱的位移，而后此偏移的空间频谱被光阑截断，只保留中心部分，这个过程相当于在高分辨率空间频谱中采样不同位置（频谱）的子频谱；

（2）这些采样后的子频谱经过透镜到达 CCD 平面，数学上相当于经傅里叶变换到空域，形成了低分辨率的采集图像。

据此，需要重建的高分辨率频谱和低分辨率采集图像之间的关系对应于顺序的两个线性操作：由角度入射光和光阑引起的频谱下采样；由成像系统引起的对子频谱的傅里叶变换。将这两个顺序的运算看成一个整体，并使用 $\boldsymbol{A} \in \mathbb{C}^{m \times n}$ 来代表这两个子运算过程。高分辨率频谱表示为一个复数域向量 $\boldsymbol{x} \in \mathbb{C}^n$，对应的采样矩阵 $\boldsymbol{A} = \boldsymbol{F}\boldsymbol{S}$ 包含两步运算，即傅里叶变换 $\boldsymbol{F}$ 和下采样 $\boldsymbol{S}$。

考虑在图像采集的过程中存在的测量噪声，对应的成像模型可表示为

$$\boldsymbol{b} = |\boldsymbol{A}\boldsymbol{x}|^2 + \boldsymbol{n} \tag{4.73}$$

其中，$\boldsymbol{n} \in \mathbb{R}^m$ 表示采集噪声，这里假设为高斯噪声。

使用 $\sigma \in \mathbb{R}$ 表示测量噪声的标准差。由概率理论中的 3σ 原理可知，一个随机变量的几乎所有（99.73%）采样值均位于其平均值附近 $\pm 3\sigma$ 范围内。因此，可以将噪声约束表示为

$$|\boldsymbol{n}| \leqslant 3\sigma \tag{4.74}$$

通过引入松弛变量 $\boldsymbol{\varepsilon} \in \mathbb{R}^m$，可以将上述不等式转化为等式 [139]，即

$$\boldsymbol{n} \odot \boldsymbol{n} - 9\sigma^2 + \boldsymbol{\varepsilon} \odot \boldsymbol{\varepsilon} = \boldsymbol{0} \tag{4.75}$$

从而使得问题可解。将上述噪声约束［式（4.75）］和采集数据生成式（4.73）整合在一起，可以得到 FP 的重建优化模型为

$$\min \ f(\boldsymbol{x}) = \frac{1}{2}\|(\boldsymbol{A}\boldsymbol{x})^* \odot \boldsymbol{A}\boldsymbol{x} + \boldsymbol{n} - \boldsymbol{b}\|_{l_2}^2 \tag{4.76}$$
$$\text{s.t.} \ \boldsymbol{n} \odot \boldsymbol{n} - 9\sigma^2 + \boldsymbol{\varepsilon} \odot \boldsymbol{\varepsilon} = \boldsymbol{0}$$

接下来，根据 WF 算法，推导用于 FP 重建优化模型的 WFP 算法。首先，在模型中引入一个权重参数 μ，将噪声约束合并到目标函数中，从而将优化模型变为

$$\min f(\boldsymbol{x}) = \frac{1}{2}\|(\boldsymbol{A}\boldsymbol{x})^* \odot \boldsymbol{A}\boldsymbol{x} + \boldsymbol{n} - \boldsymbol{b}\|_{l_2}^2 + \frac{\mu}{2}\|\boldsymbol{n} \odot \boldsymbol{n} - 9\sigma^2 + \boldsymbol{\varepsilon} \odot \varepsilon\|_{l_2}^2 \tag{4.77}$$

其中，μ 为权重参数。

式（4.77）类似于增广拉格朗日函数 [429]，可以通过保持其他变量不变，顺序地对每个变量进行迭代求解。对于每个变量的更新，可以通过将对应的偏导赋值为 0 得到其闭式解。在闭式解较难推导时，可通过梯度下降方法进行迭代更新。WFP 算法中需要更新的变量为式（4.77）中的 x、n、ε 和 μ。

对于 x，通过计算目标函数 f 相对于 x^* 的偏导，采用梯度下降的方法对其进行更新：

$$x^{(k+1)} = x^{(k)} - \Delta_x \frac{\partial f}{\partial x^*}|_{x=x^{(k)}} \tag{4.78}$$
$$= x^{(k)} - \Delta_x A^{\mathrm{H}} \left[(|Ax|^2 + n - b) \odot (Ax) \right]|_{x=x^{(k)}}$$

其中，Δ_x 为 x 的梯度下降步长。

将 n 的梯度下降步长设为 Δ_n，更新 n 为

$$n^{(k+1)} = n^{(k)} - \Delta_n \frac{\partial f}{\partial n}|_{n=n^{(k)}} \tag{4.79}$$
$$= n^{(k)} - \Delta_n \left[(|Ax|^2 + n - b) + \mu(n \odot n - 9\sigma^2 + \varepsilon \odot \varepsilon) \odot 2n \right]|_{n=n^{(k)}}$$

对于 ε，令 f 对 ε 的偏导等于 $\mathbf{0}$，从而得到其闭式解为

$$\frac{\partial f}{\partial \varepsilon}|_{\varepsilon=\varepsilon^{(k+1)}} = \left[\mu(n \odot n - 9\sigma^2 + \varepsilon \odot \varepsilon) \odot 2\varepsilon \right]|_{\varepsilon=\varepsilon^{(k+1)}} = \mathbf{0} \tag{4.80}$$
$$\Rightarrow \varepsilon^{(k+1)} = \sqrt{\max(9\sigma^2 - n \odot n, \mathbf{0})}$$

权重参数 μ 的更新方式 [139] 为

$$\mu = \min(\rho\mu_1, \mu_{\max}) \tag{4.81}$$

其中，ρ 和 $\mu_{\max}$ 是用户设定的参数，用来调节权重参数的增长速度以及最大值。

根据上述推导可总结出 WFP 算法，详见算法 4.5。对于 $x^{(0)}$ 的初始化，将其设为在垂直入射光下拍摄图像的上采样图像的空间频谱。对于 Δ_x 和 Δ_n，令 $\Delta_x^{(k)} = \theta^{(k)}/||x^{(0)}||^2$，$\Delta_n^{(k)} = \theta^{(k)}/||\sigma||^2$，其中 $\theta^{(k)} = \min\left(1 - \mathrm{e}^{-k/k_0}, \theta_{\max}\right)$。具体参数设置与 WF 算法类似，$k_0 = 330$、$\theta_{\max} = 0.4$ 时可得到较好的重建结果，在这里同样使用这些参数设置 [491]。

3. 实验验证

下面首先进行仿真实验来验证 WFP 算法的有效性。为了说明 WFP 算法的优点，需要将其和其他算法进行比较。除了传统 FP 使用的 AP 算法，该实验还将 BM3D 去噪算法 [468] 分别用于 AP 算法前后，来对比 WFP 算法对于噪声的

鲁棒性。BM3D 去噪算法是计算机视觉领域使用较多的一种有效的去噪算法 [503]，具有较好的去噪效果和较高的去噪效率。因此，该实验中和 WFP 对比的算法共有 3 种，分别是"AP""BM3D+AP"和"AP+BM3D"。

算法 4.5 WFP 算法

输入： 采集矩阵 $\boldsymbol{A} \in \mathbb{C}^{m \times n}$，测量值向量 $\boldsymbol{b} \in \mathbb{R}^m$，初始值 $\boldsymbol{x}^{(0)} \in \mathbb{C}^n$。

过程：

1: $\boldsymbol{n}^{(0)} = \boldsymbol{0}$，$\boldsymbol{\varepsilon}^{(0)} = \boldsymbol{0}$，$k = 0$；

2: **while** 不收敛 **do**

3: 　　根据式（4.78）更新 $\boldsymbol{x}^{(k+1)}$；

4: 　　根据式（4.79）更新 $\boldsymbol{n}^{(k+1)}$；

5: 　　根据式（4.80）更新 $\boldsymbol{\varepsilon}^{(k+1)}$；

6: 　　根据式（4.81）更新 μ；

7: 　　$k := k + 1$；

8: **end while**

输出： 重建的复数信号 $\boldsymbol{x} \in \mathbb{C}^n$（样本的高分辨率空间频谱）。

关于量化评价方法，这里采用 PSNR 和 SSIM[172] 两个指标。PSNR 是在传统视觉领域广泛使用的一种图像评价方法，用来计算两幅图像像素值强度之间的差异。PSNR 的值越大，说明两幅图像的像素值越接近，重建结果越好。SSIM 指标将图像结构相似度纳入度量范围，并综合了强度、对比度的比较，取值范围为 $0 \sim 1$，值越大，说明两幅图像的强度、对比度和结构越相似，重建结果越好。需要注意的是，这里均使用重建图像的幅值来计算 PSNR 和 SSIM。

WF 算法在测量数据量为重建信号数据量的 6 倍以上时能够得到较好的重建结果 [491]。对于 FP 重建，假设相邻子频谱重叠比例为 ξ，低分辨率图像的像素数为 $m \times m$，共采集 $k \times k$ 幅低分辨率图像，则测量数据量和需重建信号数据量的比例为

$$\eta = \frac{m^2 k^2}{[(1-\xi)m(k-1)+m]^2} \approx \frac{1}{(1-\xi)^2} \tag{4.82}$$

在加州理工学院郑国安等人所搭建的 FPM 系统中 [11]，设定 $\xi = 65\%$，则 $\eta \approx 8$。此值高于一般的最小收敛要求比例（约为 6）[491]。因此，该实验采用上述实验参数设置，即 $\xi = 65\%$、$k = 15$、$m = 100$。

该实验中，采集图像由以下 3 步进行模拟合成：

（1）对原始高分辨率图像进行快速傅里叶运算，根据不同的入射光角度对高分辨率空间频谱进行下采样，选取对应的子频谱；

（2）分别将这些子频谱移动到频谱中心位置，对其做快速傅里叶逆变换，得到低分辨率的复数域图像；

（3）去除相位信息，仅保留强度信息，并在图像中加入高斯白噪声，得到最终模拟采集到的噪声图像。在实际操作中，使用 USC-SIPI 图像库[61] 中的 "Lena" 和 "Aerial" 图像（512×512 像素）作为高分辨率的幅值和相位分布图。低分辨率的像素数设置为高分辨率图像的 1/10，即 51×51 像素。

首先，将 WFP 算法用于不同噪声级别的模拟采集数据，来研究该算法对噪声的鲁棒性。具体地，将高斯白噪声的标准差 σ 以 0.002 为步长从 0.002 增至 0.008，并将 WFP 算法的迭代次数设置为 500。重建结果以及量化结果详见图 4.30 和表 4.7。从这些结果中，可以看到 WFP 算法可以较好地重建高分辨率图像的幅值和相位信息。另外，随着噪声级别提高，WFP 的重建质量保持在较为稳定的水平。这说明 WFP 算法对于测量噪声具有较强的鲁棒性，因此具有较为广泛的应用性。

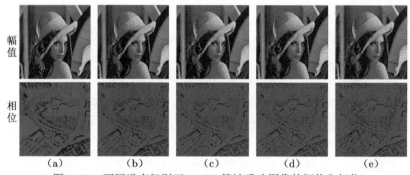

图 4.30　不同噪声级别下 WFP 算法重建图像的幅值和相位
（a）真实数据　（b）$\sigma = 0.002$　（c）$\sigma = 0.004$　（d）$\sigma = 0.006$　（e）$\sigma = 0.008$

表 4.7　不同噪声级别下 **WFP 算法重建质量的量化结果**

σ	0.002	0.004	0.006	0.008
PSNR（dB）	26.14	25.52	24.80	23.97
SSIM	0.76	0.72	0.66	0.60

下面将 WFP 算法和另外 3 种算法（AP、BM3D+AP 和 AP+BM3D）进行对比。噪声级别设为 $\sigma = 0.004$。为了保证收敛，将 AP 算法的迭代次数设为 50。垂直入射光下拍摄的图像如图 4.31（a）所示，重建结果和量化结果如图 4.31（b）~（d）和表 4.8 所示。

由于短曝光下测量噪声的影响，采集图像的信噪比较低，特别是在倾斜入射光下拍摄得到的高频图像。因此，AP 算法重建的图像［见图 4.31（b）］存在许多噪声。当在 AP 算法之前使用 BM3D 算法对采集图像进行去噪时，许多高频信息被当作噪声滤除，因此这时 AP 算法的重建图像具有较为严重的畸变，如图 4.31（c）所示。当在 AP 算法重建之后对重建结果再进行 BM3D 去噪运算时，虽然噪声被有效地去除，但是许多图像的细节也随之被去除，造成图像的模糊［如图 4.31（d）中的帽穗细节］。和传统算法不同的是，WFP 算法将噪声约束模型合并到重建框架中，并对去噪和重建同时进行联合求解。这样就避免了由顺序地去噪和重建计算造成的误差累计，从而得到较好的重建质量。因此，WFP 算法可以重建得到更加真实的场景图像，具有较少的噪声和较多的图像细节，如图 4.31（e）所示。

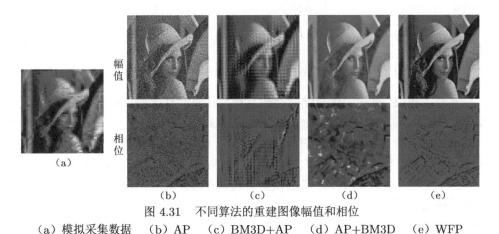

图 4.31　不同算法的重建图像幅值和相位

（a）模拟采集数据　（b）AP　（c）BM3D+AP　（d）AP+BM3D　（e）WFP

表 4.8　不同算法的重建质量量化结果

算法	AP	BM3D +AP	AP+ BM3D	WFP
PSNR（dB）	13.33	20.03	18.71	**25.52**
SSIM	0.18	0.41	0.66	**0.72**
运行时间（s）	**12**	14	15	60

WFP 算法的高质量重建性能决定于两点：

（1）引入的噪声松弛约束提供了更大的解搜索空间，使得 WFP 算法比传统的 AP 算法对噪声更加鲁棒，在存在测量噪声的情况下更易搜索到真实解；

（2）WFP 算法在较准确的初始值设定下可严格收敛至全局最优解，而传统的 AP 算法易收敛至局部最优解。

设 x 是真实解，$x^{(0)}$ 是其初始值[491]。如前所述，将 x 初始化为垂直入射光照下所拍摄图片上采样后的空间频谱，在此设置下，使用 USC-SIPI 图片数据集测试 WFP 算法的收敛性，并将其重建结果和 AP 算法的重建结果进行对比。限于篇幅，图 4.32 仅展示了在 "CameraMan" "Barbara" "Peppers" 和 "House" 场景中的重建结果。由图可见，WFP 算法在上述初始值设定下，在不同场景中均成功实现了高质量重建，验证了此初始值设置的有效性。同时，WFP 算法的 PSNR 和 SSIM 的定量重建结果均优于 AP 算法，其中 PSNR 平均高出 5dB，SSIM 平均高出 0.3。

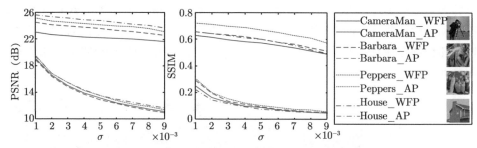

图 4.32　WFP 算法在不同场景不同噪声级别下的量化重建结果

然而，WFP 算法的优异性能是建立在高计算功耗上的。以上实验均在一台配置有 Intel Core i7 处理器（3.6GHz）、16GB 内存和 64 位 Windows 7 系统的台式计算机上的 MATLAB 计算软件中运行。上述不同算法的重建运行时间列于表 4.8 中，可以看到，WFP 算法较其他方法消耗了更长的运行时间。

为了更进一步验证 WFP 算法在实际系统中的有效性，我们搭建了一套 FPM 成像系统[307]，如图 4.33（a）所示，用于采集真实实验数据。该系统使用放大倍数为 2 的物镜（NA=0.1），并使用 15×15 的 LED 光源阵列替换显微镜光源，放置在样本下方约 8cm 处，相邻 LED 距离为 4mm，LED 光源中心波长为 632nm，采集图像像素大小为 1.85μm。实验使用 USAF 分辨率标定板及血细胞涂片作为拍摄对象，便于显示不同重建结果分辨率的差别以及对血细胞的解析能力。分别将 WFP 算法和 AP 算法应用于此拍摄数据，重建结果如图 4.33 所示。图 4.33（b）展示了垂直入射光下的 USAF 分辨率标定板和血细胞涂片的低分辨率采集图像。AP 算法和 WFP 算法的高分辨率重建结果分别展示于图 4.33（c）和图 4.33（d）中，其中左边一列为重建的幅值，右边一列为重建的相位。

将 WFP 算法在此 1ms 拍摄数据上的重建结果作为标准图像，依次延长系统的曝光时间，并采用 AP 算法在这些数据上重建场景。如图 4.34 所示，与 WFP 算法在 1ms 曝光时间下的重建结果相比，AP 算法在曝光时间延长至 5ms 时，才能够获得类似的重建质量。这说明 WFP 算法与 AP 算法相比，只需约 20% 的曝光时间，就可以得到和 AP 算法相同的重建精度。

4. 总结与讨论

WFP 算法为 FP 技术提供了一种能够从噪声污染数据中重建高质量场景图像的可行方案。这使得 WFP 算法在 FP 动态高分辨率成像中具有较高的实用性，突破了短曝光产生的测量噪声限制高分辨率成像的瓶颈。与 AP 算法相比，WFP 算法具有以下 3 个方面的优势：

（1）WFP 算法的重建结果具有更高的分辨率，包含更多的图像细节；

（2）WFP 算法可以有效地抑制噪声（如 USAF 板的平坦区域）；

（3）WFP 算法重建的相位质量优于 AP 算法。

需要注意的是，在 WFP 算法重建的相位结果中，幅值为 0 的区域会存在一些相位跳变，这是因为在这些区域，相位可以为任意值，且其值并不会影响幅值的重建。

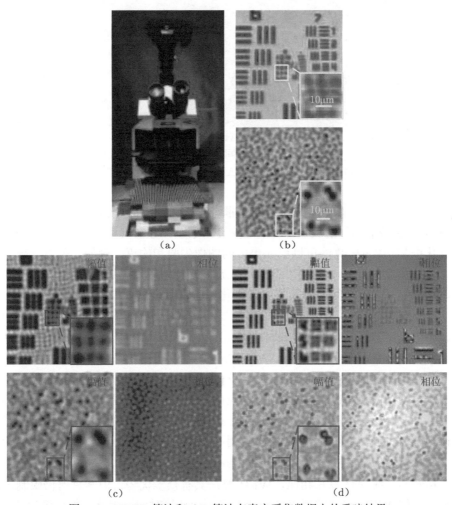

图 4.33　WFP 算法和 AP 算法在真实采集数据上的重建结果
（a）采集系统　（b）采集数据　（c）AP 重建结果　（d）WFP 重建结果

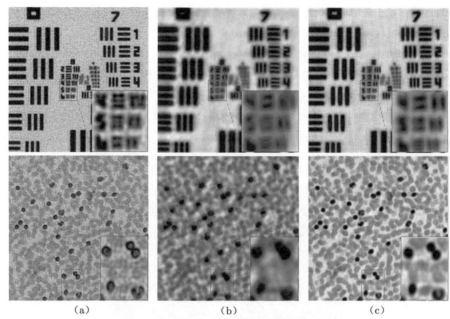

图 4.34　WFP 算法和 AP 算法在不同曝光时间下真实采集数据上的重建结果

（a）WFP，1ms　　（b）AP，4ms　　（c）AP，5ms

　　WFP 算法的一个扩展方向为处理非均匀噪声，可将式（4.74）中的噪声标准差 σ 变为空域非均一的矢量，即将 $\sigma \in \mathbb{R}$ 改为 $\boldsymbol{\sigma} \in \mathbb{R}^m$。另外，作为一个灵活的优化框架，WFP 算法可以引入更多的图像先验和约束。例如，可以在模型中加入自然图像在傅里叶域的空间频谱稀疏性[504]先验，来减少所需采集图片的数量，从而缩短采集时间。引入 TV 正则化先验也可以进一步去除噪声。

　　优化模型（4.76）中的采样矩阵 $\boldsymbol{A}$ 可以由任意线性操作组成（在目前的 FP 重建中为光阑函数下采样和傅里叶变换）。也就是说，WFP 算法对于任意线性光学系统的相位恢复任务都适用。例如，WFP 算法可用于传统衍射叠层成像[505]（X 光成像），此时根据其成像原理，采样矩阵 $\boldsymbol{A}$ 不变，重建信号 $\boldsymbol{x}$ 变为了空域的样本复数域图像。WFP 算法还可以应用于 FP 扩展技术的重建，例如复用 FP 技术[506,507]及荧光 FP 技术[508]。对于这些扩展技术，只需设定重建信号 $\boldsymbol{x}$ 和采样矩阵 $\boldsymbol{A}$ 的具体物理意义，即可使用 WFP 算法进行求解重建。因此，WFP 算法对于图像处理领域和光学领域的许多应用都存在借鉴以及应用价值。

　　尽管与传统 AP 算法相比，WFP 算法具有众多优势，但其目前仍限制于运行效率，即 WFP 算法需要更多的计算资源和计算时间。因此，如何缩短 WFP 算法的运行时间、降低其计算复杂度，是未来进一步研究的方向之一。使用加速梯度下降方法和并行计算将会是两种可行的途径。

4.2.3　梯度截断的复数域最大似然联合重建

本书 4.2.2 节针对测量噪声进行了阈值约束建模，介绍了 WFP 算法，可以有效去除 FP 系统中的测量噪声。加州理工学院的霍斯特梅耶（R. Horstmeyer）等人基于半正定规划凸优化相位恢复方法 [493,494]，将 FP 重建建模为一个凸优化问题 [509]，并提出基于凸建模的 SDP 算法。该算法能够保证全局最优解，但是需要在高维度矩阵上进行计算，计算复杂度高、计算时间长，不利于实际应用。加利福尼亚大学伯克利分校的劳拉·沃勒（Laura Waller）教授课题组 [64] 在梯度下降优化框架内，测试了不同目标函数（基于强度、基于幅值、基于泊松最大后验概率）对于 FP 重建的影响。结果表明，基于幅值和泊松最大后验概率的目标函数与基于强度的目标函数相比，能够得到更好的重建结果。为了解决 LED 校准问题，他们还在迭代过程中加入了基于模拟退火算法的 LED 位置搜索，从而得到了精确的光阑函数。

尽管上述算法均可以进行 FP 重建，但是它们具有各自的局限性。AP 算法对测量噪声和系统畸变敏感；WFP 算法限于处理高斯白噪声，对于散斑噪声（源于相干光源 [510]）、泊松噪声以及光阑函数畸变等，其重建结果仍会有较大的畸变（详见后续实验）。劳拉·沃勒教授 [64] 提出的泊松 Wirtinger 算法限于泊松噪声，且引入的模拟退火迭代搜索 LED 精确位置会大大增加计算复杂度。

本小节介绍一种新的 FP 重建算法，称为截断泊松 Wirtinger 傅里叶叠层成像（Truncated Poisson Wirtinger Fourier Ptychography，TPWFP）算法。不同于 WFP 算法，TPWFP 算法针对信号建立了光子时序的泊松最大似然耦合模型，通过截断 Wirtinger 梯度算子 [492] 有效去除了各类测量噪声和光阑函数畸变。该算法所采用的泊松最大似然估计模型符合光子随机到达探测器的时序分布，截断 Wirtinger 梯度算子可以有效去除测量数据中的异常值，重建模型没有矩阵升维和全局搜索，将解空间从幂次增长降低为线性增长，因此计算复杂度较低、收敛速度快。

1. 技术原理

FP 的重建目标为从一系列低分辨率的采集图像中，恢复高分辨率的空间频谱。FP 成像系统是一个相干成像系统 [11]。从光学和数学的角度，假设观测样本是薄样本 [511]，不同方向的均匀相干入射光照对应于将样本在傅里叶空间频域的空间频谱在光阑面进行了频移。假设从样本出来的光分布为

$$\phi(x,y)\exp\left(jx\frac{2\pi}{\lambda}\sin\theta_x, jy\frac{2\pi}{\lambda}\sin\theta_y\right) \tag{4.83}$$

其中，ϕ 是样本的复数域空间分布，(x,y) 是空间二维坐标，j 是虚数单位，λ 是入射光的波长，θ_x 和 θ_y 是入射光角度。

如图 4.35 所示，经过物镜，光分布相当于进行了傅里叶变换，到达光阑平面。频移后的样本高分辨率空间频谱被光阑进行了低通滤波。这个过程等同于顺序地对高分辨率空间频谱进行采样（采样函数为光阑函数），数学上可以表示为

$$P(k_x, k_y) \mathscr{F} \left(\phi(x, y) \exp \left(\mathrm{j} x \frac{2\pi}{\lambda} \sin \theta_x, \mathrm{j} y \frac{2\pi}{\lambda} \sin \theta_y \right) \right) \tag{4.84}$$

其中，$P(k_x, k_y)$ 是光阑函数，(k_x, k_y) 是光阑面的二维空间频率坐标，$\mathscr{F}$ 表示傅里叶变换。

采样后的子频谱通过管透镜（相当于进行了第二次傅里叶变换）到达探测器，被探测器接收。由于探测器只能够接收光的强度信息，因此上述 FP 成像模型可总结为

$$\begin{aligned} \boldsymbol{I} &= \left| \mathscr{F}^{-1} \left[P(k_x, k_y) \mathscr{F} \left(\phi(x, y) \exp \left(\mathrm{j} x \frac{2\pi}{\lambda} \sin \theta_x, \mathrm{j} y \frac{2\pi}{\lambda} \sin \theta_y \right) \right) \right] \right|^2 \\ &= \left| \mathscr{F}^{-1} \left[P(k_x, k_y) \Phi \left(k_x - \frac{2\pi}{\lambda} \sin \theta_x, k_y - \frac{2\pi}{\lambda} \sin \theta_y \right) \right] \right|^2 \end{aligned} \tag{4.85}$$

其中，$\boldsymbol{I}$ 表示采集图像，$\mathscr{F}^{-1}$ 表示傅里叶逆变换，Φ 表示样本在傅里叶面的空间频谱。该模型的形象化示意图如图 4.35 所示。

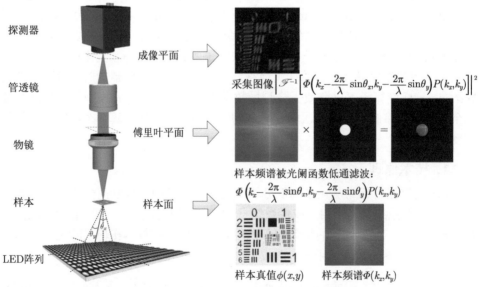

图 4.35　傅里叶叠层成像系统及其数学模型

由于傅里叶变换 $\mathscr{F}^{-1}$ 是线性计算，且光阑函数低通滤波 $P(k_x, k_y) \Phi \left(k_x - \dfrac{2\pi}{\lambda} \right.$

$\sin\theta_x, k_y - \dfrac{2\pi}{\lambda}\sin\theta_y$ 也是一个线性过程,因此可以将上述 FP 成像模型转化为

$$\boldsymbol{b} = |\boldsymbol{A}\boldsymbol{z}|^2 \tag{4.86}$$

其中,$\boldsymbol{b} \in \mathbb{R}^m$,是无噪声、无畸变的理想采集图片的向量形式;$\boldsymbol{A} \in \mathbb{C}^{m \times n}$,表示上述两种线性操作(包括傅里叶变换和光阑函数低通滤波);$\boldsymbol{z} \in \mathbb{C}^n$,表示样本的高分辨率空间频谱($\varPhi$ 的向量表达形式)。这是一个典型的相位恢复问题[185],其中 $\boldsymbol{b}$ 和 $\boldsymbol{A}$ 是已知的,$\boldsymbol{z}$ 是需要进行算法重建恢复的。

假设到达探测器的光子互相独立,其时序服从泊松分布[512],数学上可以表示为

$$c_i \sim \mathrm{Poisson}(b_i), \quad i = 1, \cdots, m \tag{4.87}$$

其中,$b_i = |\boldsymbol{a}_i \boldsymbol{z}|^2$,是 $\boldsymbol{b}$ 中的第 i 个信号;$\boldsymbol{a}_i$ 是 $\boldsymbol{A}$ 中的第 i 行。于是,c_i 的概率密度函数为

$$g(c_i) = \frac{\mathrm{e}^{-b_i} b_i^{c_i}}{c_i!} \tag{4.88}$$

其中,$c_i!$ 是 c_i 的阶乘。

基于最大似然估计理论,假设测量值互相独立,则优化目标为最大化所有测量值的概率 $c_{1,\cdots,m}$,即

$$\max \prod_{i=1}^{m} g(c_i) \tag{4.89}$$

对该函数取负对数,从而将目标函数转化为

$$\begin{aligned}
\min \ L &= -\lg \prod_{i=1}^{m} g(c_i) \\
&= -\lg \prod_{i=1}^{m} \frac{\mathrm{e}^{-b_i} b_i^{c_i}}{c_i!} \\
&= -\sum_{i=1}^{m} \lg \left(\frac{\mathrm{e}^{-b_i} b_i^{c_i}}{c_i!} \right) \\
&= \sum_{i=1}^{m} b_i - \sum_{i=1}^{m} c_i \lg b_i + \sum_{i=1}^{m} \lg c_i!
\end{aligned} \tag{4.90}$$

$c_{1,\cdots,m}$ 为测量值常量,因此在重建过程中可将 L 中最后一项($\sum_{i=1}^{m} \lg c_i!$)省略,然后将 b_i 替换为 $|\boldsymbol{a}_i \boldsymbol{z}|^2$,得到 TPWFP 算法的目标函数为

$$\min \ L(\boldsymbol{z}) = \sum_{i=1}^{m} \left(|\boldsymbol{a}_i \boldsymbol{z}|^2 - c_i \lg |\boldsymbol{a}_i \boldsymbol{z}|^2 \right) \tag{4.91}$$

如前所述，使用梯度下降算法进行优化重建。基于复数域 Wirtinger 算子 [491]，得到函数 $L(z)$ 的梯度为

$$\nabla L(z) = \frac{\mathrm{d}L(z)}{\mathrm{d}z^*} \tag{4.92}$$

$$= \frac{\mathrm{d} \sum_{i=1}^{m} \left(|a_i z|^2 - c_i \lg |a_i z|^2 \right)}{\mathrm{d}z^*}$$

$$= \sum_{i=1}^{m} \frac{\mathrm{d} \left(|a_i z|^2 - c_i \lg |a_i z|^2 \right)}{\mathrm{d}z^*}$$

$$= \sum_{i=1}^{m} 2 \left(a_i^{\mathrm{H}} a_i z - \frac{c_i}{|a_i z|^2} a_i^{\mathrm{H}} a_i z \right)$$

$$= \sum_{i=1}^{m} 2 \left(a_i z - \frac{c_i a_i z}{|a_i z|^2} \right) a_i^{\mathrm{H}}$$

其中，a_i^{H} 是 a_i 的共轭转置。

为了避免测量噪声对优化的影响，对 $\nabla L(z)$ 进行阈值截断操作，而后再将其用于迭代中更新 z。上述阈值操作可定义为 [492]

$$\left| c_i - |a_i z|^2 \right| \leqslant a^h \frac{\left\| c - |Az|^2 \right\|_{l_1}}{m} \frac{|a_i z|^2}{\|z\|} \tag{4.93}$$

其中，a^h 是用户设定参数，$\left| c_i - |a_i z|^2 \right|$ 是第 i 个测量值和其重建值间的误差残项，$\left\| c - |Az|^2 \right\|_{l_1} / m$ 是所有误差残项的平均，$|a_i z|^2 / \|z\|$ 是线性算子 a_i 的相对尺度。

上述阈值截断操作表明，如果一个测量值和重建值误差较大，则此测量值被标记为异常值，需在后续的优化迭代中舍弃。

因此，对于每一个测量值，只有当其满足式（4.93）所示的阈值截断条件时，才会被用于式（4.92）中，进行迭代更新。接下来，使用 ξ 表示满足阈值截断条件的测量值集合，并将截断 Wirtinger 梯度表示为

$$\nabla L_\xi(z) = \sum_{i \in \xi} 2 \left(a_i z - \frac{c_i a_i z}{|a_i z|^2} \right) a_i^{\mathrm{H}} \tag{4.94}$$

测量值集合 ξ 是随着迭代变化的，即在每轮迭代中都会根据测量值 c 和更新后的 z 来更新 ξ。这为每轮迭代自适应地提供了更精确的梯度方向。

在梯度下降重建框架中，第 k 次迭代中对 z 的更新为

$$z^{(k+1)} = z^{(k)} - \mu \nabla L_\xi(z) \tag{4.95}$$

其中，μ 为梯度下降步长，设置为 [124]

$$\mu^{(k+1)} = \frac{\min\left(1 - \mathrm{e}^{-k/k_0}, \ \mu_{\max}\right)}{m} \tag{4.96}$$

对于变量 k_0 和 $\mu_{\max}$ 的初始化，初始值的设定准则为令 $\mu^{(k)}$ 在迭代初始时值较小，这样可以对梯度下降方向容错度更高 [491,492]；随着迭代的进行，$\mu^{(k)}$ 的值逐渐增大，以提高算法收敛速度。直观上，k_0 控制着 μ 的初始值及其增长速度，$\mu_{\max}$ 限制了梯度下降步长的最大值。通过实验测试，在此设置 $k_0 = 330$、$\mu_{\max} = 0.1$。

基于上述推导可总结出 TPWFP 算法，见算法 4.6。对于 $z^{(0)}$ 的初始设置，对垂直入射光照下采集到的图片进行上采样，并将其在傅里叶域的空间频谱设为 $x^{(0)[124]}$。该算法的计算复杂度为 $\mathscr{O}(mn\lg(1/\varepsilon))^{[492]}$，其中 m 是测量值数量，n 是需重建信号的数量，ε 等于式（4.98）中定义的相对误差。这低于 WFP 算法的计算复杂度 $\mathscr{O}(mn^2\lg(1/\varepsilon))$。

算法 4.6 TPWFP 重建算法

输入：线性变换矩阵 $A \in \mathbb{C}^{m \times n}$，测量值向量 $c \in \mathbb{R}^m$，初始值 $z^{(0)} \in \mathbb{C}^n$。

过程：

1: $k = 0$;

2: **while** 不收敛 **do**

3:　　根据式（4.93）更新 ξ;

4:　　根据式（4.96）更新 $\mu^{(k+1)}$;

5:　　根据式（4.95）更新 $z^{(k+1)}$;

6:　　$k := k + 1$

7: **end while**

输出：重建的复数域信号 $z \in \mathbb{C}^n$（样本的高分辨率空间频谱）。

---

2. 实验验证

我们对 TPWFP 算法进行了两方面的实验：一是仿真实验；二是搭建激光光源 FPM 系统，采集真实数据，与已有的 FP 重建算法（包括 AP 算法、WFP 算法和 PWFP 算法）进行对比，从而验证其有效性及优势。下面首先介绍仿真实验。

斯坦福大学坎迪斯教授（E. J. Candes）[491] 的收敛验证试验表明，WF 算法在测量值多于需要重建信号的 6 倍时可以稳定收敛。对于 FP 重建问题，假设傅里叶域子频谱间的重叠比例为 ξ，采集的低分辨率图像的像素数为 $m \times m$，共采

集 $k \times k$ 幅低分辨率图像，那么测量值和需要重建信号的比例（即采样比例）为

$$\eta = \frac{m^2 k^2}{[(1-\xi)m(k-1)+m]^2} \approx \frac{1}{(1-\xi)^2} \tag{4.97}$$

设 $\xi = 65\%$[11]，则采样比例约为 8，高于最小收敛要求（约为 6）[491]。因此，该实验采用上述实验参数设定，即 $\xi = 65\%$、$k = 15$、$m = 100$。

为了定量评价对比不同算法的重建质量，使用相对误差[492]（Relative Error，RE）指标，定义为

$$\mathrm{RE}(\boldsymbol{z}, \hat{\boldsymbol{z}}) = \frac{\min_{\phi \in [0,2\pi)} ||\mathrm{e}^{-\mathrm{j}\phi}\boldsymbol{z} - \hat{\boldsymbol{z}}||^2}{||\hat{\boldsymbol{z}}||^2} \tag{4.98}$$

此评价指标描述的是两个复数域函数 $\boldsymbol{z}$ 和 $\hat{\boldsymbol{z}}$ 的差别。在该实验中，使用 RE 来评判重建的高分辨率空间频谱和真值的差异。

在该实验中，模拟 FPM 系统参数如下：物镜的 NA 为 0.08，LED 阵列与样本的距离为 84.8mm，相邻 LED 的距离为 4mm，LED 数量为 15×15 个，系统总合成 NA 约为 0.5；LED 光源的中心波长为 625nm，采集图像的像素尺寸为 2μm。使用 USC-SIPI 数据集[61]中的"Lena"和"Aerial"图像（512×512 像素）分别作为高分辨率的真值幅值和相位图。采集图像合成模型见式（4.86），像素数设置为高分辨率图像的 1/10，即 51×51 像素。每种参数设置下的仿真实验重复进行 20 次，并将实验结果的均值作为最终比较的结果。

TPWFP 算法中一个重要的参数为式（4.93）中的阈值尺度参数 a^h。为了选择合适的 a^h，在不同的合成数据上（合成数据中加入不同等级的高斯噪声、泊松噪声、散斑噪声以及光阑函数畸变）测试不同 a^h 下的重建结果，如图 4.36 所示。注意，上述标准差为实际标准差和真值 $\boldsymbol{b}$ 最大值的比值。使用模型 $\boldsymbol{c} = \boldsymbol{b}(1+\boldsymbol{n})$ 来模拟散斑噪声，其中 $\boldsymbol{n}$ 是均匀分布的零均值噪声。光阑函数畸变通过在入射光波向量中加入高斯噪声进行模拟。从图 4.36 中的重建结果可以看到，过大或者过小的 a^h 均会对重建结果造成影响，这是由所使用的截断梯度的本质决定的。当 a^h 过小时，许多真正包含场景信息的测量值被错误地标记为异常值并被滤除，这样最终重建结果就损失了这部分场景信息，如图 4.36（a）所示。当 a^h 过大时，许多测量噪声和系统畸变没有被有效滤除。总之，经过上述实验测试，我们选取 $a^h = 25$ 作为接下来实验的参数设置。需要注意的是，对 a^h 进行常量赋值是合理的，因为式（4.93）中的阈值截断条件不依赖于具体的退化模型和等级[492]。

迭代优化算法的另一个重要参数为迭代次数。对于上述不同的算法，为了公平对比，选取对应合适的迭代次数能够既保证收敛性，又不会造成多余的运行功耗。对于 AP 算法，100 次迭代可满足其收敛性[11]；WFP 算法需设置 1000 次迭代[124]；TPWFP 算法需设置 200 次迭代，如图 4.36（a）所示。由于 PWFP 算

法是 TPWFP 算法在 $a^h = \infty$ 时的一种特殊形式（对梯度不进行阈值截断操作），因此可为其设置同样的迭代次数（即 200 次）。

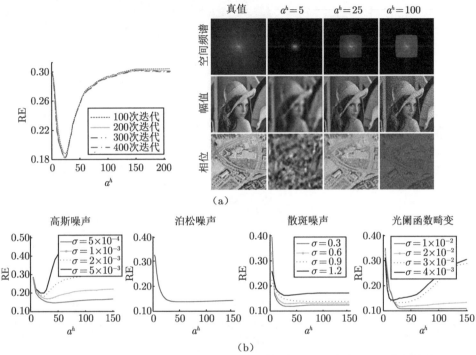

图 4.36　TPWFP 算法在不同的阈值尺度参数 a^h 下的重建结果（σ 为标准差）
（a）不同迭代次数重建的结果　　（b）不同等级不同测量噪声下的重建结果

接下来，将上述 4 种算法（AP 算法、WFP 算法、PWFP 算法和 TPWFP 算法）在加入了不同的测量噪声（包括泊松噪声、高斯噪声和散斑噪声）的合成模拟数据上进行测试。前两种测量噪声是由光电效应以及暗电流造成的 [512]，散斑噪声是由入射光的时空相干特性造成。实验结果展示于图 4.37 中，从中可以看到在高斯噪声退化模型下，WFP 算法的重建结果优于其他算法。这是由于 WFP 算法中假设噪声为高斯模型，而 PWFP 算法和 TPWFP 算法仅假设信号服从泊松分布，因此无法识别高斯噪声并将其去除。然而，当噪声等级增长至标准差 $\geqslant 2 \times 10^{-3}$ 时，TPWFP 算法得到更优的重建结果。这是因为当噪声等级过高时，WFP 算法无法从退化的测量值中提取到真实的场景信息，而 TPWFP 算法可以使用式（4.93）的标准将这些测量值标记为异常值，避免其对最终重建结果产生影响。对于泊松噪声和散斑噪声，PWFP 算法和 TPWFP 算法的重建质量较好。具体地，TPWFP 算法的重建质量略优于 PWFP 算法。

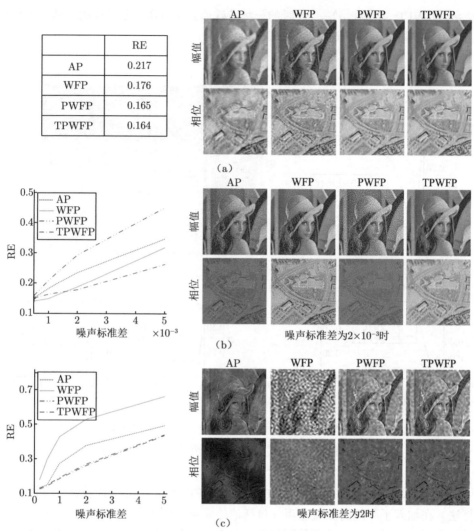

	RE
AP	0.217
WFP	0.176
PWFP	0.165
TPWFP	0.164

图 4.37　TPWFP 算法、AP 算法、WFP 算法和 PWFP 算法在不同退化模型下的重建结果对比

（a）泊松噪声下的重建结果　（b）高斯噪声下的重建结果　（c）散斑噪声下的重建结果

　　然后，将上述 4 种算法应用于含有光阑函数畸变的模拟数据。光阑函数畸变常见于实际的 FPM 系统中，由 LED 位置不精确或者未知的系统误差造成。实验结果展示于图 4.38 中，由图可见，TPWFP 算法的重建结果优于其他算法，具有较小的畸变，这得益于所使用的截断梯度算子。在该算法的阈值截断操作［见式（4.93）］中，如果测量值和重建值差异较大，则将该测量值标记为异常值，并在接下来的重建过程中舍去，从而避免了光阑函数畸变对最终的重建结果造成

影响。

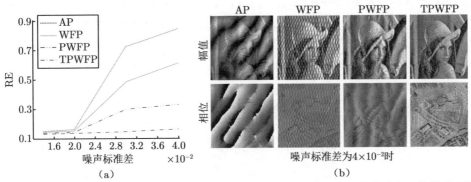

图 4.38　AP 算法、WFP 算法、PWFP 算法和 TPWFP 算法在光阑函数畸变退化模型下的
重建结果对比

（a）RE-噪声标准差曲线　　（b）重建效果

每种算法的重建运行时间对比展示于表 4.9 中。所有的算法运行于一台配置有 Intel Xeon 处理器（2.4GHz）、8GB 内存、64 位 Windows 7 系统的计算机。从表中结果可见，PWFP 算法和 TPWFP 算法均比 WFP 算法节省运行时间[492]，但是均比 AP 算法耗时。具体地，由于加入了对梯度的阈值截断操作，TPWFP 算法较 PWFP 算法花费了更长的运行时间。

表 4.9　TPWFP 算法和其他算法的重建时间对比

算法	AP	WFP	PWFP	TPWFP
迭代次数	100	1000	200	200
运行时间（s）	37	301	65	117

为了进一步验证 TPWFP 算法对于上述测量噪声和系统畸变的鲁棒性，我们搭建了激光光源 FPM 系统[510]采集真实数据，详见图 4.39。该系统使用放大倍数为 4、NA = 0.1 的 Olympus 物镜，焦距为 200mm 的 Thorlabs 管透镜，以及 16 位的 sCMOS 探测器（PCO.edge 5.5）。照明端使用功率为 1W、波长为 457nm 的激光器，经过小孔滤波，通过一对 Galvo 透镜（Thorlabs GVS212）及自制的含有 95 片镜子的反射镜阵列，提供等效 NA 为 0.325 的角度照明。总合成 NA 为 0.425，总的图像采集时间为 0.96s。和 4.2.2 节的实验类似，该实验使用 USAF 分辨率标定板及血细胞涂片作为拍摄对象，便于显示不同重建结果分辨率的差别以及对血细胞的解析能力。

将上述 4 种算法运行于真实实验数据上，重建结果列于图 4.40 中。由图可见，AP 算法的重建结果含有强度波动畸变（如 USAF 图片的白色背景区域），图像对比度低。由于拍摄图片中包含由激光光源相干性造成的散斑噪声，WFP 算法的重建结果中同样包含强度波动畸变。PWFP 算法和 TPWFP 算法的重建结果均优于 AP 算法和 WFP 算法，而 TPWFP 算法的重建结果包含了更多的图像细节（如 USAF 图片的 group 10）以及更高的图像对比度（如血细胞的重建相位图）。总之，TPWFP 算法优于其他算法，重建结果具有更少的畸变、更高的图像对比度以及更多的图像细节。

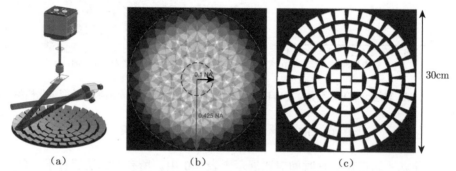

图 4.39　激光光源 FPM 系统示意图
（a）激光光源 FPM 系统　　（b）傅里叶域数值孔径　　（c）反射镜阵列结构

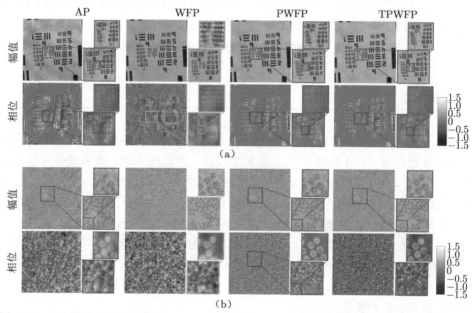

图 4.40　AP 算法、WFP 算法、PWFP 算法和 TPWFP 算法在真实采集数据上的重建结果
（a）USAF 分辨率标定板　　（b）血细胞涂片

3. 总结与讨论

本小节介绍了 TPWFP 算法，它具有相较 AP 算法和 WFP 算法更为鲁棒的重建性能。尽管 TPWFP 算法使用泊松最大后验概率模型，但并非仅对泊松噪声鲁棒。TPWFP 算法假设光子传播到探测器的时序为泊松分布。探测器最终得到的采集图像可能包含了各种噪声来源，如热噪声、暗电流噪声或光阑函数畸变等。另外，尽管 PWFP 算法也采用泊松最大后验概率模型，但其对测量值不敏感，即所有的测量值均被用于重建迭代。因此，测量值中的噪声会退化最终的重建结果。而在 TPWFP 算法中，如果测量值中包含噪声，所加入的阈值截断操作会将对应的测量值标记为异常值，从而防止重建结果的退化。

TPWFP 算法具有较强的扩展性。第一，该算法可以引入 EPRY-FPM 算法[513]中的光阑函数更新过程，从而得到修正的光阑函数以及更优的重建结果。第二，TPWFP 算法可以使用更快、更鲁棒的其他优化框架（如共轭梯度下降）进行优化[44]。第三，由于线性采样矩阵 A 可以融合多种线性操作，TPWFP 算法可以在其他线性光学系统中被用于相位恢复，如传统的空域叠层成像[505]、复用 FP 成像[506,507] 以及荧光 FP 成像[508]。最后，由于 TPWFP 算法对系统畸变（如光阑函数畸变）鲁棒，其可被应用于其他光学成像系统中来减少系统标定过程，节省大量人力物力。

4.2.4　大规模相位恢复

高通量计算成像能够提供多维、多尺度场景信息，快速、高效的处理算法对于大规模成像重建和感知具有重要意义。在相位成像领域，需要使用相位恢复技术从强度测量数据中重建复数域的幅值和相位。现有的相位恢复算法受限于低计算复杂度、噪声鲁棒、模型通用之间的折中，缺乏大规模任务适用性。本小节介绍一种通用的新型大规模相位恢复（Large-scale Phase Retrieval，LPR）算法，能够适用于大规模相位恢复问题。它将高效的、基于即插即用（Plug-and-play，PNP）架构的广义交替投影（Generalized Alternating Projection，GAP）重建框架拓展至非线性的复数域，同时使用低计算复杂度的交替投影算子进行数据项求解，使用高效的去噪卷积神经网络进行先验项的通用求解。该架构能够弥补各算子的不足，使该算法同时实现低计算复杂度、强泛化性以及噪声鲁棒性。本小节还在编码衍射成像、相干衍射成像、傅里叶叠层显微成像等多个成像模型上进行了实验，验证了该算法在大规模含噪恢复任务中的各项指标显著优于传统 AP 相位恢复算法（PSNR 提升超过 17dB），并首次实现了超大规模（8K）相位恢复重建。

1. 技术背景

随着探测器技术和计算成像的发展，成像规模变得越来越大，同时具有宽视场和高分辨率，能够提供多维多尺度场景信息[514]。光学系统产生的数据量由空间带宽积（Space-bandwidth Product，SBP）进行定量描述，表示从光学信号或图像提取的自由度的数量。以传统显微成像（MPLN×20，0.4NA，Olympus）为例，该平台的空间带宽积为百万像素级别。在大规模探测阵列的基础上，近年来出现了多种计算成像算法，如相机阵列、傅里叶叠层成像[11]、离焦成像[515] 等。这些算法通过计算成像原理，使得空间带宽积能够突破探测器硬件层面的限制，达到了千万甚至亿级像素量级。如此大规模的数据量，对后期的计算处理来说是一个严峻的挑战。因此，计算复杂度低、精度高、噪声鲁棒的大规模处理算法对于各种维度的计算成像重建和感知都具有重要意义[516]。

在相位成像领域，需要使用相位恢复技术从纯强度测量数据中重建复数域幅值和相位。该问题源于光电探测器的响应速度比光波传播速度慢，难以直接采集光波相位。在数学上，相位恢复问题表示为

$$I = |Au|^2 + \omega \tag{4.99}$$

其中，u 为待恢复的目标信号（$u \in \mathbb{C}^{n \times 1}$），$I$ 为该非线性系统的纯强度采集数据（$I \in \mathbb{R}^{m \times 1}$），$\omega$ 为测量过程引入的噪声，A 为测量矩阵（$A \in \mathbb{R}^{n \times n}$ 或 $\mathbb{C}^{n \times n}$）。

相位恢复技术在晶体学、天文学、光学等各个领域有着重要的应用。在光学成像领域，它可以用来解决各类非线性成像模型的逆问题，例如相干衍射成像[197]、编码衍射成像[500]、傅里叶叠层显微成像[11]（Fourier Ptychographic Microscopy，FPM）、透过散射介质成像[517,518] 等。

1972 年，格希伯格（Gerchberg）和萨克斯顿（Saxton）提出了 AP 算法，之后菲努普（J. R. Fienup）等人[48] 基于交替投影重建框架提出了若干种改进算法。此类算法的本质是在成像平面（空域）和线性变换平面（变化域）迭代投影，并分别施加约束正则化。得益于较强的通用性，AP 算法如今仍在多种成像模型中有着广泛的应用。然而，测量噪声和系统畸变会导致 AP 算法的重建精度快速退化，鲁棒性较差。

之后的研究将优化思想引入了相位恢复中。基于 SDP 的算法[493,499] 优化了噪声鲁棒性和重建速度，但在重建过程中需要矩阵升维扩充，因此计算复杂度高，无法适用于大规模相位恢复。基于梯度下降的算法[491,492,519,520] 无须矩阵升维，提升了算法收敛速度，但对采样率要求高，需要较多的采集数据。还有一些算法在梯度下降重建框架的基础上引入自然图像先验作为约束项[521-523]，一定程度提升了算法的适用性。

近些年发展起来的深度学习技术也被用于相位恢复任务。但现有的深度学习相位恢复算法都只适用于特定的成像模型，例如弱光成像[524]、全息成像[525] 或傅里叶叠层显微成像[526] 等。对于不同任务、不同参数的应用，深度学习相位恢复算法均需重新采集大规模数据集，并重新进行大规模的训练，导致这些算法的通用性较差。综上所述，现有相位恢复算法受限于低计算复杂度、强鲁棒性和强通用性的折中，难以应用于大规模相位恢复任务。

本小节介绍的 LPR 算法基于 PNP 架构，将高效的 GAP 重建框架[474,516,527] 拓展至非线性的复数域，解决了传统相位恢复中计算复杂度和噪声鲁棒性之间的矛盾。图 4.41 展示了 LPR 算法的原理框架。传统 PNP 优化算法均采用一阶近端梯度法，例如迭代阈值收缩算法[528,529]（Iterative Shrinkage-thresholding Algorithm，ISTA）、交替方向乘子法[396,530]。这些算法均具有较高的计算复杂度。相较而言，GAP 重建框架在保证重建精度的同时[467]，通过使用更少的辅助变量将问题分解为低复杂度的子问题，从而能够高效求解大规模分布式优化，节省了迭代收敛时间。同时，当使用交替投影替代梯度计算，LPR 算法与传统 PNP 优化

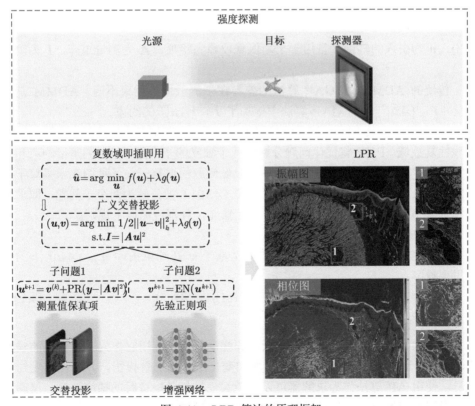

图 4.41　LPR 算法的原理框架

算法相比具有更低的计算复杂度和更快的收敛速度。此外，该算法在 GAP-PNP 框架下将卷积神经网络 FFDNET[531] 与 AP 算法结合，融合了 AP 通用性强和去噪网络重建精度高的优点，避免了深度学习泛化性差和 AP 优化鲁棒性差的缺点，实现了高精度的大规模鲁棒相位恢复。

2. 技术原理

在优化理论中，相位恢复的重建任务可建模为

$$\hat{\boldsymbol{u}} = \arg\min_{\boldsymbol{u}} f(\boldsymbol{u}) + \lambda g(\boldsymbol{u}) \tag{4.100}$$

其中，$\boldsymbol{u}$ 是待恢复的复数域信号，$f(\boldsymbol{u})$ 是保真项，$g(\boldsymbol{u})$ 是先验约束项。

通常情况下，式（4.100）使用一阶近端梯度法进行求解，例如 ISTA 和 ADMM，但在大规模非线性任务中，梯度计算是一项费时的工作。这里使用高效的 GAP 算法将式（4.100）转化为

$$(\boldsymbol{u}, \boldsymbol{v}) = \arg\min \frac{1}{2}\|\boldsymbol{u} - \boldsymbol{v}\|_{l_2}^2 + \lambda g(\boldsymbol{v}) \tag{4.101}$$
$$\text{s.t. } \boldsymbol{I} = |\boldsymbol{A}\boldsymbol{u}|^2$$

其中，$\boldsymbol{v}$ 为引入的辅助变量用于平衡保真项和先验项，$\boldsymbol{A}$ 为测量矩阵，$\boldsymbol{I}$ 为测量值。

传统的 ADMM 和 GAP 算法的差异在于测量值的约束不同。ADMM 是最小化 $\||\boldsymbol{I} - |\boldsymbol{A}\boldsymbol{u}|^2\||$，而 GAP 算法中施加了 $\boldsymbol{I} = |\boldsymbol{A}\boldsymbol{u}|^2$ 的约束。

为了解决 LPR 问题，该算法扩展了高效的 PNP 框架，将其从实数域拓展到非线性复数域。PNP 将优化问题分解为两个独立的子问题，包括测量值约束和先验正则项。基于此，可以在此框架下将成像问题的逆算子与各种图像增强算子进行结合，从而提高重建精度和保真度。式（4.101）被分解为两个子问题，即求解 $\boldsymbol{u}$ 和求解 $\boldsymbol{v}$。两个子问题的迭代更新相互独立，分别遵循以下规则。

（1）求解数据保真项子问题

在给定 $\boldsymbol{v}^k$ 的条件下，$\boldsymbol{u}^{k+1}$ 的更新是基于 $\boldsymbol{v}$ 在约束条件 $\boldsymbol{y} = |\boldsymbol{A}\boldsymbol{u}|^2$ 下的欧几里得投影：

$$\boldsymbol{u}^{k+1} = \boldsymbol{v}^k + \text{PR}\left(\boldsymbol{y} - |\boldsymbol{A}\boldsymbol{v}|^2\right) \tag{4.102}$$

其中，PR 是相位恢复问题的求解器。

考虑到 AP 算法具有低计算复杂度和强泛化性，使用它作为 PR 问题的求解器。AP 算法的核心思想是在成像平面和变化域平面交替投影，并施加幅度约束信息。使用 AP 算法作为求解器可以避免大规模任务中费时的梯度计算，仅通过在成像域与变换域中交替投影即可求解保真项问题。

（2）求解先验项子问题

在给定 u^{k+1} 的条件下，v^{k+1} 利用增强算子更新：

$$v^{k+1} = \text{EN}\left(u^{k+1}\right) \tag{4.103}$$

其中，EN 表示增强算子，该算法使用的是去噪算子。

虽然在近几年的研究中，迭代去噪算法取得了较大的进展，人们引入非局部自相似统计特性、字典学习或全变分统计特性使得去噪效果进一步提高 [532-534]，但计算复杂度较高，需要较长的运行时间。在大规模任务中，考虑到灵活和快速的需求，本小节介绍的算法使用基于深度学习技术的 FFDNET[531] 作为 LPR 的去噪器。FFDNET 内部由一系列 3×3 的卷积层组成。每层包含 3 种特定的组合：卷积（Convolutional，CONV）、激活函数操作（ReLU）、批标准化（BN）。该操作在保持结果精度的条件下，有效地减少了网络参数，使得网络更有效率。另外通过 GPU 并行计算的方式，该算法的运行速度遥遥领先于其他算法。

LPR 在初始化之后，变量会基于式（4.102）和式（4.103）交替地进行更新。当两次连续的迭代结果之间的误差小于给定阈值时，算法收敛并停止迭代。由于 PR 算子和 EN 算子都具有高效性和灵活性，因此整个重建过程都具有低计算复杂度和强泛化性。

3. 实验验证

该实验在 3 种测量模型（CDP、CDI、FPM）下测试了 LPR 和传统相位恢复算法的优缺点。对比算法包括 AP 算法 [48,485]、基于 SDP 的方法的算法［（PhaseMax（PMAX）[535]、Phase Lift（PLIFT）[493]、Phase Lamp（PLAMP）[536]］、基于 WF 的算法［Wirtinger Flow（WF）[491]、Reweighted Wirtinger Flow（RWF）[537]］、基于 AmpFlow 的算法 [538,539]［AmpFlow（AF）、Truncated AmpFlow（TAF）、Reweighted AmpFlow（RAF）］、坐标下降（CD）算法 [540]、KACzmarz（KAC）算法 [541] 和深度学习（prDeep）算法 [523]。上述算法均使用 Phasepack[542] 来进行调参，以获取最佳性能。收敛性是基于连续的两次迭代结果之间的差异小于某一阈值来判断。该实验使用 PSNR 和 SSIM 来定量对比重建质量。所有的计算都是在配置有 Intel Core i7 处理器、NVIDA GTX 1660s 显卡、16GB 内存的台式计算机中进行。

（1）CDI 模型的重建结果

CDI 是非干涉相位成像技术的代表。由于成像方式简便 [185]，CDI 已经被广泛应用于物理学、化学和生物学的研究中。CDI 使用相干平面波照明目标，并且记录目标在远场衍射的强度图。通过过采样衍射光场并使用相位恢复技术，目标

的振幅和相位信息都能够被重建。在数学形式上，CDI 的测量模型可以表述为

$$I = |\mathscr{F}(u)|^2 \tag{4.104}$$

其中，u 表示待恢复的目标，$\mathscr{F}$ 表示二维傅里叶变换用于近似远场衍射。

根据这一数学模型，该实验使用 DIV2K[543] 数据集中的一幅高分辨率图像（1356×2040 像素）作为待恢复的目标来模拟 CDI 测量。由于要保证解的唯一性，CDI 要求至少在傅里叶域 4 倍过采样。相应地，该实验在图像矩阵外围填充 0，从而生成一幅 2712×4080 像素的图像，并对填充后的图像进行傅里叶变换，仅保留强度作为测量值。另外，为了研究上述算法对测量噪声的鲁棒性，该实验进一步在测量值中添加了不同等级的高斯白噪声。

表 4.10 展示了不同算法重建结果的定量对比，图 4.42 为视觉对比。从上述结果可以看出，CD 算法和 KAC 算法由于不收敛而重建失败。这是因为这些算法需要更高的采样率。PLIFT 算法和 PLAMP 算法也重建失败，因为它们需要矩阵扩充并涉及更高维矩阵的计算，在大规模任务中导致内存溢出。除了 prDeep 算法之外的其他算法与 AP 算法相比，几乎没有获得重建质量的提升。具体而言，WF 算法、AF 算法和 PMAX 算法的重建质量甚至差于 AP 算法，这是因为采样率的限制和噪声的干扰。prDeep 算法的重建质量优于传统 AP 算法，但也仅有 2dB 的 PSNR 提升，SSIM 几乎没有提升（与 AP 算法相比）。作为对比，LPR 在重建质量上有着显著的提升，PSNR 和 SSIM 分别最多提升 6dB 和 0.29。

表 4.10　不同算法重建结果的定量对比

算法	SNR=20dB			SNR=25dB			SNR=30dB		
	PSNR（dB）	SSIM	时间（s）	PSNR（dB）	SSIM	时间（s）	PSNR（dB）	SSIM	时间（s）
AP	18.46	0.50	819.67	21.75	0.58	854.37	22.29	0.65	863.14
WF	19.05	0.52	+27.15	20.84	0.62	+31.98	21.27	0.70	+32.41
RWF	18.52	0.50	+25.69	21.98	0.61	+27.53	22.41	0.71	+27.98
AF	16.55	0.42	+28.61	19.63	0.49	+29.74	19.83	0.54	+27.29
TAF	18.57	0.53	+26.04	21.81	0.59	+25.99	22.30	0.65	+26.49
RAF	18.52	0.53	+22.55	21.79	0.58	+21.80	22.27	0.65	+22.19
PLIFT	✘（内存不足）			✘（内存不足）			✘（内存不足）		
PLAMP	✘（内存不足）			✘（内存不足）			✘（内存不足）		
PMAX	16.64	0.42	+38.48	19.73	0.49	+39.04	19.97	0.54	+38.11
CD	✘（不收敛）			✘（不收敛）			✘（不收敛）		
KAC	✘（不收敛）			✘（不收敛）			✘（不收敛）		
prDeep	20.60	0.52	+49.01	21.83	0.58	+43.36	23.33	0.65	+35.46
LPR	**23.30**	**0.79**	+28.52	**25.52**	**0.83**	+29.97	**28.11**	**0.86**	+27.19

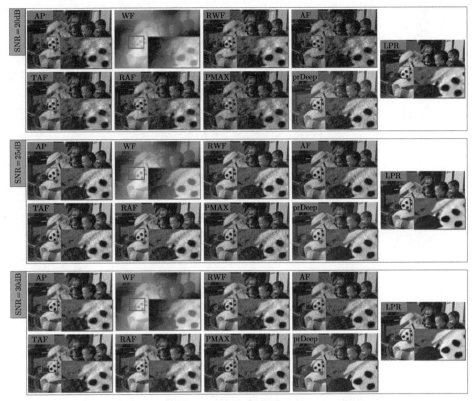

图 4.42 不同算法重建结果的视觉对比（CDI 模型）

表 4.10 还展示了不同算法的运行时间。由于其他算法都是以 AP 算法的结果作为初值，因此这些算法的运行时间是在 AP 算法的基础上额外产生的运行时间。从结果可以看出，prDeep 算法消耗时间最长。LPR 的运行时间和 AP 算法在同一数量级，但重建质量显著提升。

下面进一步在真实 CDI 数据上对比这些算法。成像样本是活的胶质母细胞瘤。实验装置包括一个 HeNe 激光器（543nm、5mW）、一个双孔光圈（由两个直径为 100μm 的孔组成，两个孔之间的间距为 100μm）、一个焦距为 35mm 的物镜和一个 CCD 相机（1340×1300 像素，16bit）。测量值包含细胞融合过程中若干个时刻的远场衍射图。由于传统算法与 AP 算法相比没有什么改进，并且 prDeep 算法不适用于复数域样本 [523]，因此图 4.43 中仅展示并对比了 AP 算法和 LPR 算法的重建结果。结果表明，AP 算法的结果存在严重的噪声伪影，尤其是在幅度图中。细胞在 0 和 135min 时几乎被背景噪声淹没，无法清晰观察到细胞的轮廓和边缘。相比之下，LPR 算法可以在有效保留细节的同时抑制测量噪声，生成高保真度的结果。

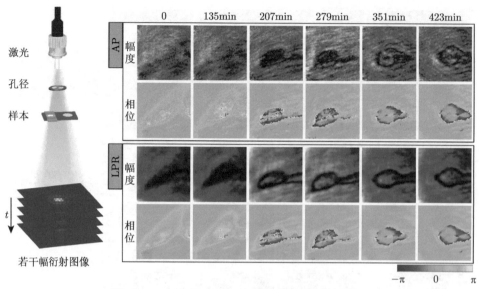

图 4.43　真实 CDI 数据实验的装置重建结果对比

（2）CDP 模型的重建结果

CDP[500] 是 CDI 的编码变体，它引入了波前调制来增加测量多样性。多次调制的策略能够有效地避开 CDI 模型中的采样限制。一般而言，透过目标的光场被空间光调制器调制，其在远场遵循夫琅禾费衍射，测量值的数学形式可以表示为

$$I = |\mathscr{F}(u \odot d)|^2 \tag{4.105}$$

其中，d 代表调制掩模，$\odot$ 表示哈达玛积。

该实验分别在 5 次和单次相位调制下模拟了 CDP 测量。调制掩模 d 服从高斯分布 [500]。实验选用和 CDI 模型中相同的图像作为待恢复的目标，并且添加了不同等级的高斯白噪声。表 4.11 和图 4.44 展示了不同算法在 CDP 模型（5 次调制）下重建结果的对比。从表中可以看到，基于 Wirtinger Flow 的算法（即 WF 算法和 RWF 算法）重建失败是由于调制数量不足 [491]。PLIFT 算法和 PLAMP 算法仍然超出内存限制。其他传统算法与 AP 算法相比几乎没有提高。虽然 prDeep 算法的重建质量好于 AP 算法，但它的耗时几乎是 AP 算法的 3 倍。作为对比，LPR 算法的重建结果最好，它的 PSNR 和 SSIM 最多提升 8.3dB 和 0.61。除此之外，它和 AP 算法的运行时间在同一数量级，在所有算法中有着最高的效率。

表 4.11　不同算法在 CDP 模型（5 次调制）下重建结果的定量对比

算法	SNR=10dB			SNR=15dB			SNR=20dB		
	PSNR（dB）	SSIM	时间（s）	PSNR（dB）	SSIM	时间（s）	PSNR（dB）	SSIM	时间（s）
AP	15.60	0.21	105.76	18.61	0.33	110.73	23.22	0.55	174.98
WF	✘（测量值不足）			✘（测量值不足）			✘（测量值不足）		
RWF	✘（测量值不足）			✘（测量值不足）			✘（测量值不足）		
AF	13.93	0.19	247.07	17.84	0.33	231.38	23.13	0.60	211.39
TAF	13.40	0.16	257.57	18.14	0.34	225.67	22.71	0.59	213.65
RAF	13.88	0.19	261.59	17.86	0.38	222.38	23.10	0.59	212.09
PLIFT	✘（内存不足）			✘（内存不足）			✘（内存不足）		
PLAMP	✘（内存不足）			✘（内存不足）			✘（内存不足）		
PMAX	11.08	0.13	295.84	11.36	0.14	300.21	11.66	0.15	296.28
CD	8.69	0.22	357.52	9.47	0.20	321.81	9.78	0.20	264.89
KAC	10.83	0.13	192.44	10.97	0.15	161.48	11.01	0.16	114.75
prDeep	22.67	0.61	301.41	24.42	0.72	282.14	26.85	0.76	380.60
LPR	**22.73**	**0.82**	124.80	**26.92**	**0.88**	137.33	**31.89**	**0.94**	228.42

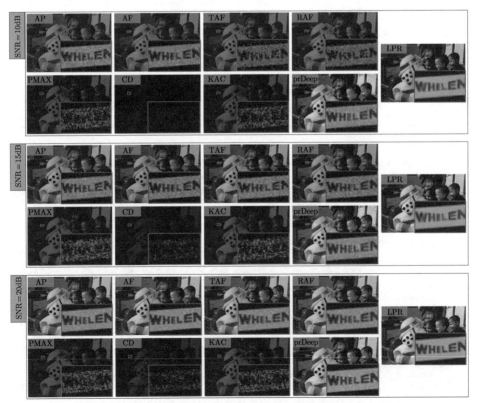

图 4.44　不同算法重建结果的视觉对比（5 次调制下的 CDP 模型）

　　为了进一步验证 LPR 算法的重建表现，实验还对比了它和其他算法在极限调制次数（单次调制）时的结果。对比结果如表 4.12 和图 4.45 所示。由于极限调制次数，大部分算法都由于不收敛或重建质量极差而失败。LPR 算法仍然有着最高 17dB 的 PSNR 提升和 0.8 的 SSIM 提升。如图 4.45 的局部放大所示，即使存在严重的噪声干扰，LPR 算法仍能够有效恢复图像细节。同时，它能够有效地消除噪声和伪影，生成平滑的背景。

表 4.12　不同算法在 CDP 模型（单次调制）下重建结果的定量对比

算法	SNR=10dB			SNR=15dB			SNR=20dB		
	PSNR（dB）	SSIM	时间（s）	PSNR（dB）	SSIM	时间（s）	PSNR（dB）	SSIM	时间（s）
AP	11.71	0.08	13.96	12.82	0.09	13.55	13.02	0.10	13.34
WF	✘（测量值不足）			✘（测量值不足）			✘（测量值不足）		
RWF	✘（测量值不足）			✘（测量值不足）			✘（测量值不足）		
AF	10.47	0.08	24.61	10.53	0.08	23.73	10.82	0.09	23.36
TAF	10.52	0.08	24.05	10.93	0.07	24.21	11.02	0.08	23.09
RAF	10.38	0.06	26.17	10.43	0.07	25.83	10.78	0.08	25.82
PLIFT	✘（内存不足）			✘（内存不足）			✘（内存不足）		
PLAMP	✘（内存不足）			✘（内存不足）			✘（内存不足）		
PMAX	✘（测量值不足）			✘（测量值不足）			✘（测量值不足）		
CD	✘（测量值不足）			✘（测量值不足）			✘（测量值不足）		
KAC	✘（测量值不足）			✘（测量值不足）			✘（测量值不足）		
prDeep	18.29	0.39	153.41	19.21	0.54	142.34	23.92	0.68	104.84
LPR	**21.11**	**0.81**	77.80	**25.64**	**0.87**	81.51	**30.10**	**0.89**	62.89

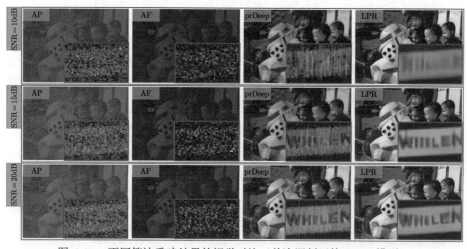

图 4.45　不同算法重建结果的视觉对比（单次调制下的 CDP 模型）

（3）FPM 模型的重建结果

FPM 是 2014 年出现并快速发展起来的一种用于高空间带宽积成像的新型计算成像技术。FPM 从不同角度对目标样本进行照明，并拍摄对应的若干张低分辨率图像，然后在傅里叶空间将这些频谱拼接在一起，最终获得大视场高分辨图像。在数学上，FPM 的成像过程为

$$I = \left| \mathscr{F}^{-1}[P \odot \mathscr{F}\{u \odot \mathscr{S}\}] \right|^2 \tag{4.106}$$

其中，$\mathscr{F}^{-1}$ 是傅里叶逆变换，P 是系统的瞳孔函数，$\mathscr{S}$ 是入射光的波函数。

下面首先根据式（4.106），在仿真数据上对比不同算法的性能。仿真参数如下：入射光波长为 625nm，物镜的 NA 为 0.08，LED 阵列数量为 15×15 个，相邻 LED 之间的距离为 4mm，LED 平面到样品平面的高度为 84.8mm，相机传感器像素的大小为 0.34μm。实验采用两幅血细胞的显微图像（2048×2048 像素）作为待恢复的高分辨率振幅和相位图。采集到的低分辨率图像的分辨率是高分辨率图像的 1/4（即 512×512 像素）。

图 4.46 展示了 AP 算法 [11]、WF 算法 [124] 和 LPR 算法的重建结果。AP 算法对测量噪声敏感；WF 算法能较好地处理噪声，但是计算复杂度高，需要更长的运行时间（超过 AP 算法一个数量级）。与 AP 算法相比，LPR 算法有着最多 10dB 的 PSNR 提升（SNR = 10 时）。除此之外，它的运行时间也和 AP 算法的运行时间在同一数量级。重建结果的视觉对比也证明了 LPR 算法的幅度和相位

		PSNR (dB)	SSIM	时间 (s)
SNR =5dB	AP	14.8	0.38	27.1
	WF	17.1	0.46	1630.0
	LPR	22.3	0.86	42.5
SNR =10dB	AP	19.1	0.41	25.2
	WF	22.5	0.48	1604.0
	LPR	29.0	0.89	41.0
SNR =15dB	AP	25.4	0.78	24.9
	WF	27.9	0.85	1490.0
	LPR	30.6	0.92	41.7

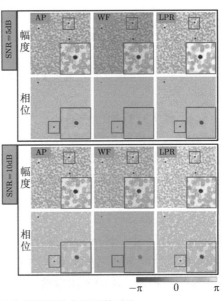

图 4.46　FPM 模型下不同算法仿真数据重建结果的对比

重建结果都有着较高的保真度。

接下来，我们在真实 FPM 系统上测试不同算法的性能。该实验的成像样本采用 HEMA 3 Wright-Giemsa 染色的血细胞；实验装置包括一个 LED 数量为 15×15 个的 LED 阵列，一个放大倍数为 2 倍、NA 为 0.1 的物镜（Olympus）和一个像素大小为 1.85μm 的相机。LED 的中心波长为 632nm，LED 之间的间距为 4mm，LED 阵列到样本的高度是 80mm。实验在曝光时间分别为 1ms 和 0.25ms 的情况下各采集了 225 幅低分辨率图像。实验装置及重建结果对比如图 4.47 所示。从结果可以看出，AP 算法在曝光时间较短时成像质量退化严重，仅在幅度图中能够观测到细胞核，其他细节都丢失了。LPR 算法有着最好的重建质量，测量噪声被有效地抑制，并且细胞的结构和形态细节被清晰地恢复。

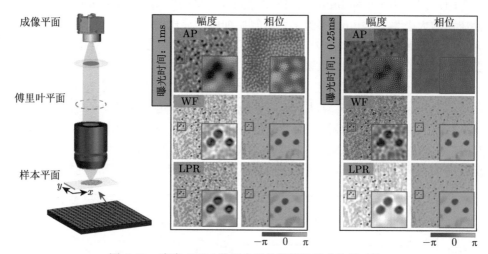

图 4.47　真实 FPM 数据实验的装置及重建结果对比

（4）超大规模相位恢复

在超大规模的相位恢复任务中［如 4K（4096×2160 像素）和 8K（7680×4320 像素）］，上述大部分算法受限于内存和重建时间，都难以正常运行，仅 LPR 算法仍然能够运行。下面通过实验演示不同算法在 CDP 模型（5 次调制）下的 8K 大规模相位恢复情况。该实验使用一幅分辨率为 8K 的外太空彩色图像作为待恢复图像（由 NASA 发布）。它的分辨率为 7680×4320 像素（每个颜色通道），像素数为 3.31×10^7 个。图 4.48 展示了在施加 5dB 高斯白噪声的情况下 AP 算法和 LPR 算法的重建结果，从其中的局部放大图能够进一步看出 AP 算法的重建图像被噪声淹没，造成了图像暗淡和细节丢失。作为对比，LPR 算法的重建质量明显著优于 AP 算法。上述两种算法的运行时间都在分钟数量级（每个通道）。

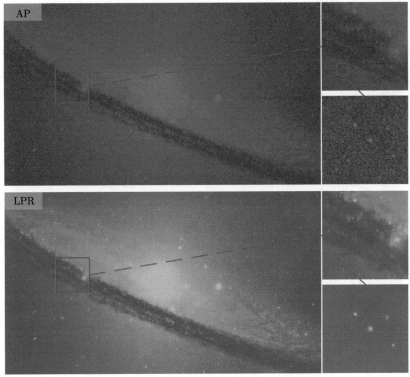

图 4.48　超大规模相位恢复实验的重建结果对比

4. 总结与讨论

本小节针对大规模相位恢复任务，介绍了一种基于 PNP 架构的大规模高效鲁棒相位恢复算法。该算法将高效的 GAP-PNP 重建框架拓展到非线性复数域。GAP 重建框架在保证重建精度的同时，使用了更少的辅助变量将问题分解为低复杂度的子问题，从而能够高效求解大规模分布式优化，节省了迭代收敛时间。此外，该算法在 PNP 架构下将卷积神经网络与 AP 算法结合，融合了 AP 通用性强和去噪网络重建精度高的特点，避免了深度学习泛化性差和 AP 优化鲁棒性差的缺点，使得 LPR 算法具有计算复杂度低、噪声鲁棒、泛化能力强的优点。在CDP、CDI、FPM 模型下进行的一系列仿真和真实实验证明，LPR 算法在大规模相位恢复任务中具有保真度高和效率高的优点。

LPR 算法还能被进一步地研究并改进。第一，LPR 算法有多个参数需要调节，可以引入强化学习来实现自动调参 [544]；第二，LPR 算法在低采样率模型中对初值敏感，可以引进光谱初值法 [545] 以进一步提高鲁棒性；第三，其他图像增强算子（如超分辨网络 [546] 和去模糊网络）在 PNP 架构下的有效性也值得进一步研究。

4.2.5 物理畸变校正

动态场景中，物体存在运动与位移。例如在生物成像中，活体样本在多幅图像采集的过程中会存在样本运动，大大降低了传统 FP 算法的重建精度。为了解决这个问题，本小节介绍一种运动畸变补偿重建算法来有效地校正未知的样本运动，称为运动校正傅里叶叠层成像（Motion-corrected Fourier Ptychography，mcFP）算法。该算法能够自适应地从低空间频率区域向高空间频率区域更新高分辨率空间频谱。由于相位恢复中的采集信息冗余理论要求测量值数量应比待恢复信号多（至少 6 倍）[124,491,547]，因此在传统 FP 算法中，相邻子谱之间存在大的频谱重叠（通常约为子频谱的 65%）。得益于此重叠区域，对于当前需要更新的子频谱，该算法可以先通过最小化采集图像和相应的重建图像之间的差异来搜索样本未知的运动偏移；然后，利用搜索得到的运动位移来补偿子频谱的相位偏移。在更新所有子频谱之后，当前迭代完成。经过几次这样的迭代（实验结果表明，2 次迭代对于收敛已足够），便可以恢复高质量的高分辨率空间频谱，不受样本运动影响。实验结果表明，mcFP 算法可以有效校正未知样本运动，其运动位移标准差可高达视场范围的 10%。mcFP 算法可在各种包含样本运动的 FP 成像平台中寻找到重要的应用，例如内窥镜和透射电子显微镜。

1. 技术背景

FP 系统属于相干成像系统，其结构与存在样本运动时的成像模型如图 4.49 所示。假定入射光为平面波，入射光照射在样本上，从样本出射的光在数学上可表示为

$$\phi(x,y)e^{(jx\frac{2\pi}{\lambda}\sin\theta_x, jy\frac{2\pi}{\lambda}\sin\theta_y)} \tag{4.107}$$

其中，ϕ 是样本的复数域图像，(x,y) 是在样本面的二维空域坐标，j 是虚数单位，λ 是入射光波长，θ_x 和 θ_y 是入射角度。

从样本出射的光经过物镜传播到光阑面，并被光阑低通滤波。这个过程可表示为

$$P(k_x,k_y)\mathscr{F}(\phi(x,y)e^{(jx\frac{2\pi}{\lambda}\sin\theta_x, jy\frac{2\pi}{\lambda}\sin\theta_y)}) \tag{4.108}$$

其中，$P(k_x,k_y)$ 是光阑函数，(k_x,k_y) 是光阑面的二维空间频域坐标，$\mathscr{F}$ 表示傅里叶变换。

经光阑低通滤波的，光经过管透镜传播到探测器，这个过程可表示为傅里叶变换。由于现实的探测器只能感知光的强度，因此上述 FP 模型可总结为

$$\boldsymbol{I} = \left|\mathscr{F}^{-1}\left[P(k_x,k_y)\mathscr{F}(\phi(x,y)e^{(jx\frac{2\pi}{\lambda}\sin\theta_x, jy\frac{2\pi}{\lambda}\sin\theta_y)})\right]\right|^2 \tag{4.109}$$

$$= \left| \mathscr{F}^{-1} \left(P(k_x, k_y) \Phi\left(k_x - \frac{2\pi}{\lambda}\sin\theta_x, k_y - \frac{2\pi}{\lambda}\sin\theta_y\right) \right) \right|^2$$

其中，I 是采集到的强度图像，$\mathscr{F}^{-1}$ 表示傅里叶逆变换，Φ 是样本在傅里叶域的空间频谱。

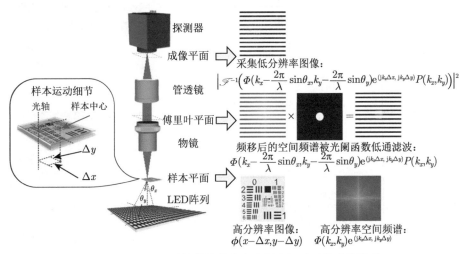

图 4.49　FP 系统的结构和存在样本运动时的成像模型

当样本存在运动时，假设运动位移为 $(\Delta x, \Delta y)$，则从样本出射的光变为

$$\phi(x - \Delta x, y - \Delta y)\mathrm{e}^{(\mathrm{j}x\frac{2\pi}{\lambda}\sin\theta_x, \mathrm{j}y\frac{2\pi}{\lambda}\sin\theta_y)} \tag{4.110}$$

假设样本的运动为理想循环移位，即移出视场的部分等同于新移入视场的部分，则光阑面的光分布变为

$$\Phi\left(k_x - \frac{2\pi}{\lambda}\sin\theta_x, k_y - \frac{2\pi}{\lambda}\sin\theta_y\right)\mathrm{e}^{(\mathrm{j}k_x\Delta x, \mathrm{j}k_y\Delta y)} \tag{4.111}$$

采集到的图像模型变为

$$\boldsymbol{I}_{\mathrm{motion}} = \left| \mathscr{F}^{-1}\left(P(k_x, k_y)\mathscr{F}\left(\phi(x - \Delta x, y - \Delta y)\mathrm{e}^{(\mathrm{j}x\frac{2\pi}{\lambda}\sin\theta_x, \mathrm{j}y\frac{2\pi}{\lambda}\sin\theta_y)}\right) \right) \right|^2 \tag{4.112}$$

$$= \left| \mathscr{F}^{-1}\left(P(k_x, k_y)\Phi\left(k_x - \frac{2\pi}{\lambda}\sin\theta_x, k_y - \frac{2\pi}{\lambda}\sin\theta_y\right)\mathrm{e}^{(\mathrm{j}k_x\Delta x, \mathrm{j}k_y\Delta y)} \right) \right|^2$$

上述成像模型可视化为图 4.49。从式（4.112）可以看到，样本移动在样本的傅里叶域空间频谱中引入了一个频率相关的相位偏移。mcFP 算法可以有效补偿上述相位偏移，避免最终的重建退化。

2. 技术原理

下面详细介绍 mcFP 算法。该算法的流程如图 4.50 所示。总体而言，mcFP 算法能够自适应地更新高分辨率空间频谱，每次迭代包括从低空间频率区域到高空间频率区域的多个运动恢复和频谱更新循环。

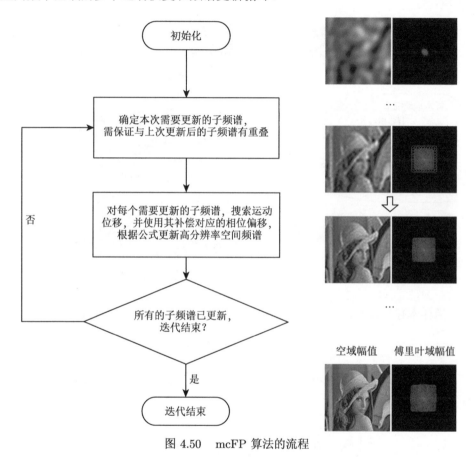

图 4.50　mcFP 算法的流程

初始化时，该算法使用在垂直入射光照下拍摄的低分辨率图像的上采样版本作为样本的高分辨率图像初始值 [45, 124, 307]。这对于 mcFP 算法是必要的，因为低分辨率图像包含样本在低空间频率区域的重要信息，提供了样本的基本结构，保证了后续运动恢复过程的精度。

接下来进行变量更新迭代。每次迭代均从低频区域到高频区域，以环形方式对空间频谱进行逐次更新。如图 4.50 所示，蓝色圆圈标记的区域为本轮中的待更新子频谱区域。对于每个空间子频谱，即

$$P(k_x, k_y)\Phi\left(k_x - \frac{2\pi}{\lambda}\sin\theta_x, k_y - \frac{2\pi}{\lambda}\sin\theta_y\right) \tag{4.113}$$

该算法通过最小化重建图像，即

$$\left| \mathscr{F}^{-1}\left(P(k_x, k_y)\varPhi\left(k_x - \frac{2\pi}{\lambda}\sin\theta_x, k_y - \frac{2\pi}{\lambda}\sin\theta_y \right) \mathrm{e}^{(\mathrm{j}k_x\Delta x, \mathrm{j}k_y\Delta y)} \right) \right|^2 \qquad (4.114)$$

和采集图像 $\boldsymbol{I}_{\mathrm{motion}}$ 之间的误差，来检索得到未知的样本运动偏移 $(\Delta x_{\mathrm{opt}}, \Delta y_{\mathrm{opt}})$。数学上，上述检索过程可表示为

$$
\begin{aligned}
&(\Delta x_{\mathrm{opt}}, \Delta y_{\mathrm{opt}}) \\
&= \underset{(\Delta x, \Delta y)}{\arg\min}\ \boldsymbol{I}_{\mathrm{motion}} \\
&\quad - \left| \mathscr{F}^{-1}\left(P(k_x, k_y)\varPhi\left(k_x - \frac{2\pi}{\lambda}\sin\theta_x, k_y - \frac{2\pi}{\lambda}\sin\theta_y \right) \mathrm{e}^{(\mathrm{j}k_x\Delta x, \mathrm{j}k_y\Delta y)} \right) \right|^2
\end{aligned}
\qquad (4.115)
$$

使用类似 WFP 算法的 Wirtinger 算子及梯度下降方法 [124,491] 对式（4.115）进行求解，即可得到最终的最优运动偏移 $(\Delta x_{\mathrm{opt}}, \Delta y_{\mathrm{opt}})$。

重建的最优运动偏移被用于补偿对应的高分辨率空间频谱相位偏差。更新过程类似于康涅狄格大学郑国安教授等人提出的 AP 算法 [513]，即使用采集到的图像替换对应的重建幅值：

$$
\begin{aligned}
\phi' =&\ \sqrt{\boldsymbol{I}_{\mathrm{motion}}} \\
&\cdot \frac{\mathscr{F}^{-1}\left(P(k_x, k_y)\varPhi\left(k_x - \frac{2\pi}{\lambda}\sin\theta_x, k_y - \frac{2\pi}{\lambda}\sin\theta_y \right) \mathrm{e}^{(\mathrm{j}k_x\Delta x_{\mathrm{opt}}, \mathrm{j}k_y\Delta y_{\mathrm{opt}})} \right)}{\left| \mathscr{F}^{-1}\left(P(k_x, k_y)\varPhi\left(k_x - \frac{2\pi}{\lambda}\sin\theta_x, k_y - \frac{2\pi}{\lambda}\sin\theta_y \right) \mathrm{e}^{(\mathrm{j}k_x\Delta x_{\mathrm{opt}}, \mathrm{j}k_y\Delta y_{\mathrm{opt}})} \right) \right|}
\end{aligned}
\qquad (4.116)
$$

然后，将 ϕ' 变换到傅里叶域，得到对应的空间频谱 $\varPhi' = \mathscr{F}(\phi')$，并将其与相位补偿 $\exp(-\mathrm{j}k_x\Delta x_{\mathrm{opt}}, -\mathrm{j}k_y\Delta y_{\mathrm{opt}})$ 结合，用于更新样本的高分辨率空间频谱：

$$
\begin{aligned}
\varPhi_{\mathrm{updated}} =&\ \varPhi + \frac{P^*\left(k_x + \frac{2\pi}{\lambda}\sin\theta_x, k_y + \frac{2\pi}{\lambda}\sin\theta_y \right)}{\left| P\left(k_x + \frac{2\pi}{\lambda}\sin\theta_x, k_y + \frac{2\pi}{\lambda}\sin\theta_y \right) \right|^2_{\max}} \\
&\cdot \left[\varPhi'\left(k_x + \frac{2\pi}{\lambda}\sin\theta_x, k_y + \frac{2\pi}{\lambda}\sin\theta_y \right) \mathrm{e}^{(-\mathrm{j}k_x\Delta x_{\mathrm{opt}}, -\mathrm{j}k_y\Delta y_{\mathrm{opt}})} - \varPhi \right]
\end{aligned}
\qquad (4.117)
$$

按照上述过程，经过数轮迭代更新后，即可重建得到未知的运动偏移以及样本的高分辨率空间频谱。

3. 实验验证

下面将 mcFP 算法分别应用于模拟合成和实际采集的数据，以验证其有效性，并展示其相较传统 FP 重建算法的优势。为了在仿真实验中定量地评估重建质量，使用相对误差 [45,492] 作为定量指标，定义为

$$\mathrm{RE}(z, \hat{z}) = \frac{\min_{\phi \in [0, 2\pi)} ||\mathrm{e}^{-\mathrm{j}\phi} z - \hat{z}||^2}{||\hat{z}||^2} \tag{4.118}$$

该指标描述的是两个复数域函数 z 和 $\hat{z}$ 的差别，在该仿真实验中用于比较重建的样本复数域图像和真值之间的误差大小。

该仿真实验使用以下硬件参数模拟傅里叶域叠层显微成像（Fourier Ptychographic Microscopy，FPM）系统：物镜的 NA 为 0.08，相应的光阑函数为理想的二元函数（数值孔径圆内元素值全部为 1，外部元素值全部为 0）；LED 平面到样品平面的高度为 84.8mm；相邻 LED 之间的横向距离为 4mm，并且使用 15×15 个 LED 来提供数值为 0.5 的总合成 NA，相邻的子频谱之间的频谱重叠比例为 65%；入射光的波长为 632nm；拍摄图像的像素大小为 1.6μm。实验使用 USC-SIPI 图像数据库 [61] 中的 "Lena" 和 "Aerial" 图像（512×512 像素）分别作为高分辨率振幅和相位图真值。采集的低分辨率图像是基于式（4.112）中的成像模型进行合成的。它们的像素数量被设置为高分辨率图像的 1/8，即高分辨率图像的像素大小为 0.2μm。以下每个仿真实验重复 20 次，并取其定量结果的平均值作为最终的统计结果进行比较。

首先，在理想循环移位的样本运动情况下［如式（4.112）所示的图像模型］，对 mcFP 算法和传统的 AP 算法在模拟合成数据中进行测试对比。合成模拟数据的过程中，在每次采集时向样本添加符合高斯分布的随机运动偏移。对于 AP 算法，100 次迭代足以收敛 [11]。通过实验验证，对 mcFP 算法进行 2 次迭代（每次迭代过程中，在获得最佳运动估计后对每个子频谱更新 10 次）。在此设置下，在一台配置了 2.5GHz Intel Core i7 处理器和 16GB 内存的便携式计算机上运行 mcFP 算法重建高分辨率图像需要约 5min。重建结果对比如图 4.51 所示，其中曲线图为定量展示的重建结果对比，下方展示了重建的高分辨率图像。运动位移的标准差由系统采集图像的视场范围进行归一化。从重建结果中可以看到，随着样本运动变得严重，传统 AP 算法的重建质量会迅速下降，而 mcFP 算法可以有效校正样本运动，即使在样本运动严重的情况下也几乎不受影响（如当运动位移标准差为视场范围的 15% 时）。这得益于 mcFP 算法中加入的运动恢复和相应的相位偏移补偿。

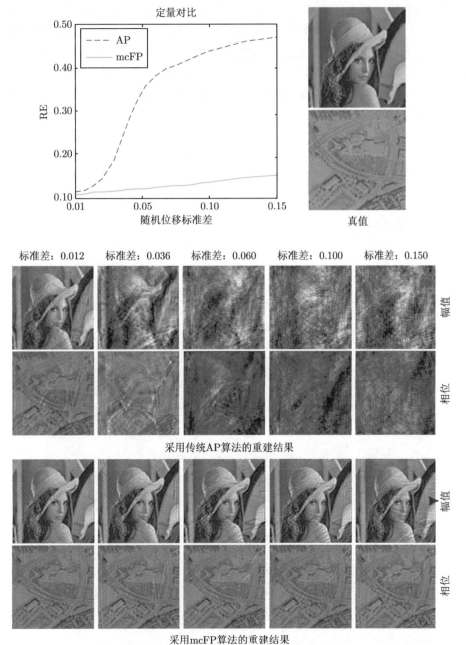

图 4.51　在理想循环移位的样本运动情况下 mcFP 算法和传统 AP 算法的重建结果对比

　　然而，上述假设的理想循环移位样本运动是不符合实际系统的，因为随着样本的运动，移出视场的样本区域通常不同于新移入视场的样本区域。接下来，考

223

虑更符合实际的样本运动情况。为了模拟此场景，将视场设置为样本的中心区域（整个 512 × 512 像素图像中的中心 256 × 256 像素子图），并通过移动整个高分辨率图像来模拟样本运动。相应的传统 AP 算法和 mcFP 算法的重建结果对比如图 4.52 所示，从中可以看到，在这种情况下 mcFP 算法仍能得到较好的重建结果。即使在样本运动严重（如样本运动位移标准差为视场范围的 10% 时）的情况

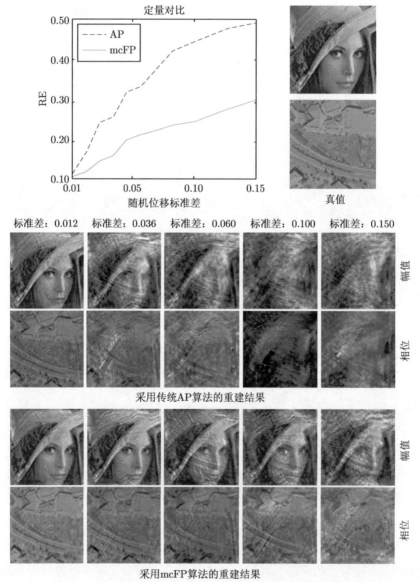

图 4.52　在非理想循环移位的样本运动情况下 mcFP 算法和传统 AP 算法的重建结果对比

下，尽管 mcFP 算法的重建结果中会出现一些畸变伪影，但它的重建质量仍然优于传统 AP 算法，并且在重建图像中具有更多的细节。这证实了 mcFP 算法的鲁棒性和有效性。需要注意的是，当样本运动位移标准差变得比视场范围的 10% 更大时（如样本运动位移标准差为视场范围的 15% 时），重建结果中出现严重的畸变伪影和噪声，从而掩盖了大量的图像细节。因此，可以得出结论：mcFP 算法可以校正未知的样本运动，其运动位移标准差可高达视场范围的 10%。

为了进一步验证 mcFP 算法的有效性，该实验搭建了 FPM 系统采集数据，将 mcFP 算法在两组真实采集的数据上进行测试，包括 USAF 分辨率标定板和血细胞样本。与加州理工学院杨长辉教授课题组搭建的 FPM 系统 [11] 的参数类似，该实验使用放大倍数为 2 倍、NA 为 0.1 的尼康物镜，样品照明使用含 15×15 个 LED 的 LED 阵列，入射波长为 632nm，相邻 LED 之间的距离为 4mm，LED 阵列与样本之间的距离为 88mm，对应照明 NA ≈ 0.45。在采集过程中，将样本在 x-y 平面随机地移动到不同的位置，并使用 Point Grey CCD（GS3-U3-91S6M，像素大小为 3.69μm）采集低分辨率图像。样品的随机运动范围为 $0\sim10$μm，并且它们在重建过程中被视为未知参数。采集过程共需约 6min，得到不同 LED 角度照明下的 225 幅低分辨率图像。

传统 AP 算法和 mcFP 算法在真实采集数据上的重建结果对比如图 4.53 所示。由图可见，传统 AP 算法的重建结果存在严重的畸变伪影，而 mcFP 算法获得了较好的重建结果。例如，传统 AP 算法只能解析 USAF 分辨率标定板中的第 6 组特征，而 mcFP 算法甚至可以解析到第 9 组特征。两种算法在血细胞样本的重建结果中也存在较大的差别。此外，图 4.53 中右侧展示了每次采集过程中的运动偏移真值和相应的重建结果，其中每个子正方形代表捕获相应低分辨率图像时样本的运动空间，边界代表最大运动偏移为系统视场的 4%。它们之间的精确匹配验证了 mcFP 算法可以成功恢复未知样本运动偏移。经上述实验验证，mcFP 算法可以有效校正样本运动，重建结果具有较高的图像对比度和更多的图像细节。

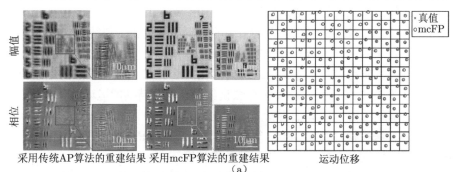

采用传统AP算法的重建结果　采用mcFP算法的重建结果　　运动位移

（a）

图 4.53　传统 AP 算法和 mcFP 算法在真实采集数据上的重建结果对比

（a）USAF 分辨率板　　（b）血细胞

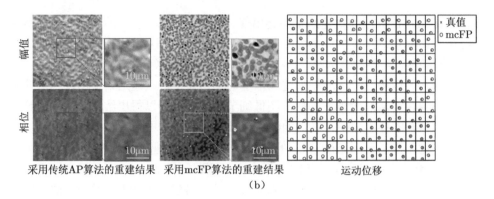

采用传统AP算法的重建结果　　采用mcFP算法的重建结果　　　　运动位移

(b)

图 4.53　传统 AP 算法和 mcFP 算法在真实采集数据上的重建结果对比（续）
（a）USAF 分辨率板　　（b）血细胞

4. 总结与讨论

mcFP 算法能够有效实现运动校正，原因在于两个方面。首先，mcFP 算法采用从低空间频率区域到高空间频率区域的自适应频谱更新方式。由于前一次迭代和当前迭代的空间子频谱的重叠区域已经在前一次迭代中更新，因此它为当前需更新的子频谱对应的样本运动猜测提供了准确的引导。其次，mcFP 算法不直接搜索由样本运动引起的每个空间频率的相位偏差（因为在这种情况下需要确定过多的未知变量），只在空域搜索样本的空域位移（即 Δx 和 Δy），这大大缩小了变量空间，保证了成功的重建。

需要注意的是，由样本运动引起的像差和光阑函数畸变不同 [45,64]。由 LED 未对准引起的光阑函数畸变会在傅里叶域（光阑面）产生样本的空间频谱的偏移，即 Δk_x 和 Δk_y。因此，探测器采集到的是对应于样本空间频谱的不同子区域的强度图像。不同的是，本小节中校正的样本运动是样本在空域中的偏移，它会导致样本在傅里叶域的空间频谱的相位偏差，而不是 $(\Delta k_x, \Delta k_y)$ 偏移。

mcFP 算法可以进行广泛的扩展。

（1）可以将 EPRY-FPM 算法 [513] 中的光阑函数更新步骤结合到 mcFP 算法中，以获得校正的光阑函数和更优的重建结果。

（2）可以将加速梯度下降算法或遗传优化算法引入 mcFP 算法的运动位移搜索过程中 [见式（4.115）]，以加速算法收敛并获得更精确的运动偏移重建。

（3）目前采用的 AP 算法更新方法 [见式（4.116）和式（4.117）] 可以使用更为鲁棒的方法替换，例如 WFP 算法 [124] 和 TPWFP 算法 [45]，这将进一步提高重建质量，特别是在样本存在剧烈移动的情况下。

（4）在上述推导中，由于在包括内窥镜和透射电子显微镜在内的 FP 平台中样本运动是不连续的，且每次采集过程中的曝光时间较短 [510]，因此假设样本在每次单独采集的曝光时间内是固定无移动的。然而，在实际情况中，样本在曝光时间内仍存在移动的可能性，这会导致拍摄的图像中存在运动模糊。在这种情况下，可以通过盲解卷积方法 [548-550] 或其他方法 [551]，在 mcFP 算法中添加去模糊过程，求解得到无模糊图像之后，再执行上述 FP 算法中的频谱更新。这将进一步有助于将 FP 技术应用在活体成像中。

4.3　本章小结

计算重建是计算成像中十分重要的一步。采用高效、鲁棒的算法能够有效减小重建误差，简化采集端系统，缩短数据采集时间，改进成像质量。本章针对实际物理系统中信号–噪声串扰导致成像质量大幅下降的问题，分别从实数域和复数域两个维度介绍了多种高精度重建算法。具体地，在实数域，本章分别考虑不同光谱通道、不同时间通道的局部和非局部信息冗余特性，建立了多类非高斯噪声耦合模型，介绍了多通道协同重建算法。另外，本章将实数域中梯度下降和即插即用的优化方法拓展至复数域，通过引入 Wirtinger 导数，有效提升了复数域计算成像的重建质量和效率。考虑成像过程中目标运动所带来的成像畸变，本章还介绍了畸变降质的物理模型，并通过高效的优化算法降低了解空间维度，能够有效去除目标运动所带来的影响。

第 5 章　信息理解——"从拙到灵"

计算机视觉和图形学的蓬勃发展使得多种高级感知任务（如图像分类、语义分割、目标检测等 [552]）成为可能，赋能机器硬件感知物理世界 [553,554]。这些应用需要高清图像作为输入来准确提取目标的高级语义特征。尽管计算成像通过调制耦合和计算解耦实现了成像维度升高、场域扩大、精度提升，但随之而来的数据量大幅增加为视觉语义的高效提取和理解带来了更大的困难。另外，图像中的大范围非目标区域不但浪费了复杂的成像、通信硬件资源（如大规模高灵敏度传感器阵列、高通量通信链路等）和重建算法资源（如去噪、去模糊算法等），更会对感知过程产生干扰，降低感知精度。因此，传统的"先成像-后感知"模式在这些情况下并非机器智能的最佳选择，很大程度上削弱了计算成像的优势。特别是某些资源受限平台（如无人机等空基平台）具有载荷轻、供电少、计算弱、传输慢等特点，更加难以实现实时的目标内容解析、理解与决策，为其广泛的应用（如应急指挥、轨交巡检、无人测绘等）带来了巨大的限制。

为了突破数据通量对高效感知的限制，本章提出计算感知架构，可绕过复杂的成像过程直接获取目标的高级语义特征。计算感知通过革新编码原理、传感机制和解耦方法，构建了全新的智能感知模态，使视觉系统由"看得到、看得全、看得清"发展为"看得懂"，从计算成像数据通量的提升进化为信息通量的提升。计算感知有望革新视觉感知系统，构建新型机器智能模态。下面具体介绍免成像计算感知及散射增强的计算感知。

5.1　免成像计算感知

免成像计算感知过程：首先，将光信号在物理层由空间分布编码转化为高级语义特征，直接使用非可视化语义特征而非图像、视频作为视觉信息载体，构建更高效的非可视化数据采集范式；然后，在传感层耦合采集多个维度的编码光，并根据场景特征自适应地区分目标信号和无效信号，进一步提升信息通量，最大化信号采集效率，突破硬件系统有限数据带宽的采集、传输与处理瓶颈；最后，去除复杂的图像重建和特征提取过程，使用低计算复杂度的解析感知算法从非可视化的语义耦合数据中直接解耦，推断高级语义结果，实现高效的免成像智能感知。接下来，本节分别以目标识别和场景分割应用为例，介绍免成像计算感知的具体技术实现。

5.1.1　目标识别

传统的高级视觉感知任务往往需要从目标场景的高保真图像提取精确的特征信息。高保真图像需要通过复杂的成像硬件或高复杂度的重建算法获得。本小节介绍一种新型计算感知技术，称为单像素感知（Single-pixel Sensing，SPS），该技术是一种高效的新型机器智能架构，利用该架构可以有效减少数据的采集难度并减轻后续数据处理的负荷，能够从少量耦合的单像素测量值中直接完成高级视觉感知任务，而无须常规的图像采集和重建过程。SPS 技术拥有三大优势：一是刷新率约为 22.7kHz 的二值空间光掩模调制，二是具有宽工作频谱和高信噪比的单像素耦合探测，三是端到端的高效率深度学习解码方式。这些特点降低了感知系统的软硬件复杂度。此外，二值空间光掩模调制是同解码网络通过两步训练的策略进行优化的，优化后所需的单像素测量值减少，同时感知精度也相对有所提高。作者团队基于手写 MNIST 数据集进行了分类实验来验证 SPS 的有效性。实验结果表明，SPS 可在分类速率约为 1kHz 时达到 96% 的分类准确度。

1. 技术背景

如前文所述，目前的高级视觉感知技术大多需要从高保真图像提取目标的精确特征，然后才能做进一步的语义分析。这些高保真图像的获取主要依赖复杂的成像硬件（如高灵敏度传感器阵列等）和高复杂度的重建软件（如去噪和去模糊算法等 [555]）。这使得现有的感知系统成本高、运行时间长、感知精度低，且数据传输负载重，这些缺点严重阻碍了高级视觉感知技术的推广和普及。

另外，在实际应用中，大多数场景的目标仅位于场景的某个小区域内，而不是整个场景。换言之，在自然图像和视频中存在大量的像素几乎不包含对感知有用的信息，而这些无信息的像素浪费了系统的软硬件成本。从这个角度来讲，传统的"先成像–后感知"框架并不是机器智能的最佳选择。与传统的阵列传感器相比，SPS 可以绕过复杂的成像过程直接获取目标的特征，使用单像素探测器采集到的少量耦合数据直接实现高级感知任务，而无须常规图像获取和重建过程，如图 5.1 所示。这种无图像的采集策略可降低硬件复杂度和需要存储的数据量，从而进一步减轻数据传输和处理负荷，提高信息获取和感知的效率。

SPS 与 SPI[15,65,67,68,556] 采用相同的硬件系统。在常规的 SPI 系统中，首先使用空间光调制器根据设计的掩模对光场进行调制，然后由单像素探测器采集耦合的光场总强度，最后使用诸如压缩感知或深度学习之类的优化算法来重建目标图像，如图 5.1（a）所示。与 SPI 不同的是，SPS 直接将耦合测量值输入端到端的神经网络进行高级感知任务。因此，SPS 省去了传统的图像重建过程，整体降低了系统的计算复杂度。此外，通过优化空间光调制掩模可以尽可能地减少所需数据量。另外，由于 SPS 的硬件系统是基于单像素探测器的，因此它继承了 SPI

两个方面的优点。一方面，由于使用单像素探测器采集数据，SPS 的工作频谱得到了扩展。这为可见光波段之外的无图像感知提供了解决方案，因为可见光波段外的阵列传感器要么价格昂贵，要么难以制备。另一方面，采集数据的信噪比大大提高，因为来自目标场景的所有光都被会聚焦到单个探测单元上。

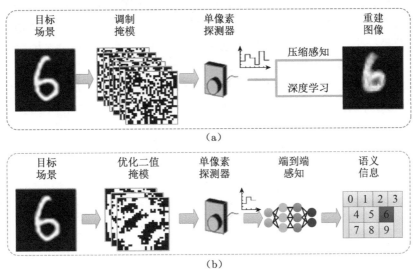

图 5.1　SPI 系统和 SPS 系统
（a）SPI 系统　（b）SPS 系统

　　压缩学习技术也与 SPS 具有关联。马克·达文波特（Mark Davenport）等人在 2007 年提出了压缩分类的想法，并推导出了一种最大似然分类算法，实现了基于随机二值调制的目标场景分类 [557]。进一步地，研究人员基于统计优化和深度学习提出了用于高级视觉感知的算法 [558-560]。然而，上述算法中采用的空间光调制掩模是随机产生的。尽管随机调制能够有效降低不同测量值之间的相关性，但对于特定的分类任务或特定类别的目标场景，随机调制并不具有最高的效率 [561]。为了优化调制掩模，研究人员提出了基于字典学习 [562] 和深度学习 [68,561,563] 的算法。但是，这类算法所生成的调制掩模要么是灰度的，要么包含负值。与二值调制相比，这些调制模式在实际物理器件上的实现需要更多时间。因此，这类调制的硬件复杂度较高且数据采集时间较长。

2. 技术原理

　　为了同时提高调制速率和感知效率，SPS 算法引入了端到端的深度学习框架来优化二值调制掩模和相应的高级感知网络，如图 5.2所示。图中，MBConv 表示移动反向瓶颈卷积层，k3×3、k5×5 表示卷积核大小，×1、×2、×3、×4 表示每一个模块中网络层的数量，箭头上的数字表示通道数量。感知网络由两部分组成，一部分是将目标光场调制并耦合到一维测量值的编码器，另一部分是从单像素测量值中推断语义信息的解码器。编码器由一层全连接层组成，代表调制掩模。编码器的权重在训练过程中被正则化约束为二值，这有利于在 DMD 上物理实现。假设目标场景的像素数为 $M \times N$，则全连接层的输入节点的数量为 $M \times N$，输出节点的数量为 $M \times N \times R$（R 为测量值数量与像素数之比）。解码器包括两部分：第一部分是一个用于特征推断的全连接层，它的输入节点为 $M \times N \times R$，输出节点为 $M \times N$；第二部分为输出最终语义结果的感知模型。以图像分类为例，基于性能较高的 EfficientNet[564] 模型设计的感知网络如图 5.2（b）所示。它包含 9 个卷积层（Conv）、1 个池化层和 1 个全连接层。每个卷积层包含不同类型的移动反向瓶颈模块 MBConv[565,566]。

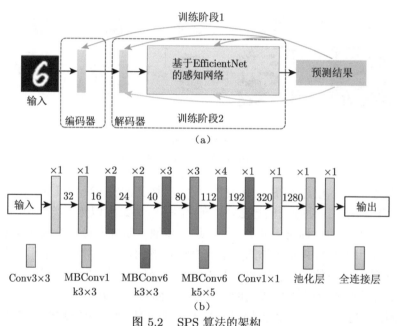

图 5.2　SPS 算法的架构

（a）两阶段训练框图以及编码器和解码器　（b）基于 EfficientNet 的感知网络

SPS 首先将编码器和解码器作为一个整体网络一起训练，以获得最优的感知性能，具体的训练包括两个阶段。训练阶段 1 为更新编码器和解码器的权重。同时为了实现二值调制，需要在该阶段对编码器的权重进行额外的二值化操作。凯瑟琳·海厄姆（Catherine Higham）[68] 等人也提出了一种两阶段的训练方法来实现调制掩模的二值化，但最终只将掩模正则化约束为近似的 $\{-1, +1\}$，这需要两个互补的掩模来实现负调制，并使调制和采集的时间加倍。SPS 是将掩模二值化

为 {0, +1} 以进行快速调制。数学上，假设存在一个全局缩放因子 α 使得

$$W \approx \alpha W_b \tag{5.1}$$

其中，W 是灰度调制掩模（编码器权重）；$\alpha W_b \in \{\alpha, 0\}^{M \times N}$ 是它的二值形式，可通过式（5.2）计算：

$$\alpha W_b = \alpha \, \text{sign}(W) = \begin{cases} \alpha, & W > 0 \\ 0, & \text{其他} \end{cases} \tag{5.2}$$

根据式（5.1）及式（5.2），获得最佳二值权重等同于解决以下优化问题[567]

$$\alpha^* = \arg\min_{\alpha} \|W - \alpha W_b\|^2 \tag{5.3}$$

目标函数可重写为

$$F(\alpha) = \alpha^2 W_b^{\mathrm{T}} W_b - 2\alpha W^{\mathrm{T}} W_b + W^{\mathrm{T}} W \tag{5.4}$$

对 $F(\alpha)$ 求导并置 0，可得到

$$\alpha^* = \frac{W^{\mathrm{T}} W_b}{W_b^{\mathrm{T}} W_b} \tag{5.5}$$

对于每一次正向传播，首先根据式（5.5）和式（5.2）计算缩放因子 α 和二值化权重 αW_b。然后，将灰度权重替换为二值化的权重，以用于计算网络损失和相应的梯度。在每次后向传播中，使用梯度更新灰度权重。通过这样的迭代，在第一训练阶段结束时就可以获得最佳的二值编码器权重。

为了进一步提高感知精度，SPS 系统还有额外的训练阶段 2，如图 5.2（a）所示，其中二值编码器的权重是固定的，只有解码器的权重会被更新。增加该额外训练阶段的原因在于，在训练阶段 1 结束后，尽管梯度流回溯了整个网络，但灰度编码器权重（W）的微小变化并不足以反转其正负符号（W_b）。在这种情况下，二值编码器会降低感知精度并阻碍其进一步优化。为了避免变量更新停滞，训练阶段 2 会控制梯度流仅流向解码器，以更好地匹配固定的二值编码器，最终达到提高感知精度的目的。网络最终收敛后，已优化的编码器的二值权重被设定为光场的空间光调制掩模。相应地，单像素探测器会基于该调制掩模采集一系列耦合数据。将这些非可视化数据输入到感知解码器中，最终就可输出目标场景的高级语义感知结果。

3. 实验验证

为了验证 SPS 的性能，首先在手写数字识别数据集 MNIST[568] 和复杂识别数据集 Fashion-MNIST[569] 上进行仿真实验。这两个数据集都有 60,000 幅训练

图像和 10,000 幅测试图像。每幅图像都是灰度的，尺寸为 28×28 像素。MNIST 数据集包含 0~9 共 10 个数字类，Fashion-MNIST 数据集包含以下 10 个类别：T 恤、裤子、套头衫、连衣裙、外套、凉鞋、衬衫、运动鞋、包和脚踝靴。该实验用训练集图像训练网络，然后用测试集图像验证网络的性能。实验中，使用 Adam 算子对网络进行梯度优化，同时将权重延迟率设置为 1×10^{-4}，并采用交叉熵函数作为损失函数。学习率参数初始值为 1×10^{-3}，训练时每隔 10 次迭代减小为之前的 1/10。定义采样率为测量值数量和图像像素数的比值。实际训练中可以发现，对于不同的采样率，网络在训练阶段 1 达到收敛所需的迭代次数并不一样。具体来说，在采样率为 0.01 和 0.05 的条件下只需要 15 次迭代，在采样率为 0.03 和 0.1 时需要 20 次迭代。在训练阶段 2，训练所需的迭代次数均为 50。两阶段训练共花费 4~5h，训练硬件配置使用 Intel Core i7 处理器和 NVIDIA GTX1050Ti 显卡。

表 5.1 和表 5.2 展示了 SPS 在 MNIST 数据集和 Fashion-MNIST 数据集上的仿真分类结果。首先研究不同采样率（0.01~0.1）对分类准确率的影响，对应测量值数量为 8~78。结果表明，随着采样率从 0.01 上升到 0.03，SPS 在 MNIST 数据集上的分类准确率从 91.73% 上升到了 96.68%，在 Fashion-MNIST 数据集上的分类准确率从 82.15% 上升到了 84.40%。但随着采样率在 0.03 的基础上继续提高，分类准确率只有小幅度的提升。因此，本小节的仿真和真实实验选用值为 0.03 的固定采样率。

表 5.1　SPS 在 MNIST 数据集上的仿真分类结果

采样率	0.01	0.03	0.05	0.1
随机掩模	64.70%	89.83%	95.06%	97.26%
SPS-训练阶段 1	77.29%	80.03%	79.09%	85.65%
SPS-训练阶段 2	**91.73%**	**96.68%**	**96.98%**	**97.36%**

表 5.2　SPS 在 Fashion-MNIST 数据集上的仿真分类结果

采样率	0.01	0.03	0.05	0.1
随机掩模	71.25%	81.33%	84.01%	85.59%
SPS-训练阶段 1	68.21%	72.55%	72.85%	73.59%
SPS-训练阶段 2	**82.15%**	**84.40%**	**84.98%**	**85.80%**

该实验同时还训练了一个对应于随机二值调制编码器的解码器，用来验证 SPS 优化调制掩模的有效性。表 5.1 和表 5.2 表明 SPS 优化过的编码器比随机调制的编码器精度更高，尤其是在低采样率的条件下。这说明了 SPS 可以直接获取场景的特征信息并提高感知精度。总而言之，得益于联合二值调制优化和两阶段训练策略，SPS 在 MNIST 数据集上可达到约 96% 的分类准确率，在 Fashion-

MNIST 数据集上可达到约 84% 的分类准确率，且感知速率均约为 1kHz（采样率为 0.03）。

该实验也列出了网络在训练阶段 1 和训练阶段 2 的分类准确率。与一步训练相比，两步训练的分类准确率会有相应的提高。而对于复杂的 Fashion-MNIST 数据集，SPS 在训练阶段 1 的表现甚至不如随机调制。以上实验结果表明了 SPS 的两阶段训练可以有效提升系统感知性能。

为了验证 SPS 对测量噪声的鲁棒性，接下来分别对两个数据集添加不同等级的高斯噪声，以测量值的 SNR 进行表示，范围为 10~20dB。具体仿真结果如图 5.3 所示，结果表明：SPS 在存在测量值噪声的情况下也能保持较高的分类准确率。但随着噪声等级的提高（即 SNR 降低），分类准确率也随之降低。

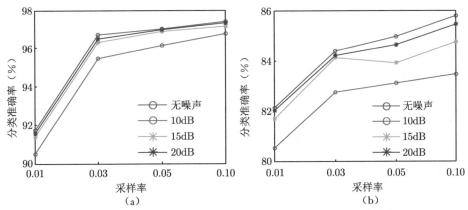

图 5.3　SPS 在不同 SNR（以 dB 表示）下的仿真分类准确率
（a）SPS 在 MNIST 数据集上的结果　　（b）SPS 在 Fashion-MNIST 数据集上的结果

为了验证 SPS 的有效性，该实验搭建了一个原型验证系统，如图 5.4 所示。光照由一个投影模块提供，然后经过 DMD（ViALUX GmbH V-7001）进行调制，采用的调制掩模为预训练好的优化二值掩模。DMD 在二值条件下可工作于约 22.7kHz 的帧频，这比灰度调制快两个数量级。采样率设置为 0.03，即每个目标需要投影 23 个掩模。调制后的光场被聚焦到打印有目标场景的胶片上，然后由一个单像素硅光子探测器（Thorlabs PDA100A，320~1100nm）采集耦合信号。在数字识别实验中，首先对"0"到"9"每个数字各打印 50 张胶片（共 500 张），这些样本图像都是从测试集中随机选取的。随着 DMD 投影出一系列二值调制掩模，单像素硅光子探测器可以探测到对应的耦合测量值序列。这些采集数据被输入到 SPS 解码器中，即可输出最终的高级语义结果。分类结果如表 5.3 所示，SPS 对不同的目标都能实现较好的识别，平均准确率为 96%，与仿真结果一致。

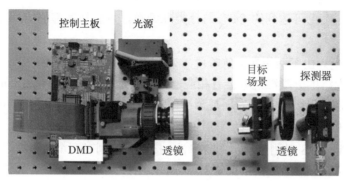

图 5.4　SPS 原型验证系统

表 5.3　SPS 在 MNIST 数据集上每个类别的真实实验分类结果

数字类别	"0"	"1"	"2"	"3"	"4"	"5"	"6"	"7"	"8"	"9"
准确率	100%	96%	94%	94%	98%	94%	96%	94%	96%	98%

4. 总结与讨论

本小节介绍了一种基于单像素探测器、无须成像的高级视觉计算感知系统,称为 SPS。该系统共分 3 个部分,即最优二值调制、单像素耦合探测和端到端感知。SPS 的优势体现在以下 3 个方面。第一,它省去了传统的图像采集和重建过程,直接通过一个端到端的神经网络从耦合测量值中推测目标的语义信息,这同时降低了系统的硬件和软件的复杂度。第二,通过两阶段的训练策略将二值调制掩模随感知网络一同训练,使得系统可在测量数据最少的条件下达到最优的感知精度。第三,单像素探测器使系统具有较宽的工作谱段和高信噪比。SPS 系统被成功应用于 MNIST 数据集的分类任务,实验结果表明该系统可在感知速率约为 1kHz 的条件下达到约 96% 的分类准确率。与传统基于图像的感知系统相比,SPS 所需的数据量要少两个数量级。

作者团队也在 CIFAR-10 数据集上验证了 SPS 的有效性,但在采样率为 0.1 时仅得到 45.82% 的感知精度。未来,SPS 可从以下两个方面进行提升。一方面,编码网络和解码网络可做进一步优化,并最终提高感知精度。另一方面,掩模调制的像素分辨率可以随场景大小的变化而变化。对不需要太多特征的应用而言,SPS 可将相邻的像素合并在一起以减少调制掩模数量,同时保持较高的感知精度。

5.1.2　场景分割

现有场景分割技术均需要先获取高保真的真实场景图像,再进行语义分割。由于分割结果往往只包含较少的分割语义信息量,采集图像和分割结果之间的信息量差距会造成硬件和软件资源的浪费。针对此问题，本小节介绍一种免成像的单像素场景分割算法，可直接通过少量一维的单像素测量数据对目标场景信息进行采样，获取场景分割信息。该算法采用结构化光照和单像素探测相结合的方法直接获取目标信息，具有计算复杂度低和分割效率高的特点。该算法还将优化掩模用作结构化照明（优化掩模是随着后续的卷积神经网络一起学习得到的共同最优结果），通过一个单像素探测器采集光信号，并将单像素测量数据输入与结构化掩模对应的深度学习网络中，无须图像重建即可直接输出场景分割结果。实验结果表明，该算法可以在白细胞数据集上实现对细胞的准确分割。实验使用 Dice 系数衡量场景分割性能，它是一种集合相似度度量函数，通常用于计算两个样本的相似度。在采样率为 1% 时，Dice 系数达到 80%，像素准确率达到 96%。在未来，该免成像单像素场景分割技术可广泛应用于实时感应的无人飞行器等资源受限的平台中，具有广阔的应用前景。

1. 技术背景

场景分割是计算机视觉领域中的一项重要任务，即将目标场景中的内容细分为其组成部分或物体，以便提取感兴趣的目标区域并进行语义分析。场景分割作为图像处理和计算机视觉领域的重要应用之一，已广泛应用于医疗诊断 [169]、智能交通 [570]、行人检测 [571] 等多个领域。现有场景分割技术均是基于图像采集和分析的方法，从图像中推断出相关的知识或语义作为后续决策的基础，依赖于高保真图像以及从图像中精确提取的特征。

基于图像的场景分割方法首先需要获取足够清晰的目标图像，然后使用相应的图像分割算法进行目标分割，因此对成像系统精度要求较高，成本较高。然而，在实际应用中，场景分割所需要的信息往往集中于边缘，而不是整个场景，因此采集的高保真图像中除了分割所需的信息外，往往包含大量的冗余数据。另外，获取清晰图像会产生大量的数据，因此还需要考虑内存和数据传输、处理的问题。所有数据都需要在基于图像的分割系统中进行获取、传输和处理，冗余的数据要求系统具备相应的数据存储、传输带宽和计算处理能力。综上所述，采集图像和分割结果之间的信息量差距会造成硬件和软件资源的浪费。

本小节介绍的免成像单像素场景分割算法无须进行图像采集和重建，可直接从单像素探测器的一维测量数据中推断场景分割结果，在低采样率下（≤ 0.1%）即可获得较为精确的分割结果。如图 5.5 所示，该系统架构类似于单像素成像系统，主要包含了光场调制和单像素探测两部分。首先，使用优化的掩模对光场进行调制，将目标场景特征信息压缩并编码成一维光强度信号，然后通过一个单像素探测器采集耦合的光场总强度，输入深度学习网络中进行场景语义分割并输出分割结果。

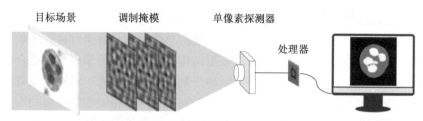

图 5.5　免成像的单像素场景分割系统架构

2. 技术原理

为了同时提高调制速率和感知效率，免成像单像素场景分割算法还构建了端到端的深度学习框架来同时优化学习调制掩模和相应的高级感知网络，网络结构如图 5.6 所示。该网络包含两部分，第一部分是将目标光场进行调制并耦合到一维测量数据的编码子网络，第二部分是从一维测量数据中推断场景分割信息的解码子网络。编码子网络由一层全尺寸卷积层组成，其中卷积核代表调制掩模，与输入的数据集图片大小一致。假设图像输入层的维度是 64×64，则卷积层中每一个卷积核大小为 64×64，卷积核的数量是 N（N 定义为测量数据数量），第 i 个单像素测量结果 S_i 可以表示为

$$S_i = \sum \boldsymbol{I}(x, y) \odot \boldsymbol{G}(x, y)$$

其中，$\boldsymbol{I}(x, y)$ 为图像，$\boldsymbol{G}(x, y)$ 为调制掩模，x、y 分别表示图像中像素点的纵横坐标，$\odot$ 为点乘操作。从编码子网络输出的 $1 \times 1 \times N$ 一维测量数据会先经过一层全连接层，将维数升为 $1 \times 1 \times 1024$，然后被调整为 $1 \times 32 \times 32$ 的特征图，输入到解码子网络中。

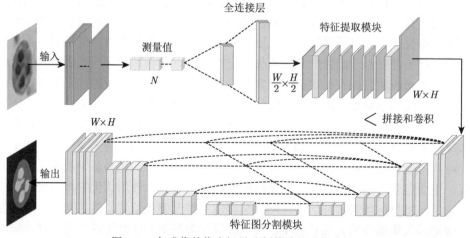

图 5.6　免成像单像素场景分割算法的网络结构

解码子网络主要包含两个模块,包括特征提取模块和特征图分割模块。特征提取模块基于快速超分辨卷积神经网络(Fast Super-Resolution Convolutional Neural Network,FSRCNN)设计 [572],其输入节点是经过编码器卷积层和全连接层的输出节点,维度为 32×32,输出节点维度为 64×64。特征提取模块主要包含以下 4 个部分。

(1)特征提取部分:利用 56 个 5×5 的卷积核从输入图片中提取有用特征。

(2)通道压缩部分:利用 1×1 的卷积核将特征图通道数从 56 减少到 12,有利于减少计算量,简化模型。

(3)非线性映射部分:利用 4 个 3×3 的卷积层,将模糊的特征映射为清晰明显的特征,不改变特征图通道数。

(4)扩展部分:利用 1×1 的卷积层,对映射出的高分辨特征图进行维度扩展,将通道数扩展回 56,这样有利于重建出更清晰的分割图。

解码子网络的特征图分割模块输出最终感知的场景分割结果。该模块基于高性能的 Unet++ 网络架构设计 [573],主要包含上采样、下采样和跳层连接 3 个部分,可将不同尺度的特征图连接起来,从而实现不同尺度的特征提取融合。

为了使上述编解码网络实现最优的分割精度和效率,免成像单像素场景分割算法还设计了两个网络训练阶段。网络训练数据集是 STL-10 数据集 [574] 和白细胞图像数据集 [575],第一阶段仅训练网络的编码子网络和特征提取模块,该过程用于提取目标场景特征,获得最优的感知编码性能。第二阶段将梯度回流至整个网络,即编码子网络和解码子网络均同时更新。当网络训练收敛后,将已优化的编码子网络的卷积核设定为光场的空间光调制掩模。相应地,单像素探测器基于该调制掩模采集一系列的耦合数据,并将这些非可视化一维测量数据输入到感知解码子网络中,最终输出目标场景的分割结果。

3. 实验验证

接下来,使用白细胞图像数据集进行仿真实验,以验证免成像单像素场景分割算法的性能。由于该数据集规模较小,仅包含 300 幅图像,实验前首先通过水平镜像和垂直镜像将数据集中的图像数量扩充到 1200 幅,然后对这 1200 幅图像分别进行仿射,并利用旋转 50° 的方法进行扩充,最后得到包含 3600 幅图像的扩充数据集。该实验随机选取其中 2700 幅图像用于训练,另外的 900 幅图像用于测试。每幅图像都是灰度的,尺寸为 64×64 像素。

在训练阶段,网络使用正态化初始方法,偏差值初始化为 0,并使用 Adam 算子对网络进行梯度计算,权重衰减率设置为 1×10^{-4},采用 MAE 作为损失函数。在第一阶段,学习率参数初始值为 2×10^{-3},并每隔 20 次迭代减小为之前的 80%。在第二阶段,学习率参数初始值为 1×10^{-3},每隔 50 次迭代减小为之前的 80%。

为了验证优化调制掩模的有效性，该实验首先训练了一组对比网络，分别使用随机调制掩模和哈达玛调制掩模[86]进行光场调制。表 5.4 展示了不同采样率下，不同调制掩模的分割结果。结果表明使用优化调制掩模的算法比使用随机调制掩模和哈达玛调制掩模的算法的像素准确率（Pixel Accuracy，PA）和 Dice 系数更高（尤其是在低采样率的条件下），从而验证了使用优化调制掩模可以更好地获取场景的特征信息并提高感知精度。另外，随着采样率从 0.02% 上升到 5%，免成像单像素场景分割算法在白细胞数据集上的 Dice 系数从 75.77% 上升到了 81.71%，PA 达到 97.00%，表明该算法在低采样率下可以直接提取场景的特征并提高感知精度。

表 5.4 免成像单像素场景分割算法在白细胞测试集上基于不同采样率和不同调制掩模的分割结果

采样率	评价标准	随机调制掩模	哈达玛调制掩模	优化调制掩模
100%	PA	93.84%	96.74%	**97.02%**
	Dice 系数	77.73%	80.93%	**81.65%**
10%	PA	96.28%	96.95%	**97.08%**
	Dice 系数	78.34%	80.11%	**81.78%**
5%	PA	95.61%	97.00%	**97.00%**
	Dice 系数	78.49%	80.84%	**81.71%**
1%	PA	94.39%	96.51%	**96.76%**
	Dice 系数	76.69%	79.61%	**80.89%**
0.02%	PA	76.83%	76.72%	**91.30%**
	Dice 系数	56.16%	56.77%	**75.77%**

接下来，基于相同的单像素测量数据，对比免成像单像素场景分割算法与传统的先成像后分割算法在不同采样率下的分割精度。用于对比的先成像后分割算法包括两种，第一种算法是使用基于 TV 正则化的方法对细胞图进行重建[67]，再使用训练好的 Unet++ 进行分割；第二种算法是使用深度学习（DL）方法进行图像重建，然后使用 Unet++ 网络对重建的图像进行分割。图 5.7 展示了采样率在 0.02%～100% 时 3 种算法的分割结果对比，图 5.8（a）展示了 3 种算法在 WBC 数据集上（采样率为 0.9%）的分割结果对比。结果表明，传统先成像后分割算法在高采样率下（20%～100%）具有优势，得到了较高的分割精度。然而，在较低采样率下（1%～20%），基于 TV 正则化的算法的成像质量大大下降，分割结果相较于其他两种算法较差。在低采样率下（0.02%～1%），免成像单像素场景分割算法相较其他算法具有较大的优势，其在采样率极低的情况下仍能输出较高的分割精度。

使用全天候道路图像分割（UESTC All-Day Scenery，UAS）数据集[576]进行对比的结果如图 5.8（b）所示（采样率为 1%）。由结果可见，免成像单像素场景分割算法可以较高的精度输出分割结果，而传统的先成像后分割算法由于在低采样率下难以重建得到质量较高的图像,因此分割精度较低。

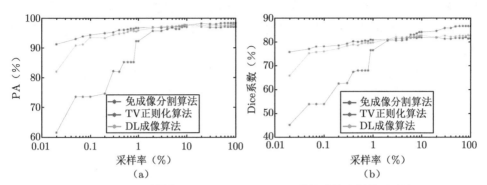

图 5.7 不同采样率(0.02%~100%)下 3 种算法的分割结果对比
(a)PA 的变化 (b)Dice 系数的变化

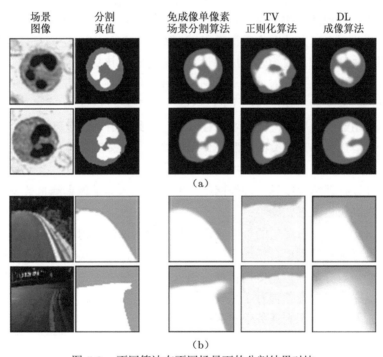

图 5.8 不同算法在不同场景下的分割结果对比
(a)WBC 数据集的实验结果 (b)UAS 数据集的实验结果

4. 总结与讨论

综上所述,免成像单像素场景分割算法具有以下优势。

（1）该算法无须图像采集和重构过程，直接使用端到端的神经网络就可从单像素测量数据得到场景分割结果。这同时降低了系统的硬件和软件复杂度。

（2）该算法将调制掩模随着网络一起训练，能够优化调制掩模以达到最优的感知结果。

（3）该算法在低采样率下仍能够得到较好的场景分割结果。实验结果表明，在采样率为 1% 时，该算法在白细胞数据集上的 PA 达到了 96%，Dice 系数达到了 80%。与传统的先成像后分割算法相比，该算法所需的采集数据量减少了 80%。

5.2 散射增强的计算感知

云雾天气、水下环境、生物组织等普遍存在光线散射现象。传统成像方法将介质散射看作一种退质，相关研究也提出了多种克服散射影响的成像恢复方法。然而这些方法均需要冗杂的图像重构过程，计算时间较长、计算空间复杂度较高。本小节介绍一种高效的散射增强免成像计算感知算法，该算法主动在光学系统中引入散射，利用光场经过散射后的散斑图信息冗余的特性，可有效提升感知系统的信息通量。该算法的主要步骤如下：

（1）使用散射介质对目标光场进行散射，得到散射后的散斑光场；

（2）对散斑光场进行编码调制，使用单像素探测器采集编码调制后的耦合数据，得到对应不同编码的一系列单像素测量数据；

（3）设计并训练深度学习神经网络，网络的输入为单像素测量数据，输出为目标场景的高级语义感知结果；

（4）将实际系统所采集的单像素测量数据输入深度学习神经网络中，不经过复杂的图像重建直接输出目标场景的语义感知结果，从而实现免成像感知。

得益于散射介质的信息复用特性，引入散射能够在保证感知精度的同时进一步降低数据采集量，有效提升了系统的信息通量。下面分别介绍散射增强特性在单目标识别和多目标识别任务中的应用。

5.2.1 单目标识别

本小节通过一系列实验，从采样率大小、散射强度、视场大小及位置、调制掩模类别等多角度讨论了单目标识别分类任务中不同因素对散射增强免成像感知精度的影响。实验结果显示，引入散射能够在保证感知精度的同时有效缩小所需观测的视场，从而进一步降低数据采集量，提升系统的信息通量。

1. 技术背景

当观测目标和光学系统之间存在散射介质时，光子在介质中会多次随机散射，使探测器端采集得到散斑图，令图像的清晰度和分辨率受到很大限制，最终导致难以准确识别目标。由于散射的普遍性，如何克服散射影响而进行准确的目标识别是一个重要的科学问题 [577]。相关研究在散射成像和散射图增强等方面取得了一定成果，并且在医学成像、遥感成像等领域得到广泛的应用 [578]。

代表性的抗散射成像技术包括波前整形法 [579]、自适应光学（Adaptive Optics，AO）技术 [580]、飞行时间（Time of Flight，TOF）法 [581]、时间反转（Time Reversal，TR）法 [582]、传输矩阵法 [583]、解相关方法 [517] 等。波前整形法和自适应光学技术通过波前调制器校正散射引起的波前畸变，使光学系统自动地补偿由散射带来的波前变化。时间反转法利用光折射晶体记录散射光场中的相位分布，以此反演需要额外引入的共轭参考光束，从而实现对原始入射光线的补偿，并重构出原始光场 [584]。飞行时间法通过向观测目标发射连续飞秒激光脉冲以获取目标场景的深度信息 [581]，采用光线追踪与光线分析等处理技术来克服散射对三维成像的影响 [585]。上述几类方法的硬件复杂度较高，均需要昂贵的硬件系统。传输矩阵法通过提前标定介质散射的传输矩阵，并将此视作信号调制过程，最终通过算法反演原始目标光场。解相关方法利用散射介质的记忆效应 [586]，通过求解散斑图的自相关将散射的负面影响消除，继而从自相关数据中恢复目标光场 [587]。这两类方法通过算法解耦在一定程度上降低了对硬件的要求，但只能适用于部分符合特性要求的散射介质，难以应用于强散射情况。

除了上述抗散射成像方法，使用视觉算法对散斑图进行增强也可以有效降低散射退质，相关方法可分为全局增强与局部增强两类。全局增强方法将退化图像的直方图均匀化，通过整体拉伸像素灰度值的变化范围以增强图像整体对比度 [588]，主要用于处理目标场景较为简单的图像。局部增强方法通过将所关注的局部区域均匀化以实现局部图像增强，包括 Retinex 方法 [589]、基于小波变换的方法 [590,591]、图像融合方法 [592] 等。Retinex 方法以色感一致性（颜色恒常性）为基础，可在动态范围压缩、边缘增强和颜色恒常 3 个方面达到平衡，因此可以自适应地处理不同目标类型的图像。基于小波变换的方法在小波域进行信号滤波处理，适合非平稳信源的处理。图像融合方法通过对同一目标多源信道的信息进行提取和融合，从而生成高质量的图像。尽管上述方法能够提高散斑图的清晰度，但同样只能适用于弱散射情况，在强散射应用中图像改善程度有限。近年发展起来的深度学习方法也被应用于散斑图增强。吕蒙等人使用深度学习方法实现了透过厚散射介质的图像重构 [593]。李帅等人使用卷积神经网络对透过磨砂玻璃的场景实现了相干成像的图像重构 [594]。

上述研究的目的均为提升透过散射介质的成像质量，后续仍需进一步的处理才能够实现图像内容的语义分析。另外，这些研究将介质散射视作降低成像质量的退质因素，并设计了复杂的硬件采集与算法重构过程以降低散射的干扰，并未利用散斑图的信息冗余性进行深入研究。事实上，散射过程能够将整个光学视场的信息复用至更小的局部视场内，实现场景信息的紧致耦合[593]。基于此，本小节介绍一种散射增强免成像感知架构，通过在信号采集过程中引入散射复用来提升采集端的信息冗余度，并引入单像素测量装置以进一步降低采集数据量。在算法解耦部分，该架构使用深度学习方法从采集到的散射数据中推断高级语义结果，最终实现了极少数据量下的高精度感知，省去了复杂的图像重建过程，具有较少的计算量和较高的感知效率。

2. 技术原理

利用散斑图信息冗余性质的散射增强免成像感知装置如图 5.9 所示。该技术包括以下步骤。

（1）使用散射介质对目标光场进行散射，得到散射后的散斑光场。此过程实现了场景信息的紧致复用耦合，使部分散斑光场包含了完整目标的语义信息。

（2）选取部分散斑光场，使用空间光调制器件对其进行编码调制，并使用单像素探测器采集编码调制后的耦合数据，得到对应不同编码的一系列单像素测量数据。此过程进一步将目标信息耦合在一维测量数据中。

（3）以场景散射后的单像素测量数据为输入，以场景语义信息为输出，设计实现免成像感知网络。

（4）构建训练数据集对上述网络进行训练，实现从输入的散斑图单像素探测数据中提取其场景语义信息。

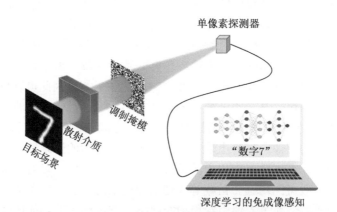

图 5.9　散射增强免成像感知装置图

免成像感知网络基于 EfficientNet 架构搭建。EfficientNet 系列网络模型由谷歌研究人员在 2019 年提出 [564]，该模型使用了简单而高效的复合系数以权衡考量网络深度、宽度和输入图片分辨率 3 个维度，是一种基于多维度混合的模型放缩方法的识别网络。EfficientNet 系列中的 EfficientNet_B7 在 ImageNet 数据集上的识别精度达到了 84.3%，计算速度提升了 5.1 倍，参数减少了 88%，同时兼顾了速度与精度，具有高性能和高效率。

以 MNIST 数据集在采样率为 0.1 时的探测值作为网络输入举例，基于 EfficientNet 架构的免成像感知网络结构如图 5.10 所示。其中，矩形代表经过各层网络得到的数据块，其上方数字代表通道数，左侧及下方数字代表每个通道的数据矩阵尺寸。该网络主要由卷积层、MBConv 模块、池化层与全连接层构成。MBConv 模块利用 MobileNet[565, 566] 中深度可分离的卷积结构思想，将普通的卷积运算分离为过滤与组合两步分别计算，大大降低了计算成本；同时，引入了 SENet[595] 中的 "squeeze-and-excitation" 优化模块，通过显式地建模通道之间的相互依赖关系，自适应地校准通道间的特征响应。该网络通过多层卷积与 MBConv 操作从输入数据中提取目标特征信息，并通过全连接层输出语义结果，实现免成像感知。

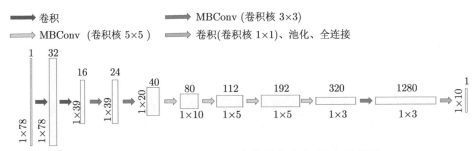

图 5.10　基于 EfficientNet 架构的免成像感知网络结构

3. 实验验证

下面通过一系列仿真实验研究采样率、视场大小及视场位置等因素对散斑图感知精度的影响，并对比分析不同散射参数下的感知结果，验证散射过程对场景特征提取的增强效果。最后，比较不同的调制掩模对感知精度的影响。所有实验均在 Pytorch 环境下进行，硬件配置为 Intel Core i7 处理器（3.60GHz）、NVIDIA GeForce CTX 1060 6GB 显卡。

实验数据由 MNIST 数据集 [568] 和 Fashion-MNIST 数据集 [569] 根据测量模型生成。MNIST 数据集由手写阿拉伯数字 0~9 的图像构成，是深度学习应用中使用最为广泛的数据集之一，包含 60,000 幅训练图像与 10,000 幅测试图像。

Fashion-MNIST 数据集的图像规模与 MNIST 数据集一致，由目标场景更为复杂的上衣、裙子等 10 类服饰图像构成。MNIST 数据集和 Fashion-MNIST 数据集中图像的像素数量均为 28 × 28 像素。采集数据的仿真生成流程如图 5.11 所示，包括以下步骤。

（1）介质散射：根据光子在散射介质中传播的记忆效应等固有光学特性，巴·亨（Bar Chen）等人将散射过程描述为一系列符合多元高斯分布的随机事件，根据散射介质内的散斑分布参数，建立散射过程的协方差空间路径方程，最终设计出蒙特卡洛散射仿真方法，可精确计算散斑场以模拟散斑图 [596]。本小节的实验使用此仿真方法生成目标场景经散射介质后的散斑图，散射前后的图像大小维持不变。

（2）掩模调制：调制掩模是一组与选定视场大小一致的二维矩阵，将选定视场的散斑图与调制掩模依次做哈达玛点积运算，实现调制掩模的仿真。

（3）单像素测量：对调制后的图像矩阵进行像素求和，得到对应于调制掩模的单像素测量数据。

图 5.11　采集数据仿真生成流程

下面分别通过实验对采样率、散射强度、视场大小、视场位置、调制掩模类别对散斑图感知精度的影响进行分析。

（1）采样率对散斑图感知精度的影响

单像素采集的采样率定义为单像素探测器的采集数据量（或调制掩模数量）与目标像素数量的比值。通常来说，采样率越高，所采集的信息越多，从而也会输出更高的感知精度。然而，较高的采样率同时也会带来较大的数据量，造成采集过程耗时长以及后续处理中计算复杂度较高。为探究散射增强免成像感知方法中采样率对感知精度的影响，分别利用 MNIST 数据集与 Fashion-MNIST 数据集进行实验，绘制该方法在不同采样率（0.01~0.1）下的感知精度变化曲线，如图 5.12 所示。由结果可见，感知精度随采样率的上升而上升，采样率越大，感知精度越高。当采样率小于 0.05 时，感知精度随采样率上升的改善较为明显；当采样率大于 0.05 时，感知精度随采样率上升的改善速度较为缓慢或近乎持平。由此可见，使用散射增强方法可以有效降低一半的采样率。因此，如无特殊说明，本节后续实验的采样率固定为 0.05。在实际应用中，可根据具体任务要求选择合适的采样率，在感知精度和采集复杂度之间进行平衡。

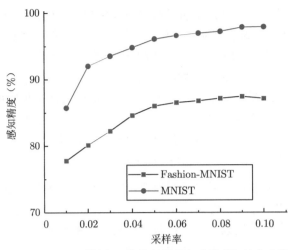

图 5.12　不同采样率下的散射增强免成像感知精度曲线

（2）散射强度对散斑图感知精度的影响

在实际应用中，不同散射介质具有不同的散射强度，因此同一场景在不同的散射介质下生成的散斑图也会千差万别。散射增强免成像感知将介质散射视为信息增强的过程，因此需要研究不同散射强度对感知精度的影响，即对比不同散射参数下的感知精度。为验证散射增强效果，绘制 MNIST 数据集原图在不同散射强度下的单像素免成像感知精度，如图 5.13 所示。散斑图均由蒙特卡洛模型 [596] 仿

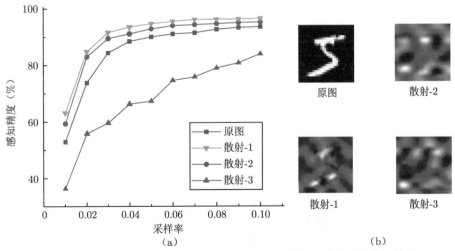

图 5.13　MNIST 数据集原图在不同散射强度下的单像素免成像感知精度
（a）不同散射强度下的免成像感知精度曲线　（b）不同散射强度下的图像示例

真生成，我们通过更改散射介质的材料参数以模拟不同的散射强度。散射介质的材料参数数值越小，散射强度最高。图中"散射-3"的散射强度高于"散射-2"，"散射-2"的散射强度高于"散射-1"，对应散射介质的材料参数分别为0、0.8与0.95。由结果可见，通过"散射-1""散射-2"两种散射强度下的免成像感知精度在不同的采样率下均高于原图，从而验证了我们所介绍的散射增强免成像感知的有效性。通过散射强度较高的"散射-3"的感知精度却低于原图，由此可知适度的散射可以提高感知精度，而过度的散射则会降低免成像感知性能。

（3）视场大小对散斑图感知精度的影响

如前文所述，散射过程通过调制耦合，将完整视场的信息复用在了部分视场中。基于散斑图的信息冗余性，仅拍摄部分散斑视场即可实现高精度的免成像感知，从而进一步降低采集数据量。为验证利用部分散斑视场提取完整视场特征信息的可行性，并探究视场大小对感知精度的影响，下面分别在 MNIST 数据集与 Fashion-MNIST 数据集上，以 0.05 的采样率采集对应散斑图中心位置不同方形视场大小的单像素测量数据，并绘制不同视场大小下的感知精度变化柱状图，如图 5.14 所示。由图可见，在视场宽度小于 20 像素，即视场大小小于 20×20 像素时，感知精度随视场大小波动的变化较为明显；在视场宽度大于 20 像素时，感知精度随视场大小波动的变化较为缓慢，甚至几乎持平。也就是说，虽然散射增强免成像感知精度随采集视场的扩大而改善，但视场宽度越大，感知精度上升越缓慢。使用散射增强方法，可以有效地将视场缩小一个数量级。这验证了散斑图的信息冗余性，同时也说明在实际应用中可适当缩小视场，在保证感知精度的同时有效降低数据采集量。

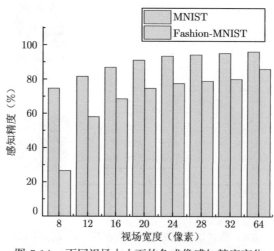

图 5.14　不同视场大小下的免成像感知精度变化

（4）视场位置对散斑图感知精度的影响

上述实验验证了拍摄部分散斑视场仍可实现高精度感知，接下来研究所拍摄的部分散斑视场位于不同位置对感知精度的影响。在 MNIST 数据集上将视场固定为 24×24 像素，以 0.05 的采样率拍摄散斑图中 9 个位置不同的视场，并绘制不同位置的部分视场对感知精度的影响。9 个视场位置的选取方式与命名如图 5.15（a）所示，其中每个小矩形框代表所拍摄视场的位置；感知结果如图 5.15（b）所示，不同位置部分视场的感知精度相差不大。由此可知经过介质散射后，感知精度与拍摄视场的位置关联较弱，从而进一步推断得知散斑图中的信息是均匀分布的。

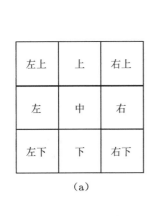

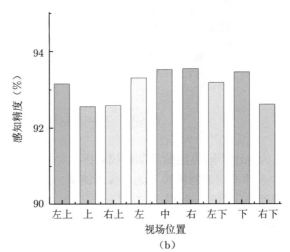

图 5.15　不同位置的部分视场对感知精度的影响
（a）9 个视场位置的选取与命名　（b）感知结果

（5）调制掩模类别对散斑图感知精度的影响

单像素采集模式需要对目标光场进行多次掩模调制，因此调制掩模的选取对单像素采集数据有着较大的影响。接下来研究不同种类调制掩模对感知精度的影响情况，包括随机 0/1 调制掩模、哈达玛调制掩模和网络训练优化掩模。随机调制掩模通过随机函数生成，哈达玛调制掩模由哈达玛矩阵计算生成。哈达玛矩阵满足如下条件 [597]：

$$HH^{\mathrm{T}} = H^{\mathrm{T}}H = nI \tag{5.6}$$

其中，H 为哈达玛矩阵，I 为单位矩阵，n 为正整数。哈达玛矩阵要求 n 或 $n/12$ 或 $n/20$ 为 2 的整数次幂。

网络训练优化掩模是由深度学习神经网络通过训练生成的，可更高效地提取目标场景的视觉特征 [598]。网络训练优化掩模的网络结构如图 5.16所示，其中的矩形代表网络各层的数据，矩形上方的数字代表通道数，左侧及下方的数字代表每个通道的数据矩阵尺寸。该网络主要使用卷积层来学习目标散斑光场的视觉特征，卷积层的尺寸为 64×64×15。网络训练结束后，提取卷积层参数，并基于这 15 个矩阵进行旋转，以增加调制掩模数量。

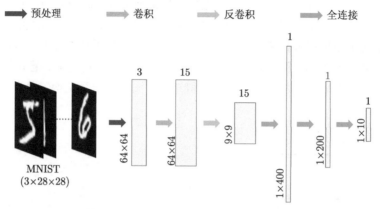

图 5.16 网络训练优化掩模的网络结构

为对比不同类别的调制掩模对感知精度的影响，分别基于 MNIST 散斑图在上述 3 种不同调制掩模下的单像素测量值进行实验，绘制其在不同采样率下的感知精度变化曲线，如图 5.17 所示。其中，网络训练优化掩模学习自 MNIST 散斑

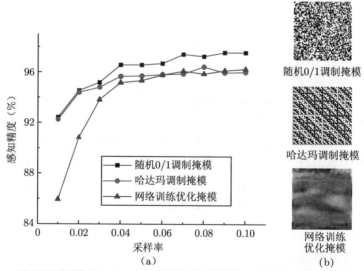

图 5.17 不同调制掩模下 MNIST 数据集的散射增强免成像感知精度变化曲线及调制掩模示例

（a）感知精度变化曲线   （b）调制掩模示例

图数据集，是直接根据网络卷积层重塑、旋转后得到的调制掩模集，其元素取值范围为 0~255。

由结果可见，随机 0/1 调制掩模在不同采样率下的感知精度均最高。哈达玛调制掩模在低采样率下性能接近随机 0/1 调制掩模，但随着采样率的提高，性能逐渐落后于随机 0/1 调制掩模。在低采样率下，网络训练优化掩模的感知精度低于上述两种调制掩模；在高采样率下，其性能接近哈达玛调制掩模。这说明网络训练优化掩模并不适用于散斑图的语义感知，这是因为散射过程对目标场景信息进行了复用耦合，采集得到的散斑图并不具备自然图像的语义结构性，因此卷积神经网络难以从散斑图中提取特征并进行语义理解，从而难以得到较高的感知精度。

4. 总结与讨论

本小节介绍了一种利用散斑图的信息冗余与通量增强特性的散射增强免成像计算感知方法。该方法基于介质散射，可在保证感知精度的同时进一步降低数据采集量。通过一系列研究采样率、视场大小及位置、散射程度、调制掩模种类等因素对感知精度的影响的实验，可以得到如下结论：在相同的采样率下，引入介质散射可以有效提高感知精度；散斑图信息高度冗余，将视场缩小一个数量级仍可实现近乎相同的感知精度；适度的散射可以提高感知精度，过度的散射则会降低感知精度；针对散斑图感知，随机 0/1 调制掩模优于哈达玛调制掩模和网络训练优化掩模。

本小节介绍的散射增强免成像计算感知方法能够进一步拓展。首先，针对不同散射程度的场景，该方法目前需要分别进行训练，计算复杂度较高。未来可在该方法中引入变分网络 [599] 等实现对不同散射强度的感知，增强该方法对不同散射场景的泛化性能。其次，由于引入散射介质，采集数据具有较好的加密性，未来可深入拓展该方法在信息加密领域中的应用。通过上述一系列仿真实验可以发现，不同种类的调制掩模对实验精度的影响是较大的，掩模的相关性并不是衡量其提取信息能力的唯一标准。孙明杰等人指出，对二值的掩模，其全 1 与全 0 的模块数越少，提取信息的能力越强 [600]。通过实验可以发现，对同样的原场景，有时采样率较低比采样率较高的识别效果更好。由此可见，设计与优化调制掩模仍是一个有待研究的重点内容。

5.2.2 多目标识别

在 5.2.1 节中，散射增强免成像计算感知方法在 MNIST 数据集与 Fashion-MNIST 数据集的实验中均取得了较高的感知精度。然而在实际生活中，人们需要识别的内容往往并不单一，目标场景也非常复杂。接下来，本小节在多目标识别场景中引入散射介质，介绍散射增强免成像计算感知方法在多目标识别场景中的实现，并通过一系列实验探究多目标场景下采样率、散射程度与视场大小对方法感知精度的影响。

1. 实现方法

对于多目标识别问题，散射增强免成像计算感知方法使用卷积递归神经网络（Convolutional Recurrent Neural Network，CRNN）实现了免成像感知。CRNN网络主要包括卷积层、门控循环单元（Gated Recurrent Unit，GRU）及连接时序分类损失（Connectionist Temporal Classification Loss，CTC Loss）函数 3 个部分。以采样率等于 0.1 为例，多目标的免成像感知网络结构如图 5.18 所示，其中 n 表示网络训练中每次批处理的数据量。图中展示的循环神经网络（RNN）的设计思想，在语音识别、文字识别等多目标分类等问题中有着广泛的应用。与传统的马尔可夫链等方法相比，RNN 有以下优势：除了数据输入输出对应关系外以外，RNN 无须其他先验知识；RNN 对于时序与空间噪声往往有很好的鲁棒性 [601]。为了解决 RNN 中长期记忆和反向传播中的梯度消失等问题，王文辉等人于 2014 年基于 RNN 的思想提出了 GRU 结构，其不仅能达到 RNN 结构中典型的 LSTM 方法 [602] 相当的性能，且更易于计算 [603]。GRU 单元的结构如图 5.18 中左下方所示，其中更新门 z 决定是否将隐藏状态更新为新的隐藏状态 h，重置门 r 决定是否忽略之前的隐藏状态 [604]。该网络中使用 Adam 优化器 [82]，并用 CTC Loss 作为转录层将每个特征向量所做的预测转换成标签序列，找到具有最高概率组合的标签序列 [601]。

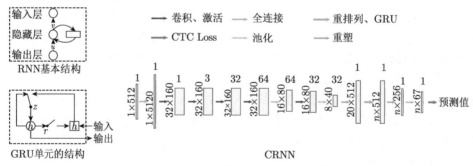

图 5.18　多目标的免成像感知网络结构

在单像素成像中，哈达玛调制掩模可以形成一个完整的正交集合，与其他类型的调制掩模相比，利用该模式进行光照调制可以更好地在变换域内获取目标图像的空间信息 [86]。因此，场景较为复杂的多目标识别实验中均使用哈达玛调制掩模对场景进行调制。

2. 实验验证

下面，通过一系列仿真实验探究散射增强免成像感知方法是否能应用于多目标识别场景中，研究采样率、视场大小及视场位置等因素对散斑图感知精度的影响，并对比分析不同散射程度下的感知结果，验证散射过程对场景特征提取的增强效果。所有实验均在 Pytorch 环境下进行，硬件配置为 Intel Core i7 处理器（3.60GHz）、NVIDIA GeForce CTX 1060 6GB 显卡。

针对多目标识别问题，实验数据集用车牌图像构建，并设置固定的视场大小，模拟黑色图像背景与蓝色车牌背景。车牌由省份简称、字母、数字与"·"构成，共有 67 种不同的符号。实验还模拟了车牌不同程度的倾斜以模拟不同视角下的拍摄图像。通过模拟仿真，共得到了 15,000 幅训练图像与 2000 幅测试图像。为叙述方便，下面将该模拟的中国车牌数据集简称为 OCR（Optical Character Recognition）数据集；将散射增强免成像感知方法对整幅车牌完全识别正确的比例作为评价指标，并称其为感知精度。

（1）散射强度对散斑图感知精度的影响

与单目标识别类似，该实验模拟了散射增强免成像感知方法对通过不同强度的散射介质成像的 OCR 数据集，并根据散射强度的不同分为 3 种：重度散射、轻度散射与中度散射（分别简称散射-1、散射-2、散射-3）。不同散射强度和采样率 OCR 数据集的免成像感知精度如图 5.19 所示。由结果可见，"散射-2"条件下目标场景在各采样率下的感知精度均高于原图，而"散射-1"与"散射-3"条件下在较高采样率下低于原图。实验证实了针对多目标识别问题，本小节提出的散射增强的免成像识别方法仍是有效的，且适度的散射可有效提高识别的准确精度，过度的散射可能会降低系统识别性能。总体来看，散射条件下的曲线变化更加平缓，且在小于 0.04 的低采样率下时，散斑图的感知精度均明显高于原图，因此实验也证实了散斑图的信息冗余性。

（2）视场大小对散斑图感知精度的影响

为了验证该方法对基于部分视场的多目标识别问题的效果，在识别性能较好的中度散射 OCR 数据集上，采取中心部分的视场，在采样率为 0.1 的条件测试其识别性能，并在同等条件下对比原图的感知精度，具体如图 5.20 所示。图中，横坐标表示采样区域与原图的边长之比，称为边长缩放比例。由图可见，当缩小视场时，在采样率相同的条件下，基于散斑图部分视场的免成像识别性能要远远优于基于原图部分视场的免成像识别性能。实验证实了散射过程会将信息集成耦合。因此，为进一步减少数据量，可缩小探测视场大小，在未损失大量信息的前提下实现基于部分散斑图的识别。

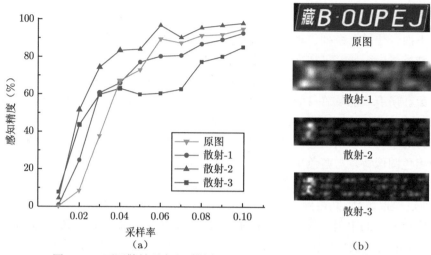

图 5.19　不同散射强度和采样率 OCR 数据集的免成像感知精度
（a）OCR 数据集的免成像感知精度对比曲线　　（b）不同程度的散射图示例

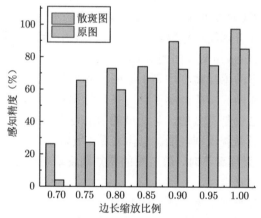

图 5.20　不同视场大小下 OCR 的免成像感知精度

3. 总结与讨论

本小节通过引入散射介质，实现了小视场、低采样率的高精度场景识别，进一步探究了本书 5.2.1 节介绍的散射增强免成像感知方法，验证了该方法可应用于更为复杂的多目标场景识别问题中，并分析了采样率、散射程度、视场大小对感知精度的影响，得到以下结论：针对多目标识别问题，在相同的采样率下，引入散射介质可以有效提高感知精度；散斑图信息高度冗余，视场缩小对散斑图识别精度的影响远低于原图；适度的散射可以提高感知精度，而过度的散射则会降低感知精度。

对于多目标的识别，散射增强免成像感知方法能够进一步拓展。由于场景的复杂性，缩小视场区域对感知精度有一定影响，未来可从散射的物理过程着手进行深入研究，并从降低调制掩模的分辨率、优化掩模种类等角度继续探究，在保证感知精度的前提下进一步降低计算数据量。

5.3　本章小结

本章针对传统"先成像-后感知"模式耗费大量软硬件资源的难题，介绍了计算感知架构。该架构可绕过复杂的成像过程，将光信号在物理层由空间分布编码转化为高级语义特征，建立更高效的非可视化数据采集范式，去除复杂的图像重建和特征提取过程，使用低计算复杂度的解析感知算法从非可视化的语义耦合数据中直接解耦推断高级语义结果，从而突破硬件系统数据带宽有限的采集、传输与处理瓶颈，实现高效的免成像智能感知，构建新型机器智能模态。

计算感知架构使用单像素探测器采集数据，利用深度学习对空间编码进行优化，在物理层将光信号直接转化为高级语义特征，并基于高效的深度学习网络从单像素采集数据中提取高级语义结果。实验结果表明，在达到相同样感知精度的情况下，该计算感知架构能够节省两个数量级的采集数据。该架构还进一步利用散射介质的复用特征，在采集过程中引入了散射复用，从而将原视场信息缩减到更小的视场，最终将采集数据量进一步减少一个数量级，极大地简化了高级语义感知系统。

计算感知与计算成像具有相同的"计算光照-计算传感-计算解耦"的光传输模型，但区别在于计算感知的目标是为了获取目标场景的高级语义信息，而非可视化的图像。因此，将光信号在物理层更高效地由空间分布编码为语义特征，是实现免成像感知需要突破的瓶颈，故要进一步深入研究语义特征的光编码优化理论与方法，以光波为有效载体表征目标语义特征。另外，能否在传感层有效利用光波的多个维度（包括强度、频率、相位等）构建多维度耦合传感机制，并探究场景内容自适应的有效特征和无效信号判别范式，从而进一步提升光语义的采集效率，是提升信息通量的难题。最后，由于采集数据不再是图像而是耦合的语义特征，如何设计计算复杂度更低的新型解耦感知算法，是实现高信息通量智能感知的关键。综上所述，计算感知的研究尚处于初级阶段，需要展开更深入的研究才能够发挥这种新型感知范式的优势。

主要术语表

3PIE	3D Ptychographic Iterative Engine	三维叠层迭代
AD	Automatic Differentiation	自动微分
ADMM	Alternating Direction Method of Multipliers	交替方向乘子法
AFP	Adaptive Fourier Ptychography	自适应光照傅里叶叠层成像
ALM	Augmented Lagrange Multiplier	增广拉格朗日乘子
ANOVA	Analysis of Variance	方差分析
AO	Adaptive Optics	自适应光学
AOS	Additive Operator Splitting	加性算子分裂
AP	Alternating Projection	交替投影
BM3D	Block-matching and 3D Filtering	三维块匹配
BM4D	Block-matching and 4D Filtering	四维块匹配
BN	Batch Normalization	批标准化
BT	Binary Tree	二叉树
BTES	Binary Tree Edge Sensing	二叉树边缘感知
CASSI	Coded Apeture Snapshot Spectral Imaging	编码孔径快照光谱成像
CCD	Charge Coupled Device	电荷耦合器件
CDP	Coded Diffraction Pattern	编码衍射模式
CDP	Coherent Diffraction Imaging	相干衍射成像
CFA	Color Filter Array	彩色滤光阵列
CGD	Conjugate Gradient Descent	共轭梯度下降
CMOS	Complementary Metal Oxide Semiconductor	互补金属氧化物半导体
Conv	Convolution	卷积层
CS	Compressive Sensing	压缩感知
CVBM3D	Color Video Block-matching and 3D Filtering	彩色视频三维块匹配
DCT	Discrete Cosine Transform	离散余弦变换
DeSCI	Decompress Snapshot Compressive Imaging	解压缩快照成像
DGI	Differential Ghost Imaging	差分鬼成像
DIC	Differential Interference Contrast	差分干涉对比
DMD	Digital Micromirror Device	数字微镜器件
DMF	N,N-dimethylformamide	N,N-二甲基甲酰胺
DPM	Diffraction Phase Microscopy	衍射相位显微镜
eSPI	Efficient Single-pixel Imaging	高效单像素成像
FDOCT	Fourier Domain Optical Coherence Tomography	傅里叶域光学相干断层成像
FFT	Fast Fourier Transform	快速傅里叶变换

FOM	Figure of Merit	品质因数
FOV	Field of View	视场
FP	Fourier Ptychography	傅里叶叠层成像
FPM	Fourier Ptychographic Microscopy	傅里叶叠层显微成像
FWHM	Full Width at Half Maximum	半高宽
GAP	Generalized Alternating Projection	广义交替投影
GAP-TV	Generalized Alternating Projection Based Total Variation Minimization	广义交替投影的全变差最小化
GD	Gradient Descent	梯度下降
GI	Ghost Imaging	鬼成像
GPU	Graphics Processing Unit	图形处理单元
HR	High Resolution	高分辨率
ISTA	Iterative Shrinkage Thresholding Algorithm	迭代阈值收缩算法
LED	Light Emitting Diode	发光二极管
LPR	Large-scale Phase Retrieval	大规模相位恢复
LS	Least Square	最小二乘
LSTM	Long Short Term Memory	长短时记忆
MAD	Median Absolute Deviation	中值绝对偏差
mcFP	Motion-corrected Fourier Ptychography	运动校正傅里叶叠层成像
MSE	Mean Square Error	均方误差
MSFA	Multispectral Filter Array	多光谱滤波阵列
MSPI	Multispectral Single-pixel Imaging	多光谱单像素成像
NA	Numerical Aperture	数值孔径
NSC	Non-stationary Speckle Compensation	非平稳散斑补偿
OCT	Optical Coherence Tomography	光学相干断层成像
PAN	Polyacrylonitrile	聚丙烯腈
PCA	Principal Component Analysis	主成分分析
PL	Photoluminescence	光致发光
PMLE	Poisson Maximum Likelihood Estimation	泊松最大似然估计
PNP	Plug-and-play	即插即用
PQD	Perovskite Quantum Dot	钙钛矿量子点
PQDF	Perovskite Quantum Dot Embedded Film	钙钛矿量子点薄膜
PR	Phase Retrieval	相位恢复
PSNR	Peak Signal to Noise Ratio	峰值信噪比
QD	Quantum Dot	量子点
QLF	Quadratic Loss Function	二次损失函数
RE	Relative Error	相对误差
ReLU	Rectified Linear Unit	激活函数单元
RIE	Reactive Ion Etching	离子刻蚀
RMSE	Root Mean Square Error	均方根误差
ROI	Region of Interest	目标感兴趣区域

SCMOS	Scientific Complementary Metal Oxide Semi-conductor	科研级互补金属氧化物半导体
SD-OCT	Spectral Domain Optical Coherence Tomography	谱域光学相干断层成像
SDP	Semidefinite Programming	半定规划
SI	Structured Illumination	结构光照明
SIFT	Scale-invariant Feature Transform	尺度不变特征变换
SIM	Structured Illumination Microscopy	结构光照明显微成像
SLM	Spatial Light Modulator	空间光调制器
SNR	Signal to Noise Ratio	信噪比
SPAD	Single Photon Avalanche Diode	单光子雪崩二极管
SPI	Single-pixel Imaging	单像素成像
SPS	Single-pixel Sensing	单像素感知
SSD	Sum of Squared Distance	距离平方和
SSIM	Structure Similarity	结构相似度
STD	Standard Deviation	标准差
SUFR	Speeded-up Robust Feature	加速鲁棒特征
SVD	Singular Value Decomposition	奇异值分解
TOF	Time of Flight	飞行时间
TPWFP	Truncated Poisson Wirtinger Fourier Ptychography	截断泊松 Wirtinger 傅里叶叠层成像
TR	Time Reversal	时间反转
TVR	Total Variation Regularization	全变分正则化
UHROCT	Ultrahigh-resolution Optical Coherence Tomography	超分辨率光学相干断层成像
VBM3D	Video Block-matching and 3D Filtering	视频三维块匹配
VBM4D	Video Block-matching and 4D Filtering	视频四维块匹配
VDSR	Very Deep Super Resolution	深度学习超分辨率
WF	Wirtinger Flow	Wirtinger 流
WFP	Wirtinger Fourier Ptychography	Wirtinger 傅里叶叠层成像

参 考 文 献

[1] Adelson E H, Bergen J R. The plenoptic function and the elements of early vision [M]. Cambridge, MA, USA: The MIT Press, 1991.

[2] 戴琼海, 索津莉, 季向阳, 等. 计算摄像学: 全光视觉信息的计算采集[M]. 北京: 清华大学出版社, 2016.

[3] Lichtman J W, Livet J, Sanes J R. A technicolour approach to the connectome[J]. Nat. Rev. Neurosci. 2008, 9(6): 417-422.

[4] Valastyan S, Weinberg R A. Tumor metastasis:molecular insights and evolving paradigms[J]. Cell, 2011, 147(2): 275-292.

[5] Brady D J, Gehm M E, Stack R A, et al. Multiscale gigapixel photography[J]. Nature, 2012, 486(7403): 386-389.

[6] 李德仁, 沈欣, 龚健雅, 等. 论我国空间信息网络的构建 [J]. 武汉大学学报. 信息科学版, 2015, 40(6): 711-715, 766.

[7] 张军, 王云鹏, 鲁光泉, 等. 中国综合交通工程科技 2035 发展战略研究 [J]. 中国工程科学, 2017, 19(1): 43-49.

[8] Agency D A R P. Defense advanced research projects agency - our research[EB/OL]. 2020.

[9] Commission E. Europe investing in digital: the digital europe programme[EB/OL]. 2020.

[10] Goodman J W. Introduction to fourier optics[M]. Englewood, Colorado, USA: Roberts and Company Publishers, 2005.

[11] Zheng G, Horstmeyer R, Yang C. Wide-field, high-resolution Fourier ptychographic microscopy[J]. Nat. Photonics, 2013, 7(9): 739-745.

[12] Science M C, Laboratory A I. Symposium on computational photography and video [EB/OL]. 2020.

[13] Agency D A R P. Advanced wide fov architectures for image reconstruction and exploitation[EB/OL]. 2020.

[14] 中华人民共和国国务院. 新一代人工智能发展规划[R]. 2017.

[15] Duarte M F, Davenport M A, Takhar D, et al. Single-pixel imaging via compressive sampling[J]. IEEE Signal Proc. Mag., 2008, 25(2): 83-91.

[16] Guo K, Jiang S, Zheng G. Multilayer fluorescence imaging on a single-pixel detector [J]. Biomed. Opt. Express, 2016, 7(7): 2425-2431.

[17] Bromberg Y, Katz O, Silberberg Y. Ghost imaging with a single detector[J/OL]. Phys. Rev. A, 2009, 79: 053840.

[18] Gong W, Han S. A method to improve the visibility of ghost images obtained by thermal light[J]. Phys. Lett. A, 2010, 374(8): 1005-1008.

[19] Ferri F, Magatti D, Lugiato L A, et al. Differential ghost imaging[J/OL]. Phys. Rev. Lett., 2010, 104: 253603.

[20] Sun B, Welsh S S, Edgar M P, et al. Normalized ghost imaging[J/OL]. Opt. Express, 2012, 20(15): 16892-16901.

[21] Katz O, Bromberg Y, Silberberg Y. Compressive ghost imaging[J/OL]. Appl. Phys. Lett., 2009, 95(13): 131110.

[22] Aβmann M, Bayer M. Compressive adaptive computational ghost imaging[J/OL]. Sci. Rep., 2013, 3: 1545.

[23] Bian L, Suo J, Situ G, et al. Multispectral imaging using a single bucket detector [J/OL]. Sci. Rep., 2016, 6: 24752.

[24] Wang Y, Suo J, Fan J, et al. Hyperspectral computational ghost imaging via temporal multiplexing[J]. IEEE Photonic. Tech. L., 2016, 28(3): 288-291.

[25] Li Z, Suo J, Hu X, et al. Efficient single-pixel multispectral imaging via non-mechanical spatio-spectral modulation[J]. Sci. Rep., 2017, 7: 41435.

[26] Sun B, Edgar M P, Bowman R, et al. 3D computational imaging with single-pixel detectors[J]. Science, 2013, 340(6134): 844-847.

[27] Sun M J, Edgar M P, Gibson G M, et al. Single-pixel three-dimensional imaging with time-based depth resolution[J]. Nat. Commun., 2016, 7: 12010.

[28] Clemente P, Durán V, Tajahuerce E, et al. Optical encryption based on computational ghost imaging[J]. Opt. Lett., 2010, 35(14): 2391-2393.

[29] Chen W, Chen X. Ghost imaging for three-dimensional optical security[J]. Appl. Phys. Lett., 2013, 103(22): 221106.

[30] Zhao C, Gong W, Chen M, et al. Ghost imaging lidar via sparsity constraints[J]. Appl. Phys. Lett., 2012, 101(14): 141123.

[31] Gong W, Zhao C, Yu H, et al. Three-dimensional ghost imaging lidar via sparsity constraint[J]. Sci. Rep., 2016, 6: 26133.

[32] Magaña-Loaiza O S, Howland G A, Malik M, et al. Compressive object tracking using entangled photons[J]. Appl. Phys. Lett., 2013, 102(23): 231104.

[33] Li E, Bo Z, Chen M, et al. Ghost imaging of a moving target with an unknown constant speed[J]. Appl. Phys. Lett., 2014, 104(25): 251120.

[34] Gibson G M, Sun B, Edgar M P, et al. Real-time imaging of methane gas leaks using a single-pixel camera[J]. Opt. Express, 2017, 25(4): 2998-3005.

[35] Cheng J. Ghost imaging through turbulent atmosphere[J]. Opt. Express, 2009, 17(10): 7916-7921.

[36] Zhang P, Gong W, Shen X, et al. Correlated imaging through atmospheric turbulence [J]. Phys. Rev. A, 2010, 82(3): 033817.

[37] Pittman T B, Shih Y H, Strekalov D V, et al. Optical imaging by means of two-photon quantum entanglement[J/OL]. Phys. Rev. A, 1995, 52: R3429-R3432.

[38] Strekalov D V, Sergienko A V, Klyshko D N, et al. Observation of two-photon "Ghost" interference and diffraction[J/OL]. Phys. Rev. Lett., 1995, 74: 3600-3603.

[39] Bennink R S, Bentley S J, Boyd R W. "Two-Photon" coincidence imaging with a classical source[J/OL]. Phys. Rev. Lett., 2002, 89: 113601.

[40] Ferri F, Magatti D, Gatti A, et al. High-resolution ghost image and ghost diffraction experiments with thermal light[J/OL]. Phys. Rev. Lett., 2005, 94: 183602.

[41] Shapiro J H. Computational ghost imaging[J/OL]. Phys. Rev. A, 2008, 78: 061802.

[42] Shin D, Shapiro J H, Goyal V K. Performance analysis of low-flux least-squares single-pixel imaging[J/OL]. IEEE Signal Proc. Let., 2016, 23(12): 1756-1760.

[43] Hestenes M R, Stiefel E. Methods of conjugate gradients for solving linear systems [M]. Washington, DC, USA: NBS, 1952.

[44] Luenberger D G. Introduction to linear and nonlinear programming: volume 28[M]. Boston, Massachusetts, USA: Addison-Wesley, 1973.

[45] Bian L, Suo J, Chung J, et al. Fourier ptychographic reconstruction using Poisson maximum likelihood and truncated Wirtinger gradient[J]. Sci. Rep., 2016, 6: 27384.

[46] Akaike H. Information theory and an extension of the maximum likelihood principle [M]//Selected Papers of Hirotugu Akaike. New York, NY, USA: Springer, 1998: 199-213.

[47] Boyd S, Vandenberghe L. Convex optimization[M]. Cambridge, England, UK: Cambridge University Press, 2004.

[48] Fienup J R. Phase retrieval algorithms: a comparison[J]. Appl. Optics, 1982, 21(15): 2758-2769.

[49] Donoho D L. Compressed sensing[J]. IEEE T. Inform. Theory, 2006, 52(4): 1289-1306.

[50] Candès E J, Romberg J K, Tao T. Stable signal recovery from incomplete and inaccurate measurements[J]. Commun. Pur. Appl. Math., 2006, 59(8): 1207-1223.

[51] Candès E J, Wakin M B. An introduction to compressive sampling[J]. IEEE Signal Proc. Mag., 2008, 25(2): 21-30.

[52] Yu W, Li M, Yao X, et al. Adaptive compressive ghost imaging based on wavelet trees and sparse representation[J]. Opt. Express, 2014, 22(6): 7133-7144.

[53] Gong W, Han S. High-resolution far-field ghost imaging via sparsity constraint[J]. Sci. Rep., 2015, 5: 9280.

[54] Hu X, Suo J, Yue T, et al. Patch-primitive driven compressive ghost imaging[J]. Opt. Express, 2015, 23(9): 11092-11104.

[55] Lin Z, Chen M, Wu L, et al. The augmented lagrange multiplier method for exact recovery of corrupted low-rank matrices: UILU-ENG-09-2215[R]. Urbana-Champaign: UIUC, 2009.

[56] Lin Z, Liu R, Su Z. Linearized alternating direction method with adaptive penalty for low-rank representation[C]//International Conference on Neural Information Processing Systems (NIPS). New York, NY, USA: Curran Associates, Inc., 2011: 612-620.

[57] Yang A Y, Sastry S S, Ganesh A, et al. Fast l_1-minimization algorithms and an application in robust face recognition: A review[C]//International Conference on Image Processing (ICIP). NJ: IEEE, 2010: 1849-1852.

[58] Suo J, Bian L, Chen F, et al. Signal-dependent noise removal for color videos using temporal and cross-channel priors[J]. J. Vis. Commun. Image R., 2016, 36: 130-141.

[59] Gonzalez R C, Woods R E. Digital image processing[M]. 3rd ed. Upper Saddle River, NJ, USA: Prentice-Hall, Inc., 2006.

[60] Gonzalez R C, Woods R E. Image processing place[EB/OL]. 2015.

[61] Weber A G. The USC-SIPI image database version 5[J]. USC-SIPI Rep., 1997, 315: 1-24.

[62] Bian L, Suo J, Hu X, et al. Efficient single pixel imaging in Fourier space[J]. J. Opt., 2016, 18(8): 85704.

[63] Suo J, Bian L, Xiao Y, et al. A self-synchronized high speed computational ghost imaging system: A leap towards dynamic capturing[J]. Opt. Laser Technol., 2015, 74: 65-71.

[64] Yeh L H, Dong J, Zhong J, et al. Experimental robustness of Fourier ptychography phase retrieval algorithms[J/OL]. Opt. Express, 2015, 23(26): 33214-33240.

[65] Edgar M P, Gibson G M, Padgett M J. Principles and prospects for single-pixel imaging[J]. Nat. Photonics, 2019, 13(1): 13-20.

[66] Gibson G M, Johnson S D, Padgett M J. Single-pixel imaging 12 years on: A review [J]. Opt. Express, 2020, 28(19): 28190-28208.

[67] Bian L, Suo J, Dai Q, et al. Experimental comparison of single-pixel imaging algorithms[J]. J. Opt. Soc. Am. A, 2018, 35(1): 78-87.

[68] Higham C F, Murray-Smith R, Padgett M J, et al. Deep learning for real-time single-pixel video[J]. Sci. Rep, 2018, 8(1): 2369.

[69] Barbastathis G, Ozcan A, Situ G. On the use of deep learning for computational imaging[J/OL]. Optica, 2019, 6(8): 921-943.

[70] Fu H, Bian L, Zhang J. Single-pixel sensing with optimal binarized modulation[J]. Opt. Lett., 2020, 45(11): 3111-3114.

[71] Etgen J, Gray S H, Zhang Y. An overview of depth imaging in exploration geophysics [J]. Geophys., 2009, 74(6): WCA5-WCA17.

[72] Fang Y, Xie J, Dai G, et al. 3D deep shape descriptor[C]//Conference on Computer Vision and Pattern Recognition (CVPR). NJ: IEEE, 2015: 2319-2328.

[73] Welsh S S, Edgar M P, Bowman R, et al. Fast full-color computational imaging with single-pixel detectors[J]. Opt. Express, 2013, 21(20): 23068-23074.

[74] Zhang Z, Zhong J. Three-dimensional single-pixel imaging with far fewer measurements than effective image pixels[J]. Opt. Lett., 2016, 41(11): 2497-2500.

[75] Zhang Z, Liu S, Peng J, et al. Simultaneous spatial, spectral, and 3D compressive imaging via efficient Fourier single-pixel measurements[J]. Optica, 2018, 5(3): 315-319.

[76] Takeda M. Fourier fringe analysis and its application to metrology of extreme physical phenomena: a review[J]. Appl. Optics, 2013, 52(1): 20-29.

[77] Feng S, Chen Q, Gu G, et al. Fringe pattern analysis using deep learning[J]. Adv. Photonics, 2019, 1(2): 025001.

[78] He K, Zhang X, Ren S, et al. Deep residual learning for image recognition[C]// Conference on Computer Vision and Pattern Recognition (CVPR). NJ: IEEE, 2016: 770-778.

[79] Chang A X, Funkhouser T, Guibas L, et al. Shapenet: An information-rich 3D model repository[J/OL]. arXiv Preprint, 2015. arXiv:1512.03012.

[80] Takeda M, Mutoh K. Fourier transform profilometry for the automatic measurement of 3-D object shapes[J]. Appl. Optics, 1983, 22(24): 3977-3982.

[81] Glorot X, Bordes A, Bengio Y. Deep sparse rectifier neural networks[C]//International Conference on Artificial Intelligence and Statistics. [S.l.]: PMLR, 2011, 15: 315-323.

[82] Kingma D P, Ba J. Adam: A method for stochastic optimization[J/OL]. arXiv Preprint, 2014. arXiv:1412.6980.

[83] Huber P J. Robust estimation of a location parameter[M]//Breakthroughs in statistics. Berlin: Springer, 1992: 492-518.

[84] Paszke A, Gross S, Massa F, et al. Pytorch: An imperative style, high-performance deep learning library[C]//International Conference on Neural Information Processing Systems (NIPS). Cambridge: MIT Press, 2019: 8026-8037.

[85] Xu Y, Liu W, Kelly K F. Compressed domain image classification using a dynamic-rate neural network[J]. IEEE Access, 2020, 8: 217711-217722.

[86] Zhang Z, Wang X, Zheng G, et al. Hadamard single-pixel imaging versus Fourier single-pixel imaging[J]. Opt. Express, 2017, 25(16): 19619-19639.

[87] Turpin A, Musarra G, Kapitany V, et al. Spatial images from temporal data[J]. Optica, 2020, 7(8): 900-905.

[88] Sharma G, Bala R. Digital color imaging handbook[M]. Boca Raton, Florida, USA: CRC Press, 2017.

[89] Brady D J. Optical imaging and spectroscopy[M]. New York, NY, USA: Wiley, 2009.

[90] 马晨光, 曹汛, 季向阳, 等. 高分辨率光谱视频采集研究[J]. 电子学报, 2015, 43(4): 783-790.

[91] Murguia J, Diaz G, Reeves T, et al. Applications of multispectral video[C]//Proceedings Volume 7780, Detectors and Imaging Devices: Infrared, Focal Plane, Single Photon: volume 7780. [S.l.]: SPIE, 2010: 77800B.

[92] Hohmann M, Kanawade R, Klämpfl F, et al. In-vivo multispectral video endoscopy towards in-vivo hyperspectral video endoscopy[J]. J. Biophotonics, 2017, 10(4): 553-564.

[93] Backman M B W, et al. Detection of preinvasive cancer cells[J]. Nature, 2000, 406 (6791): 35-36.

[94] 童庆禧, 张兵, 郑兰芬, 等. 高光谱遥感: 原理, 技术与应用[M]. 北京: 高等教育出版社, 2006.

[95] Suo J, Bian L, Chen F, et al. Bispectral coding: compressive and high-quality acquisition of fluorescence and reflectance[J]. Opt. Express, 2014, 22(2): 1697-1712.

[96] Sobral A, Javed S, Ki Jung S, et al. Online stochastic tensor decomposition for background subtraction in multispectral video sequences[C]//International Conference on Computer Vision Workshop (ICCVW). NJ: IEEE, 2015: 106-113.

[97] Brown L M, Feris R S, Hampapur A, et al. Multispectral detection of personal attributes for video surveillance[M]. Google Patents, 2013.

[98] Li H, Sudusinghe K, Liu Y, et al. Dynamic, data-driven processing of multispectral video streams[J]. IEEE Aero. El. Sys. Mag., 2017, 32(7): 50-57.

[99] McElfresh C, Harrington T, Vecchio K S. Application of a novel new multispectral nanoparticle tracking technique[J]. Meas. Sci. Technol., 2018, 29(6): 065002.

[100] Garini Y, Young I T, McNamara G. Spectral imaging: principles and applications[J]. Cytom. Part A, 2006, 69(8): 735-747.

[101] Gat N. Imaging spectroscopy using tunable filters: A review[C]//Proceedings Volume 4056, Wavelet Applications VII. [S.l.]SPIE, 2000: 50-64.

[102] James J. Spectrograph design fundamentals[M]. Cambridge, England, UK: Cambridge University Press, 2007.

[103] Bao J, Bawendi M G. A colloidal quantum dot spectrometer[J]. Nature, 2015, 523 (7558): 67-70.

[104] Arce G R, Brady D J, Carin L, et al. Compressive coded aperture spectral imaging [J]. IEEE Signal Proc. Mag., 2014, 31(1): 105-115.

[105] Garini Y, Macville M, du Manoir S, et al. Spectral karyotyping[J]. Bioimaging, 1996, 4(2): 65-72.

[106] Coffey V C. Hyperspectral imaging for safety and security[J]. Opt. Photonics News, 2015, 26(10): 26-33.

[107] Edgar M P, Gibson G M, Bowman R W, et al. Simultaneous real-time visible and infrared video with single-pixel detectors[J/OL]. Sci. Rep., 2015, 5: 10669.

[108] Schechner Y Y, Nayar S K, Belhumeur P N. Multiplexing for optimal lighting[J]. IEEE T. Pattern Anal., 2007, 29(8): 1339-1354.

[109] Davis B M, Hemphill A J, Cebeci Maltas D, et al. Multivariate hyperspectral raman imaging using compressive detection[J]. Anal. Chem., 2011, 83(13): 5086-5092.

[110] Morris P A, Aspden R S, Bell J E, et al. Imaging with a small number of photons [J/OL]. Nature Commun., 2015, 6: 5913.

[111] Zhang Z, Ma X, Zhong J. Single-pixel imaging by means of Fourier spectrum acquisition[J]. Nat. Commun., 2015, 6(1): 1-6.

[112] Tian N, Guo Q, Wang A, et al. Fluorescence ghost imaging with pseudothermal light [J]. Opt. Lett., 2011, 36(16): 3302-3304.

[113] Li C, Sun T, Kelly K F, et al. A compressive sensing and unmixing scheme for hyperspectral data processing[J]. IEEE T. Image Process, 2011, 21(3): 1200-1210.

[114] Magalhães F, Araújo F M, Correia M, et al. High-resolution hyperspectral single-pixel imaging system based on compressive sensing[J]. Opt. Eng., 2012, 51(7): 071406.

[115] Radwell N, Mitchell K J, Gibson G M, et al. Single-pixel infrared and visible microscope[J]. Optica, 2014, 1(5): 285-289.

[116] August Y, Vachman C, Rivenson Y, et al. Compressive hyperspectral imaging by random separable projections in both the spatial and the spectral domains[J]. Appl. Optics, 2013, 52(10): D46-D54.

[117] Schechner Y Y, Nayar S K, Belhumeur P N. A theory of multiplexed illumination [C/OL]//International Conference on Computer Vision (ICCV). NJ: IEEE, 2003, 2: 808-815.

[118] Studer V, Bobin J, Chahid M, et al. Compressive fluorescence microscopy for biological and hyperspectral imaging[J]. P. Natl. Acad. Sci., 2012, 109(26): E1679-E1687.

[119] Shaw G A, Burke H h K. Spectral imaging for remote sensing[J]. Lincoln Laboratory Journal, 2003, 14(1): 3-28.

[120] Mohan A, Raskar R, Tumblin J. Agile spectrum imaging: Programmable wavelength modulation for cameras and projectors[C/OL]//Computer Graphics Forum. Wiley Online Library, 2008, 27: 709-717.

[121] Bloomfield P. Fourier analysis of time series: An introduction[M]. New York, NY, USA: Wiley, 2004.

[122] Marcellin M W. JPEG2000 image compression fundamentals, standards and practice: Image compression fundamentals, standards, and practice[M]. New York, NY, USA: Springer, 2002.

[123] Jiang J, Liu D, Gu J, et al. What is the space of spectral sensitivity functions for digital color cameras?[C/OL]//Workshop on Applications of Computer Vision (WACV). NJ: IEEE, 2013: 168-179.

[124] Bian L, Suo J, Zheng G, et al. Fourier ptychographic reconstruction using Wirtinger flow optimization[J]. Opt. Express, 2015, 23(4): 4856-4866.

[125] Heide F, Rouf M, Hullin M B, et al. High-quality computational imaging through simple lenses[J]. ACM T. Graphic, 2013, 32(5): 1-14.

[126] Han S, Sato I, Okabe T, et al. Fast spectral reflectance recovery using dlp projector [J]. Int. J. Comput. Vision, 2014, 110(2): 172-184.

[127] Khan S A, Ellerbee Bowden A K. Colloidal quantum dots for cost-effective, miniaturized, and simple spectrometers[J]. Clin. Chem., 2016, 62(4): 548-550.

[128] Shirasaki Y, Supran G J, Bawendi M G, et al. Emergence of colloidal quantum-dot light-emitting technologies[J]. Nat. Photonics, 2013, 7(1): 13.

[129] Saran R, Curry R J. Lead sulphide nanocrystal photodetector technologies[J]. Nat. Photonics, 2016, 10(2): 81-92.

[130] Glover J. Chemiluminescence in gas analysis and flame-emission spectrometry. a review[J]. Analyst, 1975, 100(1192): 449-464.

[131] Winefordner J D, Vickers T J. Flame spectrometry[J]. Anal. Chem., 1972, 44(5): 150-182.

[132] Zawisza B, Pytlakowska K, Feist B, et al. Determination of rare earth elements by spectroscopic techniques: A review[J]. J. Anal. Atom. Spectrom., 2011, 26(12): 2373-2390.

[133] Protesescu L, Yakunin S, Bodnarchuk M I, et al. Nanocrystals of cesium lead halide perovskites (cspbx3, x= cl, br, and i): Novel optoelectronic materials showing bright emission with wide color gamut[J]. Nano Lett., 2015, 15(6): 3692-3696.

[134] Zhang F, Zhong H, Chen C, et al. Brightly luminescent and color-tunable colloidal ch3nh3pbx3 (x= br, i, cl) quantum dots: Potential alternatives for display technology [J]. ACS Nano, 2015, 9(4): 4533-4542.

[135] Song J, Li J, Li X, et al. Quantum dot light-emitting diodes based on inorganic perovskite cesium lead halides (cspbx3)[J]. Adv. Mater., 2015, 27(44): 7162-7167.

[136] Zhou Q, Bai Z, Lu W G, et al. In situ fabrication of halide perovskite nanocrystal-embedded polymer composite films with enhanced photoluminescence for display backlights[J]. Adv. Mater., 2016, 28(41): 9163-9168.

[137] Wang Y, He J, Chen H, et al. Ultrastable, highly luminescent organic–inorganic perovskite–polymer composite films[J]. Adv. Mater., 2016, 28(48): 10710-10717.

[138] Chang S, Bai Z, Zhong H. In situ fabricated perovskite nanocrystals: A revolution in optical materials[J]. Adv. Opt. Mater., 2018, 6(18): 1800380.

[139] Suo J, Deng Y, Bian L, et al. Joint non-Gaussian denoising and superresolving of raw high frame rate videos[J]. IEEE T. Image Process., 2014, 23(3): 1154-1168.

[140] Jung B, Yoon J K, Kim B, et al. Effect of crystallization and annealing on polyacrylonitrile membranes for ultrafiltration[J]. J. Membrane Sci., 2005, 246(1): 67-76.

[141] Leng M, Chen Z, Yang Y, et al. Lead-free, blue emitting bismuth halide perovskite quantum dots[J]. Angew. Chem. Int. Edit, 2016, 55(48): 15012-15016.

[142] Lee B, Krenselewski A, Baik S I, et al. Solution processing of air-stable molecular semiconducting iodosalts, cs 2 sni 6- x br x, for potential solar cell applications[J]. Sustainable Energy & Fuels, 2017, 1(4): 710-724.

[143] Saparov B, Sun J P, Meng W, et al. Thin-film deposition and characterization of a sn-deficient perovskite derivative cs2sni6[J]. Chem. Mater., 2016, 28(7): 2315-2322.

[144] Wright W D, Pitt F. Hue-discrimination in normal colour-vision[J]. P. Phys. Soc., 1934, 46(3): 459.

[145] Chang C I. Hyperspectral imaging: Techniques for spectral detection and classification[M]. New York, NY, USA: Springer, 2003.

[146] Haboudane D, Miller J R, Pattey E, et al. Hyperspectral vegetation indices and novel algorithms for predicting green LAI of crop canopies: Modeling and validation in the context of precision agriculture[J]. Remote Sens. Environ., 2004, 90(3): 337-352.

[147] Cheng L J, Reyes G. AOTF polarimetric hyperspectral imaging for mine detection [J]. Proc. SPIE, 1995, 2496: 305-311.

[148] Goetz A F, Vane G, Solomon J E, et al. Imaging spectrometry for earth remote sensing[J]. Science, 1985, 228(4704): 1147-1153.

[149] Cao X, Du H, Tong X, et al. A prism-mask system for multispectral video acquisition [J]. IEEE T. Pattern Anal., 2011, 33(12): 2423-2435.

[150] Gehm M, John R, Brady D, et al. Single-shot compressive spectral imaging with a dual-disperser architecture[J]. Opt. Express, 2007, 15(21): 14013-14027.

[151] Lin X, Liu Y, Wu J, et al. Spatial-spectral encoded compressive hyperspectral imaging [J]. ACM Trans. Graphics, 2014, 33(6): 233.

[152] Descour M, Dereniak E. Computed-tomography imaging spectrometer: Experimental calibration and reconstruction results[J]. Appl. Optics, 1995, 34(22): 4817-4826.

[153] Hagen N A, Kudenov M W. Review of snapshot spectral imaging technologies[J]. Opt. Eng., 2013, 52(9): 090901.

[154] Arad B, Ben-Shahar O. Sparse recovery of hyperspectral signal from natural RGB images[C]//European Conference on Computer Vision (ECCV). 2016: 19-34.

[155] Wug Oh S, Brown M S, Pollefeys M, et al. Do it yourself hyperspectral imaging with everyday digital cameras[C]//Conference on Computer Vision and Pattern Recognition (CVPR). NJ: IEEE, 2016: 2461-2469.

[156] Nguyen R M, Prasad D K, Brown M S. Training-based spectral reconstruction from a single RGB image[C]//European Conference on Computer Vision (ECCV). Cham: Springer, 2014: 186-201.

[157] Xiong Z, Shi Z, Li H, et al. HSCNN: CNN-based hyperspectral image recovery from spectrally undersampled projections[C]//International Conference on Computer Vision (ICCV). NJ: IEEE, 2017: 518-525.

[158] Losson O, Macaire L, Yang Y. Comparison of color demosaicing methods[J]. Adv. Imag. Eletron Phys., 2010, 162: 173-265.

[159] Yann L, Bengio Y, Hinton G. Deep learning[J]. Nature, 2015, 521(7553): 436-444.

[160] Lyu M, Wang W, Wang H, et al. Deep-learning-based ghost imaging[J]. Sci. Rep, 2017, 7(1): 17865.

[161] Shimobaba T, Endo Y, Nishitsuji T, et al. Computational ghost imaging using deep learning[J]. Opt. Commun., 2018, 413: 147-151.

[162] Wu Z, Song S, Khosla A, et al. 3D ShapeNets: A deep representation for volumetric shapes[C]//Conference on Computer Vision and Pattern Recognition (CVPR). NJ: IEEE, 2015: 1912-1920.

[163] Popa A I, Zanfir M, Sminchisescu C. Deep multitask architecture for integrated 2D and 3D human sensing[C]//Conference on Computer Vision and Pattern Recognition (CVPR). NJ: IEEE, 2017: 6289-6298.

[164] Wu J, Wang Y, Xue T, et al. MarrNet: 3D shape reconstruction via 2.5D sketches [C]//International Conference on Neural Information Processing Systems (NIPS). Cambridge: MIT Press, 2017: 540-550.

[165] Kim J, Kwon Lee J, Mu Lee K. Accurate image super-resolution using very deep convolutional networks[C]//International Conference on Computer Vision (ICCV). NJ: IEEE, 2016: 1646-1654.

[166] Lim B, Son S, Kim H, et al. Enhanced deep residual networks for single image super-resolution[C]//Conference on Computer Vision and Pattern Recognition (CVPR). NJ: IEEE, 2017: 136-144.

[167] Tai Y, Yang J, Liu X, et al. MemNet: A persistent memory network for image restoration[C]//International Conference on Computer Vision (ICCV). NJ: IEEE, 2017: 4539-4547.

[168] Ronneberger O, Fischer P, Brox T. U-Net: Convolutional networks for biomedical image segmentation[C]//International Conference on Medical Image Computing and Computer-Assisted Intervention (MICCAI). Cham: Springer, 2015: 234-241.

[169] Litjens G, Kooi T, Bejnordi B E, et al. A survey on deep learning in medical image analysis[J]. Med. Image Anal., 2017, 42: 60-88.

[170] Sun K, Xiao B, Liu D, et al. Deep high-resolution representation learning for human pose estimation[C]//Conference on Computer Vision and Pattern Recognition (CVPR). NJ: IEEE, 2019: 5693-5703.

[171] Sun K, Zhao Y, Jiang B, et al. High-resolution representations for labeling pixels and regions[J]. arXiv Preprint, 2019. arXiv:1904.04514.

[172] Wang Z, Bovik A C, Sheikh H R, et al. Image quality assessment: From error visibility to structural similarity[J]. IEEE T. Image Process., 2004, 13(4): 600-612.

[173] Yasuma F, Mitsunaga T, Iso D, et al. Generalized assorted pixel camera: Postcapture control of resolution, dynamic range, and spectrum[J]. IEEE T. Image Process, 2010, 19(9): 2241-2253.

[174] Nascimento S M, Amano K, Foster D H. Spatial distributions of local illumination color in natural scenes[J]. Vision Res., 2016, 120: 39-44.

[175] Wang W. Electromagnetic wave theory[M]. New York, NY, USA: Wiley, 1986.

[176] Latychevskaia T, Longchamp J N, Fink H W. When holography meets coherent diffraction imaging[J]. Opt. Express, 2012, 20(27): 28871-28892.

[177] Pfeiffer F. X-ray ptychography[J]. Nat. Photonics, 2018, 12(1): 9-17.

[178] Harada T, Nakasuji M, Nagata Y, et al. Phase imaging of extreme-ultraviolet mask using coherent extreme-ultraviolet scatterometry microscope[J]. Jpn. J. Appl. Phys., 2013, 52(6S): 06GB02.

[179] Singh A K, Faridian A, Gao P, et al. Quantitative phase imaging using a deep UV LED source[J]. Opt. Lett., 2014, 39(12): 3468-3471.

[180] Park Y, Depeursinge C, Popescu G. Quantitative phase imaging in biomedicine[J]. Nat. Photonics, 2018, 12(10): 578-589.

[181] Joshi B, Barman I, Dingari N C, et al. Label-free route to rapid, nanoscale characterization of cellular structure and dynamics through opaque media[J]. Sci. Rep., 2013, 3(1): 1-8.

[182] Xi T, Di J, Guan X, et al. Phase-shifting infrared digital holographic microscopy based on an all-fiber variable phase shifter[J]. Appl. Opt., 2017, 56(10): 2686-2690.

[183] Park H M, Joo K N. High-speed combined NIR low-coherence interferometry for wafer metrology[J]. Appl. Opt., 2017, 56(31): 8592-8597.

[184] Campbell J B, Wynne R H. Introduction to remote sensing[M]. New York, NY, USA: Guilford Press, 2011.

[185] Shechtman Y, Eldar Y C, Cohen O, et al. Phase retrieval with application to optical imaging: A contemporary overview[J]. IEEE Signal Proc. Mag., 2015, 32(3): 87-109.

[186] Zernike F. Phase contrast, a new method for the microscopic observation of transparent objects[J]. Physica, 1942, 9(7): 686-698.

[187] Hoffman R, Gross L. Modulation contrast microscope[J]. Appl. Opt., 1975, 14(5): 1169-1176.

[188] Gabor D, Stroke G, Brumm D, et al. Reconstruction of phase objects by holography [J]. Nature, 1965, 208(5016): 1159-1162.

[189] Paganin D, Nugent K A. Noninterferometric phase imaging with partially coherent light[J]. Phys. Rev. Lett., 1998, 80(12): 2586.

[190] Misell D, Burge R, Greenaway A. Alternative to holography for determining phase from image intensity measurements in optics[J]. Nature, 1974, 247(5440): 401-402.

[191] Gabor D. A new microscopic principle[J]. Nature, 1948, 161: 777-778.

[192] Yamaguchi I, Zhang T. Phase-shifting digital holography[J]. Opt. Lett., 1997, 22(16): 1268-1270.

[193] Ballard Z S, Zhang Y, Ozcan A. Off-axis holography and micro-optics improve lab-on-a-chip imaging[J]. Light: Sci. Appl., 2017, 6(9): e17105-e17105.

[194] Thibault P, Dierolf M, Menzel A, et al. High-resolution scanning X-ray diffraction microscopy[J]. Science, 2008, 321(5887): 379-382.

[195] Rodenburg J M. Ptychography and related diffractive imaging methods[J]. Adv. Imaging Electron Phys., 2008, 150: 87-184.

[196] Dierolf M, Menzel A, Thibault P, et al. Ptychographic X-ray computed tomography at the nanoscale[J]. Nature, 2010, 467(7314): 436-439.

[197] Miao J, Charalambous P, Kirz J, et al. Extending the methodology of X-ray crystallography to allow imaging of micrometre-sized non-crystalline specimens[J]. Nature, 1999, 400(6742): 342-344.

[198] Robinson I K, Vartanyants I A, Williams G, et al. Reconstruction of the shapes of gold nanocrystals using coherent X-ray diffraction[J]. Phys. Rev. Lett., 2001, 87(19): 195505.

[199] Pfeifer M A, Williams G J, Vartanyants I A, et al. Three-dimensional mapping of a deformation field inside a nanocrystal[J]. Nature, 2006, 442(7098): 63-66.

[200] Williams G J, Quiney H M, Dhal B B, et al. Fresnel coherent diffractive imaging[J]. Phys. Rev. Lett., 2006, 97(2): 025506.

[201] Chapman H N, Nugent K A. Coherent lensless X-ray imaging[J]. Nat. Photonics, 2010, 4(12): 833-839.

[202] Sun T, Jiang Z, Strzalka J, et al. Three-dimensional coherent X-ray surface scattering imaging near total external reflection[J]. Nat. Photonics, 2012, 6(9): 586-590.

[203] Szameit A, Shechtman Y, Osherovich E, et al. Sparsity-based single-shot subwavelength coherent diffractive imaging[J]. Nat. Mater., 2012, 11(5): 455-459.

[204] Miao J, Ishikawa T, Robinson I K, et al. Beyond crystallography: Diffractive imaging using coherent X-ray light sources[J]. Science, 2015, 348(6234): 530-535.

[205] Seaberg M D, Zhang B, Gardner D F, et al. Tabletop nanometer extreme ultraviolet imaging in an extended reflection mode using coherent Fresnel ptychography[J]. Optica, 2014, 1(1): 39-44.

[206] Hawkes P. Digital image processing[J]. Nature, 1978, 276: 740.

[207] Martínez-León L, Clemente P, Mori Y, et al. Single-pixel digital holography with phase-encoded illumination[J]. Opt. Express, 2017, 25(5): 4975-4984.

[208] González H, Martínez-León L, Soldevila F, et al. High sampling rate single-pixel digital holography system employing a DMD and phase-encoded patterns[J]. Opt. Express, 2018, 26(16): 20342-20350.

[209] Liu Y, Suo J, Zhang Y, et al. Single-pixel phase and fluorescence microscope[J]. Opt. Express, 2018, 26(25): 32451-32462.

[210] Liu R, Zhao S, Zhang P, et al. Complex wavefront reconstruction with single-pixel detector[J]. Appl. Phys. Lett., 2019, 114(16): 161901.

[211] Clemente P, Durán V, Tajahuerce E, et al. Compressive holography with a single-pixel detector[J]. Opt. Lett., 2013, 38(14): 2524-2527.

[212] Lee K, Ahn J. Single-pixel coherent diffraction imaging[J]. Appl. Phys. Lett., 2010, 97(24): 241101.

[213] Hu X, Zhang H, Zhao Q, et al. Single-pixel phase imaging by Fourier spectrum sampling[J]. Appl. Phys. Lett., 2019, 114(5): 051102.

[214] Stockton P A, Field J J, Bartels R A. Single pixel quantitative phase imaging with spatial frequency projections[J]. Methods, 2018, 136: 24-34.

[215] Kirsch A. An introduction to the mathematical theory of inverse problems[M]. New York, NY, USA: Springer, 2011.

[216] Maiden A, Johnson D, Li P. Further improvements to the ptychographical iterative engine[J]. Optica, 2017, 4(7): 736-745.

[217] Li L, Cui T J, Ji W, et al. Electromagnetic reprogrammable coding-metasurface holograms[J]. Nat. Commun., 2017, 8(1): 1-7.

[218] Li L, Ruan H, Liu C, et al. Machine-learning reprogrammable metasurface imager[J]. Nat. Commun., 2019, 10(1): 1-8.

[219] Li M, Bian L, Zhang J. Coded coherent diffraction imaging with reduced binary modulations and low-dynamic-range detection[J]. Opt. Lett., 2020, 45(16): 4373-4376.

[220] Goldstein R M, Zebker H A, Werner C L. Satellite radar interferometry: Two-dimensional phase unwrapping[J]. Radio Sci., 1988, 23(4): 713-720.

[221] Lue N, Choi W, Popescu G, et al. Quantitative phase imaging of live cells using fast Fourier phase microscopy[J]. Appl. Optics, 2007, 46(10): 1836-1842.

[222] Graham-Rowe D. Terahertz takes to the stage[J]. Nat. Photonics, 2007, 1(2): 75-77.

[223] Saqueb S A N, Sertel K. Phase-sensitive single-pixel THz imaging using intensity-only measurements[J]. IEEE T. Terahertz Sci. Technol., 2016, 6(6): 810-816.

[224] Duling I, Zimdars D. Revealing hidden defects[J]. Nat. Photonics, 2009, 3(11): 630-632.

[225] Song P, Jiang S, Zhang H, et al. Super-resolution microscopy via ptychographic structured modulation of a diffuser[J]. Opt. Lett., 2019, 44(15): 3645-3648.

[226] Pacheco S, Zheng G, Liang R. Reflective Fourier ptychography[J]. J. Biomed. Opt., 2016, 21(2): 26010.

[227] Kim T, Zhou R, Mir M, et al. White-light diffraction tomography of unlabelled live cells[J]. Nat. Photonics, 2014, 8(3): 256-263.

[228] Thibault P, Menzel A. Reconstructing state mixtures from diffraction measurements [J]. Nature, 2013, 494(7435): 68-71.

[229] Beckers M, Senkbeil T, Gorniak T, et al. Chemical contrast in soft X-ray ptychography [J]. Phys. Rev. Lett., 2011, 107(20): 208101.

[230] Fiddy M A, Greenaway A H. Object reconstruction from intensity data[J]. Nature, 1978, 276(5686): 421.

[231] Guizar-Sicairos M, Fienup J R. Understanding the twin-image problem in phase retrieval[J]. J. Opt. Soc. Am. A, 2012, 29(11): 2367-2375.

[232] Bruck Y M, Sodin L G. On the ambiguity of the image reconstruction problem[J]. Opt. Commun., 1979, 30(3): 304-308.

[233] Zhang F, Pedrini G, Osten W. Phase retrieval of arbitrary complex-valued fields through aperture-plane modulation[J]. Phys. Rev. A, 2007, 75(4): 043805.

[234] Li F X, Yan W, Peng F, et al. Enhanced phase retrieval method based on random phase modulation[J]. Appl. Sci., 2020, 10(3): 1184.

[235] Seaberg M H, d'Aspremont A, Turner J J. Coherent diffractive imaging using randomly coded masks[J]. Appl. Phys. Lett., 2015, 107(23): 231103.

[236] Cheng Z J, Wang B Y, Xie Y Y, et al. Phase retrieval and diffractive imaging based on Babinet's principle and complementary random sampling[J]. Opt. Express, 2015, 23(22): 28874-28882.

[237] Gong H, Pozzi P, Soloviev O, et al. Phase retrieval from multiple binary masks generated speckle patterns[C]//Proceedings Volume 9899, Optical Sensing and Detection IV. [S.l.]: SPIE, 2016: 98992N.

[238] Peters E, Clemente P, Salvador-Balaguer E, et al. Real-time acquisition of complex optical fields by binary amplitude modulation[J]. Opt. Lett., 2017, 42(10): 2030-2033.

[239] Watts C M, Shrekenhamer D, Montoya J, et al. Terahertz compressive imaging with metamaterial spatial light modulators[J]. Nat. Photonics, 2014, 8(8): 605.

[240] Horisaki R, Ogura Y, Aino M, et al. Single-shot phase imaging with a coded aperture [J]. Opt. Lett., 2014, 39(22): 6466-6469.

[241] Egami R, Horisaki R, Tian L, et al. Relaxation of mask design for single-shot phase imaging with a coded aperture[J]. Appl. Optics, 2016, 55(8): 1830-1837.

[242] Li M, Bian L, Cao X, et al. Noise-robust coded-illumination imaging with low computational complexity[J/OL]. Opt. Express, 2019, 27(10): 14610-14622.

[243] Jaganathan K, Oymak S, Hassibi B. Sparse phase retrieval: Uniqueness guarantees and recovery algorithms[J]. IEEE T. Signal Process., 2017, 65(9): 2402-2410.

[244] Sinha A, Lee J, Li S, et al. Lensless computational imaging through deep learning[J]. Optica, 2017, 4(9): 1117-1125.

[245] Maiden A M, Humphry M J, Rodenburg J. Ptychographic transmission microscopy in three dimensions using a multi-slice approach[J]. J. Opt. Soc. Am. A, 2012, 29(8): 1606-1614.

[246] Godden T, Suman R, Humphry M, et al. Ptychographic microscope for three-dimensional imaging[J]. Opt. Express, 2014, 22(10): 12513-12523.

[247] Cowley J M, Moodie A F. The scattering of electrons by atoms and crystals: A new theoretical approach[J]. Acta Crystallogr. Sec. A, 1957, 10(10): 609-619.

[248] Dou J, Gao Z, Ma J, et al. Evaluation of internal defects in optical component via modified-3PIE[J]. Opt. Commun., 2017, 403: 1-8.

[249] Pan A, Yao B. Three-dimensional space optimization for near-field ptychography[J]. Opt. Express, 2019, 27(4): 5433-5446.

[250] Wang D, Li B, Rong L, et al. Multi-layered full-field phase imaging using continuous-wave terahertz ptychography[J]. Opt. Lett., 2020, 45(6): 1391-1394.

[251] Gao S, Wang P, Zhang F, et al. Electron ptychographic microscopy for three-dimensional imaging[J]. Nat. Commun., 2017, 8(1): 1-8.

[252] Suzuki A, Furutaku S, Shimomura K, et al. High-resolution multislice X-ray ptychography of extended thick objects[J]. Phys. Rev. Lett., 2014, 112(5): 53903.

[253] Tsai E H, Usov I, Diaz A, et al. X-ray ptychography with extended depth of field[J]. Opt. Express, 2016, 24(25): 29089-29108.

[254] Qian N. On the momentum term in gradient descent learning algorithms[J]. Neural Networks, 1999, 12(1): 145-151.

[255] Du M, Nashed Y S, Kandel S, et al. Three dimensions, two microscopes, one code: Automatic differentiation for X-ray nanotomography beyond the depth of focus limit [J]. Sci. Adv., 2020, 6(13): eaay3700.

[256] Horstmeyer R, Chung J, Ou X, et al. Diffraction tomography with Fourier ptychography[J]. Optica, 2016, 3(8): 827-835.

[257] Vermot J, Fraser S E, Liebling M. Fast fluorescence microscopy for imaging the dynamics of embryonic development[J]. HFSP J., 2008, 2(3): 143-155.

[258] Deneux T, Kaszas A, Szalay G, et al. Accurate spike estimation from noisy calcium signals for ultrafast three-dimensional imaging of large neuronal populations in vivo [J]. Nat. Commun., 2016, 7: 12190.

[259] Romeo S, Di Matteo L, Kieffer D S, et al. The use of gigapixel photogrammetry for the understanding of landslide processes in alpine terrain[J]. Geosciences, 2019, 9(2): 99.

[260] Law N M, Fors O, Ratzloff J, et al. The evryscope: Design and performance of the first full-sky gigapixel-scale telescope[C]//Proceedings Volume 9906, Ground-based and Airborne Telescopes VI. [S.l.]: SPIE, 2016: 99061M.

[261] Eschmann C, Kuo C M, Kuo C H, et al. Unmanned aircraft systems for remote building inspection and monitoring[C]//Proceedings of the 6th European Workshop on Structural Health Monitoring. Dresden: EWSHM, 2012, 36: 13.

[262] Heymsfield E, Kuss M L. Implementing gigapixel technology in highway bridge inspections[J]. J. Perform. Constr. Fac., 2015, 29(3): 04014074.

[263] Yuan X, Fang L, Dai Q, et al. Multiscale gigapixel video: A cross resolution image matching and warping approach[C]//International Conference on Computational Photography (ICCP). NJ: IEEE, 2017: 1-9.

[264] Cossairt O S, Miau D, Nayar S K. Gigapixel computational imaging[C]//International Conference on Computational Photography (ICCP). NJ: IEEE, 2011: 1-8.

[265] Kopf J, Uyttendaele M, Deussen O, et al. Capturing and viewing gigapixel images [J]. ACM T. Graphic., 2007, 26(3): 93.

[266] Cossairt O S, Miau D, Nayar S K. Camera systems and methods for gigapixel computational imaging[M]. Google Patents, 2016.

[267] Golish D, Vera E, Kelly K, et al. Development of a scalable image formation pipeline for multiscale gigapixel photography[J]. Opt. Express, 2012, 20(20): 22048-22062.

[268] Ren Y, Zhu C, Xiao S. Small object detection in optical remote sensing images via modified faster R-CNN[J]. Appl. Sci., 2018, 8(5): 813.

[269] Knowles G J, Mulvihill M, Uchino K, et al. Solid state gimbal system[M]. Google Patents, 2008.

[270] Philip S, Summa B, Tierny J, et al. Distributed seams for gigapixel panoramas[J]. IEEE T. Vis. Comput. Gr., 2014, 21(3): 350-362.

[271] Son H S, Marks D L, Tremblay E, et al. A multiscale, wide field, gigapixel camera [C]//Computational Optical Sensing and Imaging. [S.l.]: Optical Society of America, 2011: 22.

[272] Ford J E, Tremblay E J. Extreme form factor imagers[C]//Imaging Systems. [S.l.]: Optical Society of America. 2010: 22.

[273] Cossairt O S, Miau D, Nayar S K. Scaling law for computational imaging using spherical optics[J]. J. Opt. Soc. Am. A., 2011, 28(12): 2540-2553.

[274] Reddy B S, Chatterji B N. An FFT-based technique for translation, rotation, and scale-invariant image registration[J]. IEEE T. Image Process., 1996, 5(8): 1266-1271.

[275] Keller Y, Averbuch A, Israeli M. Pseudopolar-based estimation of large translations, rotations, and scalings in images[J]. IEEE T. Image Process., 2005, 14(1): 12-22.

[276] Zitova B, Flusser J. Image registration methods: A survey[J]. Image Vision Comput., 2003, 21(11): 977-1000.

[277] Maintz J A, Viergever M A. A survey of medical image registration[J]. Med. Image Anal., 1998, 2(1): 1-36.

[278] Saxena S, Singh R K. A survey of recent and classical image registration methods[J]. Int. J. Signal Process. Image Process. Pattern Recogn., 2014, 7(4): 167-176.

[279] Brown L G. A survey of image registration techniques[J]. ACM Comput. Surv., 1992, 24(4): 325-376.

[280] Own H, Hassanien A. Multiresolution image registration algorithm in wavelet transform domain[C]//International Conference on Digital Signal Processing (ICDSP). NJ: IEEE, 2002, 2: 889-892.

[281] Qin Z, Tao Z, Qin S. Discussion of image registration based on feature points[J]. Infrared Techn., 2006, 28(6): 327-330.

[282] Dosovitskiy A, Springenberg J T, Riedmiller M, et al. Discriminative unsupervised feature learning with convolutional neural networks[C]//International Conference on Neural Information Processing Systems (NIPS). Cambridge: MIT Press, 2014: 766-774.

[283] Bay H, Tuytelaars T, Van G L. Surf: Speeded up robust features[C]//European Conference on Computer Vision (ECCV). Cham: Springer, 2006: 404-417.

[284] Alcantarilla P F, Bartoli A, Davison A J. KAZE features[C]//European Conference on Computer Vision (ECCV). Cham: Springer, 2012: 214-227.

[285] Alcantarilla P F, Solutions T. Fast explicit diffusion for accelerated features in non-linear scale spaces[J]. IEEE T. Pattern Anal., 2011, 34(7): 1281-1298.

[286] Rublee E, Rabaud V, Konolige K, et al. ORB: An efficient alternative to SIFT or SURF[C]//International Conference on Computer Vision (ICCV). NJ: IEEE, 2011: 2564-2571.

[287] Leutenegger S, Chli M, Siegwart R Y. BRISK: Binary robust invariant scalable keypoints[C]//International Conference on Computer Vision (ICCV). NJ: IEEE, 2011: 2548-2555.

[288] Calonder M, Lepetit V, Strecha C, et al. Brief: Binary robust independent elementary features[C]//European Conference on Computer Vision (ECCV). Cham: Springer, 2010: 778-792.

[289] Krizhevsky A, Sutskever I, Hinton G E. Imagenet classification with deep convolutional neural networks[J]. Commun. ACM, 2017, 60(6): 84-90.

[290] Melekhov I, Kannala J, Rahtu E. Siamese network features for image matching[C]//International Conference on Pattern Recognition (ICPR). NJ: IEEE, 2016: 378-383.

[291] Balntas V, Riba E, Ponsa D, et al. Learning local feature descriptors with triplets and shallow convolutional neural networks[C]//British Machine Vision Conference (BMVC). [S.l.]: BMVA Press, 2016: 119.1-119.11.

[292] Tian Y, Fan B, Wu F. L2-Net: Deep learning of discriminative patch descriptor in euclidean space[C]//Conference on Computer Vision and Pattern Recognition (CVPR). NJ: IEEE, 2017: 661-669.

[293] Mishchuk A, Mishkin D, Radenovic F, et al. Working hard to know your neighbor's margins: Local descriptor learning loss[C]//International Conference on Neural Information Processing Systems (NIPS). Cambridge: MIT Press, 2017: 4826-4837.

[294] Zeiler M D, Fergus R. Visualizing and understanding convolutional networks[C]//European Conference on Computer Vision (ECCV). Cham: Springer, 2014: 818-833.

[295] Redmon J, Farhadi A. YOLO9000: better, faster, stronger[C]//Conference on Computer Vision and Pattern Recognition (CVPR). NJ: IEEE, 2017: 7263-7271.

[296] Coates A, Ng A. Selecting receptive fields in deep networks[J]. Advances in Neural Information Processing Systems, 2011, 24: 2528-2536.

[297] Harris C G, Stephens M, et al. A combined corner and edge detector[C]//Alvey Vision Conference. [S.l.]: AVC, 1988, 15: 23.1-23.6.

[298] Dubrofsky E. Homography estimation[D]. Vancouver: University of British Columbia, 2009.

[299] Fischler M A, Bolles R C. Random sample consensus: A paradigm for model fitting with applications to image analysis and automated cartography[J]. Commun. ACM, 1981, 24(6): 381-395.

[300] Yyangynu. Small uav image registration dataset[EB/OL]. 2020.

[301] Daudt R C. Onera satellite change detection dataset[EB/OL]. 2020.

[302] Lowe D G. Distinctive image features from scale-invariant keypoints[J]. Int. J. Comput. Vision, 2004, 60(2): 91-110.

[303] DeTone D, Malisiewicz T, Rabinovich A. Superpoint: Self-supervised interest point detection and description[C]//Conference on Computer Vision and Pattern Recognition (CVPR). NJ: IEEE, 2018: 224-236.

[304] Erkmen B I, Shapiro J H. Signal-to-noise ratio of Gaussian-state ghost imaging[J]. Phys. Rev. A, 2009, 79(2): 023833.

[305] Marcellin M W. JPEG2000: Image compression fundamentals, standards and practice [M]. New York, NY, USA: Springer, 2002.

[306] Universitat Autònoma de Barcelona C V C. The barcelona calibrated images database [EB/OL]. 2015.

[307] Bian L, Suo J, Situ G, et al. Content adaptive illumination for Fourier ptychography [J]. Opt. Lett., 2014, 39(23): 6648-6651.

[308] Ou X, Horstmeyer R, Yang C, et al. Quantitative phase imaging via Fourier ptychographic microscopy[J]. Opt. Lett., 2013, 38(22): 4845-4848.

[309] Daghlian C, Howard L. Electron microscopy images[EB/OL]. 2014.

[310] Tiwari S, Shukla V, Singh A, et al. Review of motion blur estimation techniques[J]. Journal of Image and Graphics, 2013, 1(4): 176-184.

[311] Balakrishnan G, Dalca A V, Zhao A, et al. Visual deprojection: Probabilistic recovery of collapsed dimensions[C]//International Conference on Computer Vision (ICCV). NJ: IEEE, 2019: 171-180.

[312] Jin M, Meishvili G, Favaro P. Learning to extract a video sequence from a single motion-blurred image[C]//Conference on Computer Vision and Pattern Recognition (CVPR). NJ: IEEE, 2018: 6334-6342.

[313] Purohit K, Shah A, Rajagopalan A. Bringing alive blurred moments[C]//Conference on Computer Vision and Pattern Recognition (CVPR). NJ: IEEE, 2019: 6830-6839.

[314] Ruiz P, Zhou X, Mateos J, et al. Variational bayesian blind image deconvolution: A review[J]. Digit. Signal Process., 2015, 47: 116-127.

[315] Nah S, Timofte R, Baik S, et al. Ntire 2019 challenge on video deblurring: Methods and results[C]//Conference on Computer Vision and Pattern Recognition (CVPR). NJ: IEEE, 2019.

[316] Whyte O, Sivic J, Zisserman A, et al. Non-uniform deblurring for shaken images[J]. Int. J. Comput. Vision, 2012, 98(2): 168-186.

[317] Zheng S, Xu L, Jia J. Forward motion deblurring[C]//International Conference on Computer Vision (ICCV). NJ: IEEE, 2013: 1465-1472.

[318] Dillavou S, Rubinstein S M, Kolinski J M. The virtual frame technique: Ultrafast imaging with any camera[J]. Opt. Express, 2019, 27(6): 8112-8120.

[319] Fergus R, Singh B, Hertzmann A, et al. Removing camera shake from a single photograph[C]//ACM SIGGRAPH 2006 Papers. NY: ACM, 2006: 787-794.

[320] Levin A, Weiss Y, Durand F, et al. Understanding blind deconvolution algorithms [J]. IEEE T. Pattern Anal., 2011, 33(12): 2354-2367.

[321] Amizic B, Molina R, Katsaggelos A K. Sparse bayesian blind image deconvolution with parameter estimation[J]. Eurasip J. Image Vide., 2012(1): 20.

[322] Babacan S D, Molina R, Do M N, et al. Bayesian blind deconvolution with general sparse image priors[C]//European Conference on Computer Vision (ECCV). Cham: Springer, 2012.

[323] Pan J, Sun D, Pfister H, et al. Blind image deblurring using dark channel prior[C]// Conference on Computer Vision and Pattern Recognition (CVPR). NJ: IEEE, 2016: 1628-1636.

[324] Kim T H, Lee K M. Segmentation-free dynamic scene deblurring[C]//Conference on Computer Vision and Pattern Recognition (CVPR). NJ: IEEE, 2014.

[325] Xu L, Zheng S, Jia J. Unnatural l_0 sparse representation for natural image deblurring [C]//Conference on Computer Vision and Pattern Recognition (CVPR). NJ: IEEE, 2013: 1107-1114.

[326] Pan J, Hu Z, Su Z, et al. l_0-regularized intensity and gradient prior for deblurring text images and beyond[J]. IEEE T. Pattern Anal., 2016, 39(2): 342-355.

[327] Shao W, Li H, Elad M. Bi-l_0-l_2-norm regularization for blind motion deblurring[J]. J. Vis. Commun. Image R., 2015, 33: 42-59.

[328] Kupyn O, Budzan V, Mykhailych M, et al. Deblurgan: Blind motion deblurring using conditional adversarial networks[C]//Conference on Computer Vision and Pattern Recognition (CVPR). NJ: IEEE, 2018: 8183-8192.

[329] Kupyn O, Martyniuk T, Wu J, et al. Deblurgan-v2: Deblurring (orders-of-magnitude) faster and better[C]//International Conference on Computer Vision (ICCV). NJ: IEEE, 2019.

[330] Nah S, Hyun Kim T, Mu Lee K. Deep multi-scale convolutional neural network for dynamic scene deblurring[C]//Conference on Computer Vision and Pattern Recognition (CVPR). NJ: IEEE, 2017: 3883-3891.

[331] Sun J, Cao W, Xu Z, et al. Learning a convolutional neural network for non-uniform motion blur removal[C]//Conference on Computer Vision and Pattern Recognition (CVPR). NJ: IEEE, 2015: 769-777.

[332] Li L, Pan J, Lai W S, et al. Learning a discriminative prior for blind image deblurring [C]//Conference on Computer Vision and Pattern Recognition (CVPR). NJ: IEEE, 2018: 6616-6625.

[333] Srivastava N, Mansimov E, Salakhudinov R. Unsupervised learning of video representations using lstms[C]//International Conference on Machine Learning (ICML). [S.l.]: PMLR, 2015: 843-852.

[334] Mathieu M, Couprie C, Yann L. Deep multi-scale video prediction beyond mean square error[EB/OL]. arXiv Preprint, 2015. arXiv:1511.05440.

[335] Patraucean V, Handa A, Cipolla R. Spatio-temporal video autoencoder with differentiable memory[J]. arXiv Preprint, 2015. arXiv:1511.06309.

[336] Finn C, Goodfellow I, Levine S. Unsupervised learning for physical interaction through video prediction[C]//International Conference on Neural Information Processing Systems (NIPS). Cambridge: MIT Press, 2016: 64-72.

[337] Luc P, Neverova N, Couprie C, et al. Predicting deeper into the future of semantic segmentation[C/OL]//International Conference on Computer Vision (ICCV). NJ: IEEE, 2017: 648-657.

[338] Levin A, Lischinski D, Weiss Y. A closed-form solution to natural image matting[J]. IEEE T. Pattern Anal., 2007, 30(2): 228-242.

[339] Adiv G. Determining three-dimensional motion and structure from optical flow generated by several moving objects[J]. IEEE T. Pattern Anal., 1985, PAMI-7(4): 384-401.

[340] Rudin L I, Osher S, Fatemi E. Nonlinear total variation based noise removal algorithms[J]. Physica D., 1992, 60(1-4): 259-268.

[341] Marschner S, Shirley P. Fundamentals of computer graphics[M]. Boca Raton, Florida, USA: CRC Press, 2015.

[342] Jaderberg M, Simonyan K, Zisserman A, et al. Spatial transformer networks[C]// International Conference on Neural Information Processing Systems (NIPS). Cambridge: MIT Press, 2015: 2017-2025.

[343] Xiao L, Gregson J, Heide F, et al. Stochastic blind motion deblurring[J]. IEEE T. Image Process, 2015, 24(10): 3071-3085.

[344] Su S, Delbracio M, Wang J, et al. Deep video deblurring for hand-held cameras[C]// Conference on Computer Vision and Pattern Recognition (CVPR). NJ: IEEE, 2017: 1279-1288.

[345] Dong W, Wang P, Yin W, et al. Denoising prior driven deep neural network for image restoration[J]. IEEE T. Pattern Anal., 2018, 41(10): 2305-2318.

[346] Li L, Pan J, Lai W S, et al. Blind image deblurring via deep discriminative priors[J]. International Journal of Computer Vision, 2019, 127(8): 1025-1043.

[347] Liao J, Bian L, Bian Z, et al. Single-frame rapid autofocusing for brightfield and fluorescence whole slide imaging[J]. Biomed. Opt. Express, 2016, 7(11): 4763-4768.

[348] Bian L, Zheng G, Guo K, et al. Motion-corrected Fourier ptychography[J]. Biomed. Opt. Express, 2016, 7(11): 4543-4553.

[349] Protter M, Elad M. Image sequence denoising via sparse and redundant representations[J]. IEEE T. Image Process, 2009, 18(1): 27-35.

[350] Rosales-Silva A J, Gallegos-Funes F J, Ponomaryov V I. Fuzzy directional (fd) filter for impulsive noise reduction in colour video sequences[J]. J. Vis. Commun. Image R., 2012, 23(1): 143-149.

[351] Rahman S, Ahmad M, Swamy M. Video denoising based on inter-frame statistical modeling of wavelet coefficients[J]. IEEE T. Circ. Syst. Vid., 2007, 17(2): 187-198.

[352] Varghese G, Wang Z. Video denoising based on a spatiotemporal Gaussian scale mixture model[J]. IEEE T. Circ. Syst. Vid., 2010, 20(7): 1032-1040.

[353] Yang J, Wang Y, Xu W, et al. Image and video denoising using adaptive dual-tree discrete wavelet packets[J]. IEEE T. Circ. Syst. Vid., 2009, 19(5): 642-655.

[354] Jovanov L, Pizurica A, Schulte S, et al. Combined wavelet-domain and motion-compensated video denoising based on video codec motion estimation methods[J]. IEEE T. Circ. Syst. Vid., 2009, 19(3): 417-421.

[355] Luisier F, Blu T, Unser M. SURE-LET for orthonormal wavelet-domain video denoising[J]. IEEE T. Circ. Syst. Vid., 2010, 20(6): 913-919.

[356] Yu S, Ahmad M, Swamy M. Video denoising using motion compensated 3-D wavelet transform with integrated recursive temporal filtering[J]. IEEE T. Circ. Syst. Vid., 2010, 20(6): 780-791.

[357] Guo L, Au O, Ma M, et al. Temporal video denoising based on multihypothesis motion compensation[J]. IEEE T. Circ. Syst. Vid., 2007, 17(10): 1423-1429.

[358] Guo L, Au O, Ma M, et al. Integration of recursive temporal LMMSE denoising filter into video codec[J]. IEEE T. Circ. Syst. Vid., 2010, 20(2): 236-249.

[359] Dai J, Au O, Pang C, et al. Color video denoising based on combined interframe and intercolor prediction[J]. IEEE T. Circ. Syst. Vid., 2013, 23(1): 128-141.

[360] Dai J, Au O, Yang W, et al. Color video denoising based on adaptive color space conversion[C]//International Symposium on Circuits and Systems (ISCAS). NJ: IEEE, 2010: 2992-2995.

[361] Ghoniem M, Chahir Y, Elmoataz A. Nonlocal video denoising, simplification and inpainting using discrete regularization on graphs[J]. Signal Process., 2010, 90(8): 2445-2455.

[362] Bonet J S D. Noise reduction through detection of signal redundancy[R]. Rethinking Artificial Intelligence, MIT AI Lab, 1997.

[363] Zhang H, Yang J, Zhang Y, et al. Image and video restorations via nonlocal kernel regression[J]. IEEE T. Cybernetics, 2013, 43(3): 1035-1046.

[364] Buades A, Coll B, Morel J M. Nonlocal image and movie denoising[J]. Int. J. Comput. Vision, 2008, 76(2): 123-139.

[365] Dabov K, Foi A, Egiazarian K. Video denoising by sparse 3D transform-domain collaborative filtering[C]//European Signal Processing Conference. NJ: IEEE, 2007.

[366] Maggioni M, Katkovnik V, Egiazarian K, et al. Nonlocal transform-domain filter for volumetric data denoising and reconstruction[J]. IEEE Trans. Image Processing, 2013, 22(1): 119-133.

[367] Maggioni M, Boracchi G, Foi A, et al. Video denoising, deblocking, and enhancement through separable 4-D nonlocal spatiotemporal transforms[J]. IEEE T. Image Process., 2012, 21(9): 3952-3966.

[368] Maggioni M T, Danielyan A, Dabov K, et al. Image and video denoising by sparse 3D transform-domain collaborative filtering[EB/OL]. 2020.

[369] Maggioni M T. Video filtering using separable Four-Dimensional nonlocal spatiotemporal transforms[D]. Tampere, Egentliga Finland, Finland: Tampere University of Technology, 2010.

[370] Maggioni M T. Adaptive nonlocal signal restoration and enhancement techniques for high-dimensional data[D]. Tampere, Egentliga Finland, Finland: Tampere University of Technology, 2015.

[371] Foi A, Trimeche M, Katkovnik V, et al. Practical Poissonian-Gaussian noise modeling and fitting for single-image raw-data[J]. IEEE T. Image Process, 2008, 17(10): 1737-1754.

[372] Ji H, Liu C, Shen Z, et al. Robust video denoising using low rank matrix completion [C]//Conference on Computer Vision and Pattern Recognition (CVPR). NJ: IEEE, 2010: 1791-1798.

[373] Ji H, Huang S, Shen Z, et al. Robust video restoration by joint sparse and low rank matrix approximation[J]. SIAM J. Imaging Sci., 2011, 4(4): 1122-1142.

[374] Barzigar N, A R, Cheng S, et al. An efficient video denoising method using decomposition approach for low-rank matrix completion[C]//Asilomar Conference on Signals, Systems, and Computers (ACSSC). [S.l.]: ACSSC, 2012: 1684-1687.

[375] Foi A, Alenius A, Katkovnik S, et al. Noise measurement for raw-data of digital imaging sensors by automatic segmentation of nonuniform targets[J]. IEEE Sens. J., 2007, 7(9): 1456-1461.

[376] Danielyan A, Vehvilainen M, Foi A, et al. Cross-color BM3D filtering of noisy raw data[C]//International Workshop on Local and Non-Local Approximation in Image Processing (LNLA). NJ: IEEE, 2009: 125-129.

[377] Boracchi G, Foi A. Multiframe raw-data denoising based on block-matching and 3-D filtering for low-light imaging and stabilization[C]//International Workshop on Local and Non-Local Approximation in Image Processing (LNLA). NJ: IEEE, 2008.

[378] Zhang L, Vaddadi S, Jin H, et al. Multiple view image denoising[C]//Conference on Computer Vision and Pattern Recognition (CVPR). NJ: IEEE, 2009.

[379] Hirakawa K, Parks T W. Image denoising for signal-dependent noise[C]// International Conference on Acoustics, Speech and Signal Processing (ICASSP). NJ: IEEE, 2005, 2: 29-32.

[380] Sheikh H R, Wang Z, Bovik A C, et al. Image and video quality assessment research at LIVE[EB/OL]. 2014.

[381] Seshadrinathan K, Soundararajan R, Bovik A, et al. Study of subjective and objective quality assessment of video[J]. IEEE T. Image Process, 2010, 19(6): 1427-1441.

[382] Brox T, Bruhn A, Papenberg N, et al. High accuracy optical flow estimation based on a theory for warping[C]//European Conference on Computer Vision. Berlin: Springer, 2004: 25-36.

[383] Liu C. Beyond pixels: Exploring new representations and applications for motion analysis[D]. Cambridge, MA, USA: Massachusetts Institute of Technology, 2009.

[384] Tombari F, di Stefano L, Mattoccia S. A robust measure for visual correspondence [C]//International Conference on Image Analysis and Processing (ICIAP). NJ: IEEE, 2007: 376-381.

[385] Heo Y S, Lee K M, Lee S U. Simultaneous depth reconstruction and restoration of noisy stereo images using non-local pixel distribution[C]//Conference on Computer Vision and Pattern Recognition (CVPR). NJ: IEEE, 2007: 1-8.

[386] Bhat D N, Nayar S K. Ordinal measures for visual correspondence[C]//Conference on Computer Vision and Pattern Recognition (CVPR). NJ: IEEE, 1996: 351-357.

[387] Recht B, Fazel M, Parrilo P. Guaranteed minimum-rank solutions of linear matrix equations via nuclear norm minimization[J]. SIAM Rev., 2010, 52(3): 471-501.

[388] Cho T S, Joshi N, Zitnick C L, et al. A content-aware image prior[C]//Conference on Computer Vision and Pattern Recognition (CVPR). NJ: IEEE, 2010: 169-176.

[389] Cho T S, Zitnick C L, Joshi N, et al. Image restoration by matching gradient distributions[J]. IEEE T. Pattern Anal., 2011, 34(4): 683-694.

[390] Joshi N, Zitnick C L, Szeliski R, et al. Image deblurring and denoising using color priors[C]//Conference on Computer Vision and Pattern Recognition (CVPR). NJ: IEEE, 2009: 1550-1557.

[391] Guichard F, Nguyen H P, Tessières R, et al. Extended depth-of-field using sharpness transport across color channels[C]//Proceedings Volume 7250, Digital Photography V. [S.l.]: SPIE, 2009: 72500N.

[392] Irie K, McKinnon A E, Unsworth K, et al. A technique for evaluation of CCD video-camera noise[J]. IEEE T. Circ. Syst. Vid., 2008, 18(2): 280-284.

[393] Pukelsheim F. The three sigma rule[J]. AM. Stat., 1994, 48(2): 88-91.

[394] Deng Y, Liu Y, Dai Q, et al. Noisy depth maps fusion for multiview stereo via matrix completion[J]. IEEE J. Sel. Top. Signa., 2012, 6(5): 566-582.

[395] Martin D, Fowlkes C, Tal D, et al. A database of human segmented natural images and its application to evaluating segmentation algorithms and measuring ecological statistics[C]//International Conference on Computer Vision (ICCV). NJ: IEEE, 2001, 2: 416-423.

[396] Boyd S, Parikh N, Chu E, et al. Distributed optimization and statistical learning via the alternating direction method of multipliers[J]. Found. Treads Mach. Learn., 2011, 3(1): 1-122.

[397] Zhang H, Yang J, Zhang Y, et al. Close the loop: Joint blind image restoration and recognition with sparse representation prior[C]//International Conference on Computer Vision (ICCV). NJ: IEEE, 2011, 770-777.

[398] Peng Y, Ganesh A, Wright J, et al. RASL: Robust alignment by sparse and low-rank decomposition for linearly correlated images[C]//Conference on Computer Vision and Pattern Recognition (CVPR). NJ: IEEE, 2010: 763-770.

[399] Liu G, Lin Z, Yu Y. Robust subspace segmentation by low-rank representation[C]//International Conference on Machine Learning (ICML). [S.l.]: PMLR, 2010: 663-670.

[400] Foi A. Clipped noisy images: Heteroskedastic modeling and practical denoising[J]. Signal Process., 2009, 89(12): 2609-2629.

[401] Huang D, Swanson E A, Lin C P, et al. Optical coherence tomography[J]. Science, 1991, 254(5035): 1178-1181.

[402] Schmitt J M. Optical coherence tomography (OCT): A review[J]. IEEE J. Sel. Top. Quant., 1999, 5(4): 1205-1215.

[403] Welzel J. Optical coherence tomography in dermatology: A review[J]. Skin Res. Technol., 2001, 7(1): 1-9.

[404] Mayer M A, Borsdorf A, Wagner M, et al. Wavelet denoising of multiframe optical coherence tomography data[J]. Biomed. Opt. Express, 2012, 3(3): 572-589.

[405] Schmitt J M, Xiang S, Yung K M. Speckle in optical coherence tomography[J]. J. Biomed. Opt., 1999, 4(1): 95-105.

[406] Wojtkowski M, Srinivasan V J, Ko T H, et al. Ultrahigh-resolution, high-speed, Fourier domain optical coherence tomography and methods for dispersion compensation[J]. Opt. Express, 2004, 12(11): 2404-2422.

[407] Fercher A F, Hitzenberger C K, Kamp G, et al. Measurement of intraocular distances by backscattering spectral interferometry[J]. Opt. Commun., 1995, 117(1-2): 43-48.

[408] Wojtkowski M, Leitgeb R, Kowalczyk A, et al. In vivo human retinal imaging by Fourier domain optical coherence tomography[J]. J. Biomed. Opt., 2002, 7(3): 457-463.

[409] Schmitt J M, Knüttel A. Model of optical coherence tomography of heterogeneous tissue[J]. J. Opt. Soc. Am A, 1997, 14(6): 1231-1242.

[410] Bashkansky M, Reintjes J. Statistics and reduction of speckle in optical coherence tomography[J]. Opt. Lett., 2000, 25(8): 545-547.

[411] Karamata B, Hassler K, Laubscher M, et al. Speckle statistics in optical coherence tomography[J]. J. Opt. Soc. Am A, 2005, 22(4): 593-596.

[412] Ozcan A, Bilenca A, Desjardins A E, et al. Speckle reduction in optical coherence tomography images using digital filtering[J]. J. Opt. Soc. Am A, 2007, 24(7): 1901-1910.

[413] Yue Y, Croitoru M M, Bidani A, et al. Nonlinear multiscale wavelet diffusion for speckle suppression and edge enhancement in ultrasound images[J]. IEEE T. Med. Imaging, 2006, 25(3): 297-311.

[414] Zhang F, Yoo Y M, Koh L M, et al. Nonlinear diffusion in laplacian pyramid domain for ultrasonic speckle reduction[J]. IEEE T. Med. Imaging, 2007, 26(2): 200-211.

[415] Marks D L, Ralston T S, Boppart S A. Speckle reduction by I-divergence regularization in optical coherence tomography[J]. J. Opt. Soc. Am A, 2005, 22(11): 2366-2371.

[416] Wong A, Mishra A, Bizheva K, et al. General Bayesian estimation for speckle noise reduction in optical coherence tomography retinal imagery[J]. Opt. Express, 2010, 18(8): 8338-8352.

[417] Cameron A, Lui D, Boroomand A, et al. Stochastic speckle noise compensation in optical coherence tomography using non-stationary spline-based speckle noise modelling [J]. Biomed. Opt. Express, 2013, 4(9): 1769-1785.

[418] Xie J, Jiang Y, Tsui H T, et al. Boundary enhancement and speckle reduction for ultrasound images via salient structure extraction[J]. IEEE T. Bio-med. Eng., 2006, 53(11): 2300-2309.

[419] Fang L, Li S, Nie Q, et al. Sparsity based denoising of spectral domain optical coherence tomography images[J]. Biomed. Opt. Express, 2012, 3(5): 927-942.

[420] Iftimia N, Bouma B E, Tearney G J. Speckle reduction in optical coherence tomography by "path length encoded" angular compounding[J]. J. Biomed. Opt., 2003, 8(2): 260-263.

[421] Ramrath L, Moreno G, Mueller H, et al. Towards multi-directional OCT for speckle noise reduction[C]//International Conference on Medical Image Computing and Computer-Assisted Intervention (MICCAI). Berlin: Springer, 2008: 815-823.

[422] Hughes M, Spring M, Podoleanu A. Speckle noise reduction in optical coherence tomography of paint layers[J]. Appl. Optics, 2010, 49(1): 99-107.

[423] Desjardins A, Vakoc B, Tearney G, et al. Speckle reduction in OCT using massively-parallel detection and frequency-domain ranging[J]. Opt. Express, 2006, 14(11): 4736-4745.

[424] Desjardins A, Vakoc B, Oh W Y, et al. Angle-resolved optical coherence tomography with sequential angular selectivity for speckle reduction[J]. Opt. Express, 2007, 15 (10): 6200-6209.

[425] Pircher M, Götzinger E, Leitgeb R A, et al. Speckle reduction in optical coherence tomography by frequency compounding[J]. J. Biomed. Opt., 2003, 8(3): 565-570.

[426] Avanaki M R, Cernat R, Tadrous P J, et al. Spatial compounding algorithm for speckle reduction of dynamic focus OCT images[J]. IEEE Photonic. Tech. L., 2013, 25(15): 1439-1442.

[427] Jian Z, Yu L, Rao B, et al. Three-dimensional speckle suppression in optical coherence tomography based on the curvelet transform[J]. Opt. Express, 2010, 18(2): 1024-1032.

[428] Candès E J, Recht B. Exact matrix completion via convex optimization[J]. Found. Comput. Math., 2009, 9(6): 717.

[429] Bertsekas D P. Constrained optimization and Lagrange multiplier methods[M]. Cambridge, Massachusetts, USA: Academic Press, 2014.

[430] Leigh A, Wong A, Clausi D A, et al. Comprehensive analysis on the effects of noise estimation strategies on image noise artifact suppression performance[C]//International Symposium on Multimedia (ISM). NJ: IEEE, 2011: 97-104.

[431] Deng Y, Dai Q, Zhang Z. An overview of computational sparse models and their applications in artificial intelligence[M]//Yang X S. Artificial Intelligence, Evolutionary Computing and Metaheuristics. Berlin: Springer, 2013: 345-369.

[432] Lee H, Battle A, Raina R, et al. Efficient sparse coding algorithms[C]//International Conference on Neural Information Processing Systems (NIPS). Cambridge: MIT Press, 2006, 19: 801-808.

[433] Yu Y, Acton S T. Speckle reducing anisotropic diffusion[J]. IEEE T. Image Process, 2002, 11(11): 1260-1270.

[434] Pratt W K. Digital image processing[M]. New York: John Wiley & Sons, 1991.

[435] Mayer M, Borsdorf A, Wagner M, et al. Image denoising algorithms archive[EB/OL]. 2015.

[436] Bernardes R, Maduro C, Serranho P, et al. Improved adaptive complex diffusion despeckling filter[J]. Opt. Express, 2010, 18(23): 24048-24059.

[437] Fang L, Li S, McNabb R P, et al. Fast acquisition and reconstruction of optical coherence tomography images via sparse representation[J]. IEEE T. Med. Imaging, 2013, 32(11): 2034-2049.

[438] Xu D, Huang Y, Kang J U. Real-time compressive sensing spectral domain optical coherence tomography[J]. Opt. Lett., 2014, 39(1): 76-79.

[439] Wei S, Lin Z. Accelerating iterations involving eigenvalue or singular value decomposition by block lanczos with warm start: MSR-TR-2010-162[R/OL]. Microsoft Research, 2010.

[440] Huang Y, Liu X, Kang J U. Real-time 3D and 4D Fourier domain Doppler optical coherence tomography based on dual graphics processing units[J]. Biomed. Opt. Express, 2012, 3(9): 2162-2174.

[441] Miao L, Qi H, Ramanath R, et al. Binary tree-based generic demosaicking algorithm for multispectral filter arrays[J]. IEEE T. Image Process., 2006, 15(11): 3550-3558.

[442] Cao X, Yue T, Lin X, et al. Computational snapshot multispectral cameras: Toward dynamic capture of the spectral world[J]. IEEE Signal Proc. Mag., 2016, 33(5): 95-108.

[443] Monno Y, Kiku D, Kikuchi S, et al. Multispectral demosaicking with novel guide image generation and residual interpolation[C]//International Conference on Image Processing (ICIP). NJ: IEEE, 2014: 645-649.

[444] Dijkstra K, van de Loosdrecht J, Schomaker L, et al. Hyperspectral demosaicking and crosstalk correction using deep learning[J]. Mach. Vision Appl., 2019, 30(1): 1-21.

[445] Levenson R M, Mansfield J R. Multispectral imaging in biology and medicine: Slices of life[J]. Cytom. Part A, 2006, 69(8): 748-758.

[446] Geelen B, Tack N, Lambrechts A. A compact snapshot multispectral imager with a monolithically integrated per-pixel filter mosaic[C]//Proceedings Volume 8974, Advanced Fabrication Technologies for Micro/Nano Optics and Photonics VII. [S.l.]: SPIE, 2014: 89740L.

[447] Kawase M, Shinoda K, Hasegawa M. Demosaicking using a spatial reference image for an anti-aliasing multispectral filter array[J]. IEEE T. Image Process., 2019, 28 (10): 4984-4996.

[448] Zhao Y, Guo H, Ma Z, et al. Hyperspectral imaging with random printed mask[C]// Conference on Computer Vision and Pattern Recognition (CVPR). NJ: IEEE, 2019: 10149-10157.

[449] Zhu X, Bian L, Fu H, et al. Broadband perovskite quantum dot spectrometer beyond human visual resolution[J]. Light: Sci. Appl., 2020, 9(1): 1-9.

[450] Mihoubi S, Losson O, Mathon B, et al. Multispectral demosaicing using intensity-based spectral correlation[C]//International Conference on Image Processing Theory, Tools and Applications (IPTA). NJ: IEEE, 2015: 461-466.

[451] Mihoubi S, Losson O, Mathon B, et al. Multispectral demosaicing using pseudo-panchromatic image[J]. IEEE Transactions on Computational Imaging, 2017, 3(4): 982-995.

[452] Dong C, Loy C C, He K, et al. Image super-resolution using deep convolutional networks[J]. IEEE T. Pattern Anal., 2015, 38(2): 295-307.

[453] Aggarwal H K, Majumdar A. Compressive sensing multi-spectral demosaicing from single sensor architecture[C]//International Conference on Image and Signal Processing (ICISP). NJ: IEEE, 2014: 334-338.

[454] Aggarwal H K, Majumdar A. Multi-spectral demosaicing: A joint-sparse elastic-net formulation[C]//International Conference on Advances in Pattern Recognition (ICAPR). NJ: IEEE, 2015: 1-5.

[455] Tsagkatakis G, Jayapala M, Geelen B, et al. Non-negative matrix completion for the enhancement of snapshot mosaic multispectral imagery[J]. Electronic Imaging, 2016, 2016(12): 1-6.

[456] Tsagkatakis G, Bloemen M, Geelen B, et al. Graph and rank regularized matrix recovery for snapshot spectral image demosaicing[J]. IEEE T. Computational Imaging, 2018, 5(2): 301-316.

[457] Wang X, Thomas J B, Hardeberg J Y, et al. Discrete wavelet transform based multispectral filter array demosaicking[C]//Colour and Visual Computing Symposium (CVCS). NJ: IEEE, 2013: 1-6.

[458] Monno Y, Kikuchi S, Tanaka M, et al. A practical one-shot multispectral imaging system using a single image sensor[J]. IEEE T. Image Process., 2015, 24(10): 3048-3059.

[459] Jia J, Barnard K J, Hirakawa K. Fourier spectral filter array for optimal multispectral imaging[J]. IEEE T. Image Process., 2016, 25(4): 1530-1543.

[460] Jaiswal S P, Fang L, Jakhetiya V, et al. Adaptive multispectral demosaicking based on frequency-domain analysis of spectral correlation[J]. IEEE T. Image Process., 2016, 26(2): 953-968.

[461] Monno Y, Kiku D, Tanaka M, et al. Adaptive residual interpolation for color and multispectral image demosaicking[J]. Sensors, 2017, 17(12): 2787.

[462] Henz B, Gastal E S, Oliveira M M. Deep joint design of color filter arrays and demosaicing[C/OL]//Computer Graphics Forum. Wiley Online Library, 2018, 37: 389-399.

[463] Shopovska I, Jovanov L, Philips W. RGB-NIR demosaicing using deep residual U-Net [C]//26th Telecommunications Forum. NJ: IEEE, 2018: 1-4.

[464] Mairal J, Bach F R, Ponce J, et al. Non-local sparse models for image restoration. [C]//International Conference on Computer Vision (ICCV). NJ: IEEE, 2009, 29: 54-62.

[465] Dong W, Zhang L, Shi G, et al. Nonlocally centralized sparse representation for image restoration[J]. IEEE T. Image Process., 2012, 22(4): 1620-1630.

[466] Dong W, Shi G, Li X, et al. Compressive sensing via nonlocal low-rank regularization [J]. IEEE T. Image Process., 2014, 23(8): 3618-3632.

[467] Liu Y, Yuan X, Suo J, et al. Rank minimization for snapshot compressive imaging [J]. IEEE Transactions on Pattern Analysis and Machine Intelligence, 2018, 41(12): 2990-3006.

[468] Dabov K, Foi A, Katkovnik V, et al. Image denoising by sparse 3-D transform-domain collaborative filtering[J]. IEEE T. Image Process., 2007, 16(8): 2080-2095.

[469] Zhu R, Dong M, Xue J H. Spectral nonlocal restoration of hyperspectral images with low-rank property[J]. IEEE J. Sel. Top. Appl., 2014, 8(6): 3062-3067.

[470] Buades A, Coll B, Morel J M, et al. Self-similarity driven color demosaicking[J]. IEEE T. Image Process., 2009, 18(6): 1192-1202.

[471] Duran J, Buades A. Self-similarity and spectral correlation adaptive algorithm for color demosaicking[J]. IEEE T. Image Process., 2014, 23(9): 4031-4040.

[472] Baraniuk R G. Compressive sensing[J]. IEEE Signal Proc. Mag., 2007, 24(4).

[473] Dong W, Wang H, Wu F, et al. Deep spatial-spectral representation learning for hyperspectral image denoising[J]. IEEE T. on Computational Imaging, 2019, 5(4): 635-648.

[474] Yuan X. Generalized alternating projection based total variation minimization for compressive sensing[C]//International Conference on Image Processing (ICIP). NJ: IEEE, 2016: 2539-2543.

[475] Gu S, Xie Q, Meng D, et al. Weighted nuclear norm minimization and its applications to low level vision[J]. Int. J. Comput. Vis., 2017, 121(2): 183-208.

[476] Lapray P J, Wang X, Thomas J B, et al. Multispectral filter arrays: Recent advances and practical implementation[J]. Sensors, 2014, 14(11): 21626-21659.

[477] Fu H, Bian L, Cao X, et al. Hyperspectral imaging from a raw mosaic image with end-to-end learning[J]. Opt. Express, 2020, 28(1): 314-324.

[478] Qian G, Gu J, Ren J S, et al. Trinity of pixel enhancement: A joint solution for demosaicking, denoising and super-resolution[EB/OL]. arXiv Preprint, 2019. arXiv: 1905.02538v1.

[479] Wen W, Wu C, Wang Y, et al. Learning structured sparsity in deep neural networks [C]//International Conference on Neural Information Processing Systems (NIPS). Cambridge: MIT Press, 2016: 2074-2082.

[480] Gustafsson M G L, Shao L, Carlton P M, et al. Three-dimensional resolution doubling in wide-field fluorescence microscopy by structured illumination[J/OL]. Biophys. J., 2008, 94(12): 4957-4970.

[481] Wang Z, Millet L, Mir M, et al. Spatial light interference microscopy (SLIM)[J]. Opt. Express, 2011, 19(2): 1016-1026.

[482] Liu Z, Tian L, Liu S, et al. Real-time brightfield, darkfield, and phase contrast imaging in a light-emitting diode array microscope[J]. J. Biomed. Opt., 2014, 19(10): 106002.

[483] Tian L, Waller L. 3D intensity and phase imaging from light field measurements in an LED array microscope[J]. Optica, 2015, 2(2): 104-111.

[484] Lawson C L, Hanson R J. Solving least squares problems[M]. Upper Saddle River, NJ, USA: Prentice-Hall, Inc., 1974: xii, 340.

[485] Gerchberg R W. A practical algorithm for the determination of phase from image and diffraction plane pictures[J]. Optik, 1972, 35: 237-250.

[486] Fienup J R. Reconstruction of an object from the modulus of its Fourier transform [J]. Opt. Lett., 1978, 3(1): 27-29.

[487] Chen C C, Miao J, Wang C W, et al. Application of optimization technique to noncrystalline X-ray diffraction microscopy: Guided hybrid input-output method[J]. Phys. Rev., Ser. B, 2007, 76(76): 3009-3014.

[488] Elser V. Solution of the crystallographic phase problem by iterated projections[J]. Acta Crystallogr. Sect. A, 2014, 59(3): 201-209.

[489] Luke D R. Relaxed averaged alternating reflections for diffraction imaging[J]. Inverse Probl., 2004, 21(1): 37-50.

[490] Rodriguez J A, Xu R, Chen C C, et al. Oversampling smoothness: An effective algorithm for phase retrieval of noisy diffraction intensities[J]. J. Appl. Crystallogr., 2013, 46(2): 312-318.

[491] Candes E J, Li X, Soltanolkotabi M. Phase retrieval via Wirtinger flow: Theory and algorithms[J]. IEEE T. Inform. Theory, 2015, 61(4): 1985-2007.

[492] Chen Y, Candes E. Solving random quadratic systems of equations is nearly as easy as solving linear systems[C]//Cortes C, Lee D D, Garnett R, et al. Adv. Neur. In. New York, NY, USA: Curran Associates, Inc., 2015: 739-747.

[493] Candes E J, Strohmer T, Voroninski V. PhaseLift: Exact and stable signal recovery from magnitude measurements via convex programming[J]. Commun. Pure Appl. Math., 2013, 66(8): 1241-1274.

[494] Waldspurger I, d'Aspremont A, Mallat S. Phase recovery, maxcut and complex semidefinite programming[J]. Math. Program., 2012: 1-35.

[495] Dong S, Guo K, Jiang S, et al. Recovering higher dimensional image data using multiplexed structured illumination[J/OL]. Opt. Express, 2015, 23(23): 30393-30398.

[496] Candes E J, Eldar Y C, Strohmer T, et al. Phase retrieval via matrix completion[J]. SIAM J. Imag. Sci., 2013, 6(1): 199-225.

[497] Rice J. Mathematical statistics and data analysis[M]. Boston, MA, USA: Cengage Learning, 2007.

[498] Rodenburg J M, Faulkner H M L. A phase retrieval algorithm for shifting illumination [J]. Appl. Phys. Lett., 2004, 85(20): 4795-4797.

[499] Vandenberghe L, Boyd S. Semidefinite programming[J]. SIAM Rev., 1996, 38(1): 49-95.

[500] Candes E J, Li X, Soltanolkotabi M. Phase retrieval from coded diffraction patterns [J]. Appl. Comput. Harmon. A., 2015, 39(2): 277-299.

[501] Remmert R. Theory of complex functions[M]. New York, NY, USA: Springer, 1991.

[502] Fischer R F. Precoding and signal shaping for digital transmission[M]. New York, NY, USA: Wiley, 2005.

[503] Milanfar P. A tour of modern image filtering: New insights and methods, both practical and theoretical[J]. IEEE Signal Proc. Mag., 2013, 30(1): 106-128.

[504] Li X, Voroninski V. Sparse signal recovery from quadratic measurements via convex programming[J]. SIAM J. Math. Anal., 2013, 45(5): 3019-3033.

[505] Maiden A M, Rodenburg J M, Humphry M J. Optical ptychography: A practical implementation with useful resolution[J]. Opt. lett., 2010, 35(15): 2585-2587.

[506] Dong S, Shiradkar R, Nanda P, et al. Spectral multiplexing and coherent-state decomposition in Fourier ptychographic imaging[J]. Biomed. Opt. Express, 2014, 5(6): 1757-1767.

[507] Tian L, Li X, Ramchandran K, et al. Multiplexed coded illumination for Fourier ptychography with an LED array microscope[J]. Biomed. Opt. Express, 2014, 5(7): 2376-2389.

[508] Dong S, Nanda P, Shiradkar R, et al. High-resolution fluorescence imaging via pattern-illuminated Fourier ptychography[J]. Opt. Express, 2014, 22(17): 20856-20870.

[509] Horstmeyer R, Chen R Y, Ou X, et al. Solving ptychography with a convex relaxation [J]. New J. Phys., 2015, 17(5): 053044.

[510] Chung J, Lu H, Ou X, et al. Wide-field Fourier ptychographic microscopy using laser illumination source[J]. Biomed. Opt. Express, 2016, 7(11): 4787-4802.

[511] Ou X, Horstmeyer R, Zheng G, et al. High numerical aperture Fourier ptychography: Principle, implementation and characterization[J]. Opt. Express, 2015, 23(3): 3472-3491.

[512] Hasinoff S W. Computer vision: A reference guide[M]. Boston, MA: Springer US, 2014: 608-610.

[513] Ou X, Zheng G, Yang C. Embedded pupil function recovery for Fourier ptychographic microscopy[J]. Opt. Express, 2014, 22(5): 4960-4972.

[514] Fan J, Suo J, Wu J, et al. Video-rate imaging of biological dynamics at centimetre scale and micrometre resolution[J]. Nat. Photonics, 2019, 13(11): 809-816.

[515] Wang H, Göröcs Z, Luo W, et al. Computational out-of-focus imaging increases the space–bandwidth product in lens-based coherent microscopy[J]. Optica, 2016, 3(12): 1422-1429.

[516] Yuan X, Liu Y, Suo J, et al. Plug-and-play algorithms for large-scale snapshot compressive imaging[C]//Conference on Computer Vision and Pattern Recognition (CVPR). NJ: IEEE, 2020: 1447-1457.

[517] Katz O, Heidmann P, Fink M, et al. Non-invasive single-shot imaging through scattering layers and around corners via speckle correlations[J]. Nat. Photonics, 2014, 8 (10): 784-790.

[518] Rajaei B, Tramel E W, Gigan S, et al. Intensity-only optical compressive imaging using a multiply scattering material and a double phase retrieval approach[C]//

International Conference on Acoustics, Speech and Signal Processing (ICASSP). NJ: IEEE, 2016: 4054-4058.

[519] Zeng W J, So H C. Coordinate descent algorithms for phase retrieval[J]. Signal Process., 2020, 169: 107418.

[520] Mukherjee S, Seelamantula C S. An iterative algorithm for phase retrieval with sparsity constraints: Application to frequency domain optical coherence tomography [C]//International Conference on Acoustics, Speech and Signal Processing (ICASSP). NJ: IEEE, 2012: 553-556.

[521] Katkovnik V. Phase retrieval from noisy data based on sparse approximation of object phase and amplitude[J]. arXiv Preprint, 2017. arXiv:1709.01071.

[522] Metzler C A, Maleki A, Baraniuk R G. BM3D-PRGAMP: Compressive phase retrieval based on BM3D denoising[C]//International Conference on Image Processing (ICIP). NJ: IEEE, 2016: 2504-2508.

[523] Metzler C A, Schniter P, Veeraraghavan A, et al. prdeep: Robust phase retrieval with a flexible deep network[J]. arXiv Preprint, 2018. arXiv:1803.00212.

[524] Goy A, Arthur K, Li S, et al. Low photon count phase retrieval using deep learning [J]. Phys. Rev. Lett., 2018, 121(24): 243902.

[525] Rivenson Y, Zhang Y, Günaydın H, et al. Phase recovery and holographic image reconstruction using deep learning in neural networks[J]. Light: Sci. Appl., 2018, 7 (2): 17141.

[526] Kappeler A, Ghosh S, Holloway J, et al. Ptychnet: CNN based Fourier ptychography [C]//International Conference on Image Processing (ICIP). NJ: IEEE, 2017: 1712-1716.

[527] Liao X, Li H, Carin L. Generalized alternating projection for weighted-2,1 minimization with applications to model-based compressive sensing[J]. SIAM J. Imaging Sci., 2014, 7(2): 797-823.

[528] Bioucas-Dias J M, Figueiredo M A. A new twist: Two-step iterative shrinkage/thresholding algorithms for image restoration[J]. IEEE T. Image Process, 2007, 16(12): 2992-3004.

[529] Beck A, Teboulle M. A fast iterative shrinkage-thresholding algorithm for linear inverse problems[J]. SIAM J. Imaging Sci., 2009, 2(1): 183-202.

[530] Venkatakrishnan S V, Bouman C A, Wohlberg B. Plug-and-play priors for model based reconstruction[C]//Global Conference on Signal and Information Processing (GlobalSIP). NJ: IEEE, 2013: 945-948.

[531] Zhang K, Zuo W, Zhang L. FFDnet: Toward a fast and flexible solution for CNN-based image denoising[J]. IEEE T. Image Process, 2018, 27(9): 4608-4622.

[532] Dabov K, Foi A, Katkovnik V, et al. Image denoising with block-matching and 3D filtering[C]//Proceedings Volume 6064, Image Processing: Algorithms and Systems, Neural Networks, and Machine Learning. [S.l.]: SPIE, 2006: 606414.

[533] Elad M, Aharon M. Image denoising via sparse and redundant representations over learned dictionaries[J]. IEEE T. Image Process, 2006, 15(12): 3736-3745.

[534] Goldstein T, Osher S. The split Bregman method for L1-regularized problems[J]. SIAM J. Imaging Sci., 2009, 2(2): 323-343.

[535] Goldstein T, Studer C. Phasemax: Convex phase retrieval via basis pursuit[J]. IEEE T. Inform. Theory, 2018, 64(4): 2675-2689.

[536] Dhifallah O, Thrampoulidis C, Lu Y M. Phase retrieval via linear programming: Fundamental limits and algorithmic improvements[C]//Annual Allerton Conference on Communication, Control, and Computing (Allerton). NJ: IEEE, 2017: 1071-1077.

[537] Yuan Z, Wang H. Phase retrieval via reweighted Wirtinger flow[J]. Appl. Optics, 2017, 56(9): 2418-2427.

[538] Wang G, Giannakis G B, Eldar Y C. Solving systems of random quadratic equations via truncated amplitude flow[J]. IEEE T. Inform. Theory, 2017, 64(2): 773-794.

[539] Wang G, Giannakis G B, Saad Y, et al. Phase retrieval via reweighted amplitude flow [J]. IEEE T. Signal Proces., 2018, 66(11): 2818-2833.

[540] Zeng W J, So H C. Coordinate descent algorithms for phase retrieval[J]. arXiv Preprint, 2017. arXiv:1706.03474.

[541] Wei K. Solving systems of phaseless equations via Kaczmarz methods: A proof of concept study[J]. Inverse Probl., 2015, 31(12): 125008.

[542] Chandra R, Goldstein T, Studer C. Phasepack: A phase retrieval library[C]// International Conference on Sampling Theory and Applications (SampTA). NJ: IEEE, 2019: 1-5.

[543] Agustsson E, Timofte R. Ntire 2017 challenge on single image super-resolution: Dataset and study[C]//Conference on Computer Vision and Pattern Recognition (CVPR). NJ: IEEE, 2017: 126-135.

[544] Wei K, Aviles-Rivero A, Liang J, et al. Tuning-free plug-and-play proximal algorithm for inverse imaging problems[J]. arXiv Preprint, 2020. arXiv:2002.09611.

[545] Luo W, Alghamdi W, Lu Y M. Optimal spectral initialization for signal recovery with applications to phase retrieval[J]. IEEE T. Signal Proces., 2019, 67(9): 2347-2356.

[546] Wang Z, Chen J, Hoi S C. Deep learning for image super-resolution: A survey[J]. IEEE T. Pattern Anal., 2021, 43(10): 3365-3387.

[547] Dong S, Bian Z, Shiradkar R, et al. Sparsely sampled Fourier ptychography[J]. Opt. Express, 2014, 22(5): 5455-5464.

[548] Fish D, Walker J, Brinicombe A, et al. Blind deconvolution by means of the Richardson–Lucy algorithm[J]. J. Opt. Soc. Am. A, 1995, 12(1): 58-65.

[549] Shan Q, Jia J, Agarwala A. High-quality motion deblurring from a single image[J]. ACM T. Graphic., 2008, 27(3): 73.

[550] Cho S, Lee S. Fast motion deblurring[J]. ACM T. Graphic., 2009, 28(5): 145.

[551] Hansen P C, Nagy J G, O'leary D P. Deblurring images: Matrices, spectra, and filtering [M]. Philadelphia, Pennsylvania, USA: Society for Industrial and Applied Mathematics, 2006.

[552] Forsyth D A, Ponce J. Computer vision: A modern approach[M]. Upper Saddle River, NJ, USA: Prentice Hall, 2002.

[553] Szeliski R. Computer vision: Algorithms and applications[M]. New York, NY, USA: Springer, 2010.

[554] Prince S J. Computer vision: Models, learning, and inference[M]. Cambridge, England, UK: Cambridge University Press, 2012.

[555] Russ J C. The image processing handbook[M]. Boca Raton, Florida, USA: CRC Press, 2016.

[556] Rousset F, Ducros N, Peyrin F, et al. Time-resolved multispectral imaging based on an adaptive single-pixel camera[J]. Opt. Express, 2018, 26(8): 10550-10558.

[557] Davenport M A, Duarte M F, Wakin M B, et al. The smashed filter for compressive classification and target recognition[J]. Computational Imaging V, 2007, 6498: 64980H.

[558] Lohit S, Kulkarni K, Turaga P, et al. Reconstruction-free inference on compressive measurements[C]//Conference on Computer Vision and Pattern Recognition Workshops(CVPR). NJ: IEEE, 2015: 16-24.

[559] Kulkarni K, Turaga P. Reconstruction-free action inference from compressive imagers [J]. IEEE T. Pattern Anal., 2015, 38(4): 772-784.

[560] Vargas H, Fonseca Y, Arguello H. Object detection on compressive measurements using correlation filters and sparse representation[C]//European Signal Processing Conference (EUSIPCO). NJ: IEEE, 2018: 1960-1964.

[561] Adler A, Elad M, Zibulevsky M. Compressed learning: A deep neural network approach[J]. arXiv Preprint, 2016. arXiv:1610.09615.

[562] Hu C, Tong Z, Liu Z, et al. Optimization of light fields in ghost imaging using dictionary learning[J]. Opt. Express, 2019, 27(20): 28734-28749.

[563] Jiao S, Feng J, Gao Y, et al. Optical machine learning with incoherent light and a single-pixel detector[J]. Opt. Lett., 2019, 44(21): 5186-5189.

[564] Tan M, Le Q V. EfficientNet: Rethinking model scaling for convolutional neural networks[J]. arXiv Preprint, 2019. arXiv:1905.11946.

[565] Sandler M, Howard A, Zhu M, et al. Mobilenetv2: Inverted residuals and linear bottlenecks[C]//Conference on Computer Vision and Pattern Recognition (CVPR). NJ: IEEE, 2018: 4510-4520.

[566] Tan M, Chen B, Pang R, et al. Mnasnet: Platform-aware neural architecture search for mobile[C]//Conference on Computer Vision and Pattern Recognition (CVPR). NJ: IEEE, 2019: 2820-2828.

[567] Rastegari M, Ordonez V, Redmon J, et al. XNOR-Net: Imagenet classification using binary convolutional neural networks[C]// European Conference on Computer Vision (ECCV). NY: Springer, 2016: 525-542.

[568] Yann L, Bottou L, Bengio Y, et al. Gradient-based learning applied to document recognition[J]. Proceedings of the IEEE, 1998, 86(11): 2278-2324.

[569] Xiao H, Rasul K, Vollgraf R. Fashion-MNIST: A novel image dataset for benchmarking machine learning algorithms[J]. arXiv Preprint, 2017. arXiv:1708.07747.

[570] Badrinarayanan V, Kendall A, Cipolla R. Segnet: A deep convolutional encoder-decoder architecture for image segmentation[J]. IEEE T. Pattern Anal., 2017, 39 (12): 2481-2495.

[571] Leibe B, Seemann E, Schiele B. Pedestrian detection in crowded scenes[C]//IEEE Conference on Computer Vision and Pattern Recognition (CVPR). NJ: IEEE, 2005, 1: 878-885.

[572] Dong C, Loy C C, Tang X. Accelerating the super-resolution convolutional neural network[C]//European Conference on Computer Vision (ECCV). NY: Springer, 2016: 391-407.

[573] Zhou Z, Siddiquee M M R, Tajbakhsh N, et al. Unet++: A nested u-net architecture for medical image segmentation[M]//Deep learning in medical image analysis and multimodal learning for clinical decision support. NY: Springer, 2018: 3-11.

[574] Coates A, Ng A, Lee H. An analysis of single layer networks in unsupervised feature learning[C]// Proceedings of the Fourteenth International Conference on Artificial Intelligence and Statistics. [S.l.]: PMLR, 2011, 15: 215-223.

[575] Zheng X, Wang Y, Wang G, et al. Fast and robust segmentation of white blood cell images by self-supervised learning[J/OL]. Micron, 2018, 107: 55-71.

[576] Zhang Y, Chen H, He Y, et al. Road segmentation for all-day outdoor robot navigation [J]. Neurocomputing, 2018, 314: 316-325.

[577] Batarseh, Sukhov, Shen, et al. Passive sensing around the corner using spatial coherence.[J]. Nat. Commun., 2018, 9(1): 1-6.

[578] Campman X, Van W K, Riyanti C, et al. Imaging scattered seismic surface waves[J]. Near Surf. Geophys., 2004, 2(4): 223-230.

[579] Vellekoop I M, Mosk A. Focusing coherent light through opaque strongly scattering media[J]. Opt. Lett., 2007, 32(16): 2309-2311.

[580] Kang S, Kang P, Jeong S, et al. High-resolution adaptive optical imaging within thick scattering media using closed-loop accumulation of single scattering[J]. Nat. Commun., 2017, 8(1): 1-10.

[581] Naik N, Zhao S, Velten A, et al. Single view reflectance capture using multiplexed scattering and time-of-flight imaging[J]. ACM Transactions on Graphics, 2011, 30(6): 1-10.

[582] Yanik M F, Fan S. Time reversal of light with linear optics and modulators[J]. Phys. Rev. Lett., 2004, 93(17): 173903.

[583] Lee K, Park Y. Exploiting the speckle-correlation scattering matrix for a compact reference-free holographic image sensor[J]. Nat. Commun., 2016, 7(1): 1-7.

[584] Yaqoob Z, Psaltis D, Feld M S, et al. Optical phase conjugation for turbidity suppression in biological samples[J]. Nat. Photonics, 2008, 2(2): 110-115.

[585] Consani C, Druml N, Dielacher M, et al. Fog effects on time-of-flight imaging investigated by ray-tracing simulations[J]. Multidisciplinary Digital Publishing Institute Proceedings. 2018, 2(13): 859.

[586] Freund I, Rosenbluh M, Feng S. Memory effects in propagation of optical waves through disordered media[J]. Phys. Rev. Lett., 1988, 61(20): 2328.

[587] Drewel M, Ahrens J, Podschus U. Decorrelation of multiple scattering for an arbitrary scattering angle[J]. J. Opt. Soc. Am A, 1990, 7(2): 206-210.

[588] Pizer S M, Amburn E P, Austin J D, et al. Adaptive histogram equalization and its variations[J]. Comput. Vision. Graph., 1987, 39(3): 355-368.

[589] Rahman Z U, Jobson D J, Woodell G A. Retinex processing for automatic image enhancement[J]. J. Electron. Imaging, 2004, 13(1): 100-111.

[590] Starck J L, Murtagh F, Candès E J, et al. Gray and color image contrast enhancement by the curvelet transform[J]. IEEE T. Image Process, 2003, 12(6): 706-717.

[591] Wang H X, Cheng L Z, Wu Y. An adaptive strategy for image enhancement based on the dyadic wavelet transform [J]. Journal of National University of Defense Technology, 2005, 1.

[592] Wang Z, Ziou D, Armenakis C, et al. A comparative analysis of image fusion methods [J]. IEEE T. Geosci. Remote, 2005, 43(6): 1391-1402.

[593] Lyu M, Wang H, Li G, et al. Learning-based lensless imaging through optically thick scattering media[J]. Adv. Photonics, 2019, 1(3).

[594] Li S, Deng M, Lee J, et al. Imaging through glass diffusers using densely connected convolutional networks[J]. Optica, 2018, 5(7): 803-813.

[595] Hu J, Shen L, Sun G. Squeeze-and-excitation networks[C]//Conference on Computer Vision and Pattern Recognition (CVPR). NJ: IEEE, 2018: 7132-7141.

[596] Bar C, Alterman M, Gkioulekas I, et al. A Monte Carlo framework for rendering speckle statistics in scattering media[J/OL]. ACM T. Graphic., 2019, 38(4): 1-99.

[597] Hedayat A, Wallis W D, et al. Hadamard matrices and their applications[J]. Ann. Stat., 1978, 6(6): 1184-1238.

[598] Zhong J, Zhang Z, Li X, et al. Image-free classification of fast-moving objects using 'learned' structured illumination and single-pixel detection[J]. Opt. Express, 2020, 28 (9): 13269-13278.

[599] Yue Z, Yong H, Zhao Q, et al. Variational denoising network: Toward blind noise modeling and removal[C]//International Conference on Neural Information Processing Systems (NIPS). Cambridge: MIT Press, 2019: 1690-1701.

[600] Sun M J, Meng L T, Edgar M P, et al. A russian dolls ordering of the hadamard basis for compressive single-pixel imaging[J]. Scientific reports, 2017, 7(1): 1-7.

[601] Graves A, Fernández S, Gomez F, et al. Connectionist temporal classification: labelling unsegmented sequence data with recurrent neural networks[C]//Proceedings of the 23rd International Conference on Machine learning. NY: ACM, 2006: 369-376.

[602] Hochreiter S, Schmidhuber J. Long short-term memory[J]. Neural Computation, 1997, 9(8): 1735-1780.

[603] Wang W, Yang N, Wei F, et al. Gated self-matching networks for reading comprehension and question answering[C]//Proceedings of the 55th Annual Meeting of the Association for Computational Linguistics. [S.l.]: ACL, 2017, 1: 189-198.

[604] Cho K, Van M B, Gulcehre C, et al. Learning phrase representations using rnn encoder-decoder for statistical machine translation[J]. arXiv Preprint, 2014. arXiv:1406.1078.

中国电子学会简介

中国电子学会于 1962 年在北京成立，是 5A 级全国学术类社会团体。学会拥有个人会员 10 万余人、团体会员 600 多个，设立专业分会 47 个、专家委员会 17 个、工作委员会 9 个，主办期刊 13 种，并在 27 个省、自治区、直辖市设有相应的组织。学会总部是工业和信息化部直属事业单位，在职人员近 150 人。

中国电子学会的 47 个专业分会覆盖了半导体、计算机、通信、雷达、导航、微波、广播电视、电子测量、信号处理、电磁兼容、电子元件、电子材料等电子信息科学技术的所有领域。

中国电子学会的主要工作是开展国内外学术、技术交流；开展继续教育和技术培训；普及电子信息科学技术知识，推广电子信息技术应用；编辑出版电子信息科技书刊；开展决策、技术咨询，举办科技展览；组织研究、制定、应用和推广电子信息技术标准；接受委托评审电子信息专业人才、技术人员技术资格，鉴定和评估电子信息科技成果；发现、培养和举荐人才，奖励优秀电子信息科技工作者。

中国电子学会是国际信息处理联合会（IFIP）、国际无线电科学联盟（URSI）、国际污染控制学会联盟（ICCCS）的成员单位，发起成立了亚洲智能机器人联盟、中德智能制造联盟。世界工程组织联合会（WFEO）创新专委会秘书处、联合国咨商工作信息通讯技术专业委员会秘书处、世界机器人大会秘书处均设在中国电子学会。中国电子学会与电气电子工程师学会（IEEE）、英国工程技术学会（IET）、日本应用物理学会（JSAP）等建立了会籍关系。

关注中国电子学会微信公众号

加入中国电子学会